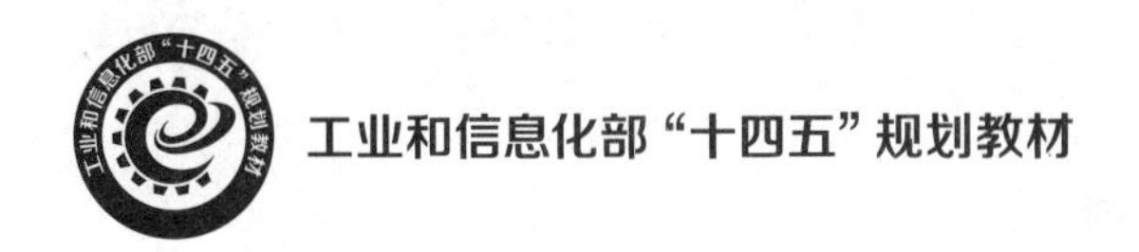

工业和信息化
精品系列教材 · **电子信息类**

集成电路封装与测试

（微课版）

韩振花 冯泽虎◎主编
王光亮 李钊 张朋 杨润润 王建飞◎副主编

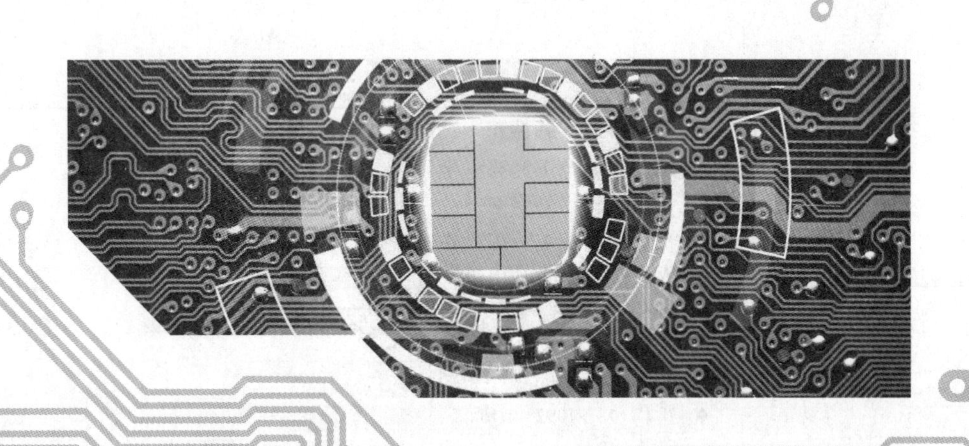

人民邮电出版社
北京

图书在版编目（CIP）数据

集成电路封装与测试 : 微课版 / 韩振花, 冯泽虎主编. -- 北京 : 人民邮电出版社, 2024.3
工业和信息化精品系列教材. 电子信息类
ISBN 978-7-115-62964-7

Ⅰ. ①集… Ⅱ. ①韩… ②冯… Ⅲ. ①集成电路－封装工艺－高等职业教育－教材②集成电路－测试－高等职业教育－教材 Ⅳ. ①TN4

中国国家版本馆CIP数据核字(2023)第192447号

内 容 提 要

本书较为全面地介绍集成电路封装与测试技术知识。全书共 8 个项目，包括认识集成电路封装与测试、封装工艺流程、气密性封装与非气密性封装、典型封装技术、芯片测试工艺、搭建集成电路测试平台、74HC138 芯片测试和 LM358 芯片测试。每个项目均设置了 1+X 技能训练任务，帮助读者巩固所学的内容。

本书可以作为高职高专集成电路技术、电子信息工程技术等相关专业集成电路封装与测试相关课程的教材，也可以作为集成电路类培训班教材，并适合集成电路测试、芯片封装、芯片制造等专业人员和广大集成电路爱好者自学使用。

◆ 主　　编　韩振花　冯泽虎
　副 主 编　王光亮　李　钊　张　朋　杨润润　王建飞
　责任编辑　刘晓东
　责任印制　王　郁　焦志炜

◆ 人民邮电出版社出版发行　　北京市丰台区成寿寺路 11 号
　邮编　100164　　电子邮件　315@ptpress.com.cn
　网址　https://www.ptpress.com.cn
　北京天宇星印刷厂印刷

◆ 开本：787×1092　1/16
　印张：12.5　　　　2024 年 3 月第 1 版
　字数：303 千字　　2024 年 3 月北京第 1 次印刷

定价：56.00 元

读者服务热线：(010)81055256　印装质量热线：(010)81055316
反盗版热线：(010)81055315
广告经营许可证：京东市监广登字 20170147 号

前　言

党的二十大报告提出："推进新型工业化，加快建设制造强国"和"推动制造业高端化、智能化、绿色化发展"。本书全面贯彻党的二十大报告精神，结合企业生产实践，科学选取典型案例题材和安排学习内容，在学习者学习专业知识的同时，激发爱国热情、培养爱国情怀，树立绿色发展理念，培养和传承中国工匠精神，筑基中国梦。

集成电路封装与测试是集成电路封装人员、集成电路测试人员的典型工作任务，是集成电路高技能人才必须具备的基本技能，也是高职集成电路类专业的一门重要的专业核心课程。本书以讲解集成电路封装、测试知识及训练技能为目标，详细介绍认识集成电路封装与测试、封装工艺流程、气密性封装与非气密性封装、典型封装技术、芯片测试工艺、搭建集成电路测试平台、74HC138 芯片测试、LM358 芯片测试等内容。

本书以集成电路芯片封装、测试技术为导向，采用项目教学的方式组织内容，融入 1 + X 职业资格等级证书考核内容，将技能训练任务分散在项目的具体任务操作中，每个项目由项目导读、能力目标、项目知识、1 + X 技能训练任务、项目小结、习题 6 部分组成。在项目导读、能力目标部分，主要介绍完成项目需要掌握的主要内容及知识、技能目标等；在项目知识部分，给出完成项目必需的理论与技能知识；在 1 + X 技能训练任务部分，介绍实践任务如何完成，即技能训练目标、技能操作步骤、职业规范等；在项目小结部分，主要总结达成项目目标需要掌握的知识和技能等；在习题部分，围绕完成项目需要掌握的知识和技能，精心筛选适量的习题，供读者检测学习效果。

通过本书中 8 个项目的学习和训练，读者不仅能够掌握集成电路封装与测试的相关知识，而且能够掌握集成电路封装、测试的技能，达到对集成电路封装人员、集成电路测试人员关于集成电路封装与测试能力的要求。

本书的参考学时为 40～60 学时，建议采用理论、实践一体化的教学模式，各项目的参考学时见下面的学时分配表。

学时分配表

项　目	课程内容	学　时
项目一	认识集成电路封装与测试	2～4
项目二	封装工艺流程	4～8
项目三	气密性封装与非气密性封装	6～8
项目四	典型封装技术	6～8
项目五	芯片测试工艺	4～8
项目六	搭建集成电路测试平台	2～4
项目七	74HC138 芯片测试	8～10
项目八	LM358 芯片测试	8～10
学时总计		40～60

本书由韩振花、冯泽虎任主编，王光亮、李钊、张朋、杨润润、王建飞任副主编，张朋编写了项目一，王建飞编写了项目二，李钊编写了项目三，冯泽虎编写了项目四，王光亮编写了项目五，杨润润编写了项目六，韩振花编写了项目七、项目八。新恒汇电子股份有限公司、杭州朗迅科技股份有限公司的相关技术人员也参与了本书实践项目的编写。

由于编者水平和经验有限，书中难免有不足和疏漏之处，请读者批评指正。

编　者

2023 年 4 月

目　　录

项目一　认识集成电路封装与测试

项目导读

集成电路封装与测试是集成电路产业链中不可或缺的环节。“封装”一词伴随集成电路制造技术的产生而出现，这一概念用于电子工程的历史并不是很久。早在“电子管时代”，就将电子管等元器件安装在基座上构成电路设备的方法称为“电子组装或电子装配”，当时还没有“封装”的概念。20 世纪 50 年代，晶体管的问世和后来集成电路的出现，改写了电子工程的历史。一方面，这些半导体元器件细小脆弱；另一方面，其性能强，且功能多、规格多。为了充分实现其功能，需要补强、密封、扩大，以便实现与外电路可靠的电气连接并得到有效的机械、绝缘等方面的保护，以防止外力或环境因素导致其被破坏。在此基础上，“封装”才有了具体的概念。

传统集成电路封装操作的主要作用是对芯片进行支撑并提供机械保护，实现电信号的互连与引线的引出、电源的分配，以及控制散热过程等。现在，随着芯片技术不断发展，集成电路的封装有了新的作用，比如功能集成和系统测试等。我国的集成电路封装技术和工艺水平正不断提高，中高端先进集成电路封装的占比逐步增加。目前，比较先进的集成电路封装技术，比如晶圆级封装、系统集成封装、3D 封装等，进一步提高了电子整机系统的微型化程度与可靠性。

集成电路测试是集成电路产业链中重要的一环，而且是不可或缺的一环，它贯穿从产品设计到完成加工的全过程。集成电路测试是对集成电路或模块进行检测，通过测量对集成电路的输出响应，并将其与预期输出比较，以确定或评估集成电路元器件功能和性能的过程，是验证设计、监控生产、保证质量、分析实效以及指导应用的重要手段。根据被测集成电路类型的不同，集成电路测试可以分为数字集成电路测试、模拟集成电路测试、混合信号集成电路测试等。

本项目的主要目的是帮助读者了解集成电路封装与测试产业的发展现状及特点，探究集成电路封装与测试的关键工艺，对集成电路封装与测试有系统的认识。

能力目标

知识目标	1. 了解集成电路封装的概念 2. 掌握集成电路封装的功能、层次和分类 3. 了解集成电路测试常用技术 4. 了解集成电路测试中的基本概念和故障模型
技能目标	掌握 IC 制造虚拟仿真教学平台的使用方法
素质目标	1. 培养规划意识和时间观念 2. 培养爱国主义精神 3. 培养坚持不懈的精神

续表

教学重点	1. 集成电路封装的功能、层次和分类 2. 集成电路测试常用技术 3. 集成电路测试中的基本概念和故障模型
教学难点	集成电路测试中的基本概念及故障模型
推荐教学方法	通过虚拟仿真、动画、实物、图片等形式让学生巩固所学知识
推荐学习方法	通过网页搜索最新相关知识、课程补充资源等进行辅助学习，达到高效学习的目的

项目知识

1.1 集成电路封装技术

1.1.1 集成电路封装概述

集成电路封装技术

集成电路封装，简称封装。狭义的封装是指安装集成电路芯片外壳的过程。集成电路芯片的外壳材料可以是塑料、金属、陶瓷、玻璃等。通过特定的工艺，用外壳将芯片包封起来，以保证集成电路在不同的工作环境下都能稳定、可靠地工作。广义的封装是指封装工程，即首先将芯片和其他元器件装配到载体上，然后采用适当的连接技术形成电气连接并安装外壳，最后装配成完整的系统或电子设备。图 1-1 所示为芯片封装前和封装后的外观。

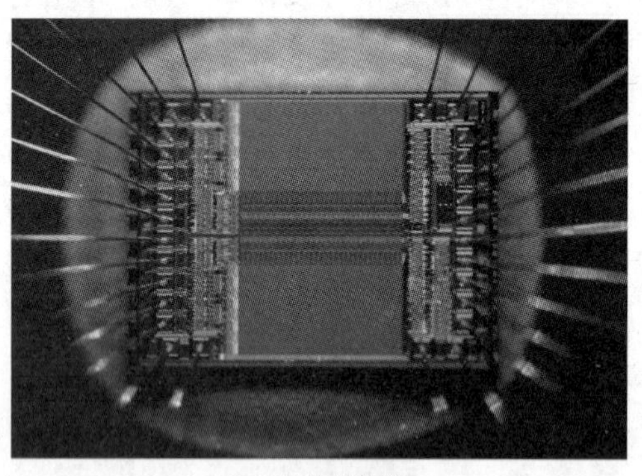

（a）芯片封装前

（b）芯片封装后

图 1-1　芯片封装前和封装后的外观

封装涵盖的技术面极广，属于复杂的系统工程。它应用物理化学、化工材料、机械、电气与自动化等各门学科的相关方法、技术，也使用金属、陶瓷、玻璃、高分子化合物等各种各样的材料，因此，封装是一门跨学科知识的整合的科学，也是整合产品电气特性、热传导特性、可靠度、材料与工艺技术的应用及成本等因素，以达到最佳芯片封装效果的工程技术。在微电子产品功能与层次提升的追求中，开发封装技术的重要性不亚于开发集成电路芯片工艺技术和其他相关工艺技术的重要性。世界各国的电子工业都在全力研究开发封装技术，以期得到在该领域的技术领先地位。

图 1-2 所示为集成电路制造的工艺流程。从图 1-2 中可以看出，制造集成电路需要经历集成电路设计、掩模版制备、原材料制造、晶圆制造、晶圆检测、芯片制造、芯片封装、芯片测试等工序。芯片封装属于集成电路制造工艺的后道工序，紧接着芯片制造工序完成后进行，此时的芯片已经通过了电测试。

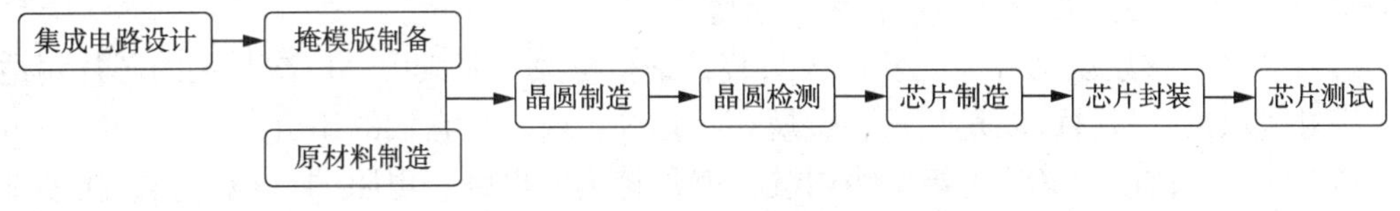

图 1-2　集成电路制造的工艺流程

1.1.2　集成电路封装的功能

为了保持电子设备的可靠性和耐久性，要求集成电路内部的芯片尽可能避免和外部环境接触，以减少水汽、杂质和各种化学物质对芯片的污染和腐蚀。于是，就要求集成电路封装结构具有一定的机械强度、良好的电气性能和散热能力，以及优良的化学稳定性。集成电路封装的功能通常包括 5 个方面，即电压分配、信号分配、散热通道、机械支撑和环境保护。

（1）电压分配。首先，封装需要考虑电源的接通，以使集成电路能与外部电路进行“沟通”；其次，封装还要实现封装结构内部不同位置的电压分配，要能将不同位置的电压适当分配，以减少电压的不必要损耗，这在多层布线中尤为重要；同时，还要考虑接地线的分配问题。

（2）信号分配。主要要使电信号的延迟尽可能小，也就是在布线时要尽可能使信号线与芯片的互连路径以及通过封装输入输出（Input/Output，I/O）接口引出的路径达到最短。对于高频信号，还要考虑信号间的串扰，合理地对信号线和接地线进行布局优化。

（3）散热通道。主要是指集成电路封装时要考虑如何将元器件、部件长时间工作时聚集的热量散发出去的问题。不同的封装材料和结构具有不同的散热效果。对于大功耗的芯片或部件的封装，还要考虑加散热辅助结构，比如散热板（片）、风冷系统、水冷系统，以确保系统能在使用温度范围内长时间正常工作。

（4）机械支撑。封装要为集成电路和其他连接部件提供牢固、可靠的机械支撑，并能适应各种环境和条件的变化。

（5）环境保护。集成电路被制造出来以后，在没有封装之前，始终处于周围环境的威胁之中。在使用过程中，可能会遇到不同的环境，有的环境极为恶劣，因此，必须对集成电路严加密封和包封。所以，封装对集成电路的环境保护作用显得极为重要。

1.1.3　集成电路封装的层次和分类

1. 封装的层次

封装始于集成电路制成之后，包括从集成电路的粘贴固定、电路连线、密封保护、与电路板的接合、系统组合到产品完成的所有过程。集成电路封装一般可以分为芯片级封装（第一层次）、元器件级封装（第二层次）、板卡级封装（第三层次）和整机级封装（第四层次）等。

第一层次：该层次又称为芯片级封装，是指对集成电路芯片与封装基板或引线框架进行粘贴固定、电路连线与封装保护的工艺，使之成为易于取放输送，并可与下一层次封装进行接合的模块/组件元器件。通常芯片级封装的连接方式有引线键合、载式自动键合（部分参考书中也称为载带自动焊）和倒装焊 3 种。

第二层次：该层次又称为元器件级封装，是指将数个完成第一层次封装的芯片用适当的材料封装起来，材料可以是塑料、金属和陶瓷等，或者是它们的组合。

第三层次：该层次又称为板卡级封装，就是将集成电路、电阻器、电容器、接插件及其他元器件安装在印制电路板（Printed-Circuit Board，PCB）上的过程。

第四层次：该层次又称为整机级封装，就是将以上各类 PCB（板或卡）组装成整机的过程。

因为封装是跨学科的工程技术，所以技术的运用与材料的选择有相当大的灵活性。例如，混合电子电路是连接第一层次和第二层次技术的封装方法；芯片直接组装与研发中的直接将芯片粘贴封装省略了第一层次封装，直接将集成电路芯片粘贴、互连到属于第二层次封装的电路板上，以使产品达到“轻、薄、短、小”的目标。随着工艺技术与材料的不断更新，封装的形态也呈现多样化，因此，封装技术的层次区分也没有统一的、一成不变的标准。

2. 封装的分类

按照封装中组合的集成电路芯片的数目，芯片封装可以分为单芯片封装（Single-Chip Package，SCP）与多芯片封装（Multi-Chip Package，MCP）两大类。MCP 还包括多芯片模块（Multi-Chip Module，MCM）封装，通常 MCP 指层次较低的多芯片封装，而 MCM 封装是指层次较高的多芯片封装。

按照封装的材料区分，封装主要可以分为陶瓷封装和高分子材料（塑料）封装两大类。陶瓷封装的热性质稳定，热传导性能优良，对水分子渗透有良好的阻隔作用，因此它是主要的高可靠性封装方法；塑料封装的热性质与可靠性都低于陶瓷封装，但它具有工艺自动化、成本低、可薄型化封装等优点，而且随着工艺技术与材料的更新，塑料封装的可靠性已相当完善，因此塑料封装是目前市场常采用的封装技术。值得一提的是，很多高强度工作状态下的电路，如军工和宇航级别电路，均大量采用金属封装技术。

按照元器件与 PCB 的互连方式，元器件主要分为双列直插封装（Dual In-Line Package，DIP，也称双列直插式封装）元器件与表面安装元器件（Surface Mount Device，SMD）两种。结构方面，封装先从最早期的晶体管外形 TO 封装（如 TO-89、TO-92）发展到了双列直插封装，随后由 PHILIPS 公司开发出了小引出线封装，之后逐渐派生出 J 形引脚小引出线封装、薄型小引出线封装、甚小引出线封装等。

按照引脚分布形式区分，封装有单边引脚、双边引脚、四边引脚和底部引脚 4 种。常见的单边引脚封装有单列直插封装（Single In-line Package，SIP）与交叉引脚式封装。双边引脚封装有双列直插封装、小引出线封装等。四边引脚封装主要有四面扁平封装（Quad Flat Package，QFP）。底部引脚封装有金属罐式封装、插针阵列封装（Pin Grid Array，PGA）等。

1.2 集成电路测试技术

1.2.1 集成电路测试概述

集成电路测试技术

集成电路测试既是集成电路设计的组成部分，也是芯片制造的环节。集成电路测试的主要作用是检测电路存在的问题、问题出现的位置和修正问题。如果电路未能通过测试，可能的原因包括测试本身、产品设计、制造过程等方面存在问题。测试技术主要关注的就是在兼顾品质和经济性的条件下，制定合适的测试方案，即用最低的成本检出最多的故障。

测试贯穿集成电路生产过程，分为设计验证、检测筛选、质量控制等。图 1-3 所示为集成电路产业链中主要的测试环节和工序节点。从图 1-3 中可以看出，设计阶段的可测性设计和设计验证，制造阶段的晶圆接受测试和晶圆测试，以及封装阶段的成品测试、特征化测试、可靠性测试、质量保证测试、入检测试、失效分析等，都属于测试技术领域。

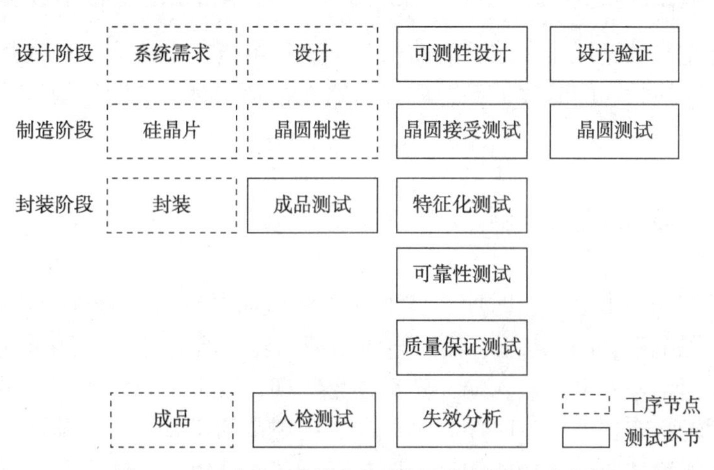

图 1-3　集成电路产业链中主要的测试环节和工序节点

特征化测试是指对集成电路的功能、直流特性、交流特性进行全面的功能/性能检测，用以表征集成电路各项极限参数，验证设计的正确性。晶圆测试是在集成电路制造后进行的晶圆状态下的测试，用于最初阶段的合格电路的筛选。成品测试是封装后的测试环节，用以检测集成电路在此阶段是否符合规格要求。有时也会加入系统应用级测试，通常会将前面环节中实施成本较高的测试项目放在该测试环节，以避免不合格产品进入最终应用环节。

图 1-4 所示为基本的测试原理框图，基本的测试原理是对被测电路施加一定的激励条件，观测被测电路的响应，与期望值进行对比，如果一致，表明电路是好的，如果不一致，则表明被测电路存在故障。

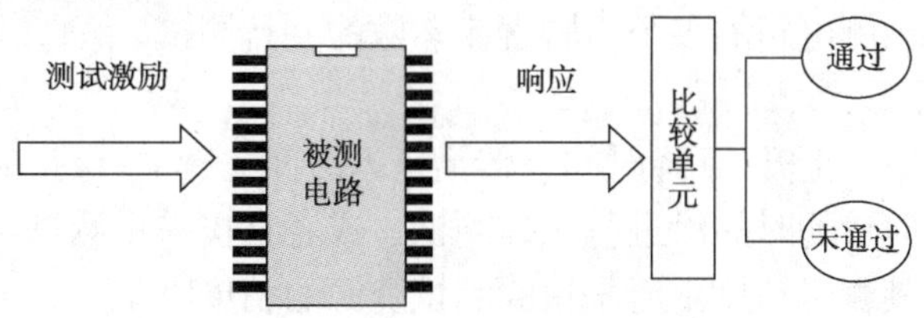

图 1-4　基本的测试原理框图

根据测试方案的区位界定，集成电路测试可以分为片内测试和片外测试两类。片内测试又称可测性设计。可测性设计技术研究的主要目的是提高故障可观测性，降低对外部测试仪器仪表性能的要求，缩短测试时间，以实现品质和经济性的均衡。但考虑其会带来电路设计复杂性的提高、芯片面积的增加、额外故障的引入，以及在模拟/射频等范围技术尚不完善等因素的影响下，片外测试技术依然是不可忽视的研究重点。

根据被测集成电路类型的不同，集成电路测试可以分为数字集成电路测试、模拟集成电路测试、混合信号集成电路测试、高速信号集成电路测试、射频集成电路测试、可编程元器件测试、存储器集成电路测试、系统芯片测试、物联网芯片/微机电系统芯片测试等。

1.2.2 集成电路测试中的基本概念

1. 数字集成电路测试

数字集成电路测试主要包括接触测试、功能测试、直流参数测试、交流参数测试等。

首先进行的是接触测试，要在测试开始时验证被测电路与测试系统的连接是否良好，消除由接触不良造成的影响；其次进行功能测试，验证被测电路是否具有预期的逻辑功能；再次进行直流参数测试，在被测电路引脚上进行电压或电流测试；最后进行交流参数测试，测量电路转换状态的时序关系，确保电路在正确的时间点发生状态转换。

（1）接触测试

接触测试主要通过施流测压来验证电路中所有引脚、电源、地之间，以及测试系统、测试负载板、测试插座等是否接触良好，确保没有短路与开路的情况。

（2）功能测试

功能测试通常采用由电平、时序、波形构成测试向量的方式进行。执行功能测试时，首先必须确定电源电压、I/O 电压、输出电流负载、输出采样等，将测试向量以被测电路测试规范规定的速率送入电路输入端，然后逐个周期、逐个引脚检查电路的输出。如果任何输出引脚的逻辑状态、电压、时序与测试向量中规定的不符，则功能测试不通过；如果完全相符，则功能测试通过。功能测试一般包括测试向量生成、测试向量运行和测试结果验证等步骤。

（3）直流参数测试

直流参数包括输入高/低电流、输入高/低电平、输出高/低电平、输出短路电流、静态电流、动态电流等。直流参数测试通常利用测试系统的精密测量单元或电源供电模块等硬件资源，主要通过施压测流或施流测压来进行测试。当然，有些参数也会采用施压测压及施流测流的模式来进行测试。测试时，如果测试电路上的电流较大，则必须采用开尔文连接，以消除该电路上产生的电压降。针对输出引脚某个高/低状态下的电压或电流进行测试时，需要先运行一段测试向量，使电路被测引脚处于期望的高/低状态，然后进行测量。随着测试技术的不断进步，当前主流数字信号测试系统在每个数字通道上均包含精密测量单元，可实现对被测电路的多个引脚直流参数的并行测试。

（4）交流参数测试

交流参数包括频率、上升/下降时间、传输延迟时间、建立/保持时间等。可通过不断改变功能测试中测试向量的时间沿进行扫描测试，或者直接采用测试系统的时间测量单元进行交流参数测试，其测试精度由所采用的测试资源的精度决定。

目前，主流数字集成电路测试系统可测试的数字集成电路引脚数已超过7000，测试速率每秒可达到吉比特级，时沿精度可达100ps以下。随着数字集成电路规模的不断扩大，新的测试技术需要不断提高测试效率，朝着高并行测试、并发测试的方向发展。

2. 模拟集成电路测试

模拟集成电路包括运算放大器、滤波器、电源管理电路、模拟开关、射频前端等，其典型参数包括漏电流、基准电压、阻抗、增益、灵敏度、纹波抑制、频率（或相位响应）、谐波、互调失真、串扰、信噪比、噪声系数等。

与数字集成电路相比，模拟集成电路中的晶体管较少，其参数范围是连续的，缺乏良好的故障模型，不存在可拆分的子电路，测试仪器仪表的引脚负载、接口阻抗、噪声等均会导致测量误差，因此模拟集成电路的测试更加困难。

传统的模拟集成电路测试方法存在参数多、测试时间长、激励与响应很难同步、噪声处理复杂等问题。随着技术的进步和软硬件成本的降低，基于数字信号处理器（Digital Signal Processor，DSP）的测试方法得到广泛应用。

基于DSP的测试方法将模拟信号数字化，使得仪器串扰、噪声、漂移大大减少；同时，利用多次数字化采样，可提高测试精度，重复性更好，是一种更佳的测试方案。但是，如果测试参数单一，其测试成本比传统方法的成本高。

模拟集成电路的可测性设计和内建自测试设计比较滞后。电气电子工程师学会（IEEE）提出一种针对模拟集成电路扩充的边界扫描方法，但目前尚无业界认可的模拟信号性能测试的可行方案。在模拟信号内建自测试领域，需要投入更多的精力进行研究，以降低对高性能复杂模拟自动测试设备的需求。

3. 混合信号集成电路测试

混合信号集成电路是指包括数字模块和模拟模块的集成电路。将模拟信号转换为数字信号的电路称为模-数转换器（Analog-Digital Converter，ADC），将数字信号转换为模拟信号的电路称为数-模转换器（Digital-Analog Converter，DAC）。

模数转换的作用是将时间连续、幅值也连续的模拟信号转换为时间离散、幅值也离散的数字信号，数模转换的作用则刚好相反。采样是将连续（模拟）信号转变为离散（数字）信号的处理过程；重构是将离散信号转变为连续信号的处理过程。采样和重构在混合信号集成电路测试中均得到广泛的应用。理论上，必须按照采样定理进行采样，即采样频率应大于信号频率的2倍；但在实际测试中，有时也会用到过采样和欠采样。基于DSP的测试涉及两种采样类型，即相干采样和非相干采样。针对周期信号的非相干采样容易引起频谱泄漏。

混合信号集成电路测试包括直流参数测试和交流参数测试，如功耗、漏电、电源抑制比、建立时间等；而针对其传输特性，则主要测试静态参数与动态参数。

测试时，由测试系统提供电源、时钟、模拟信号及数字信号给被测电路。静态参数测试通常为全码线性测试，通过输入一个满量程的、信号频率较低的三角波，采样得到实际输出的信号，通过实测传输特性与理想传输特性的比较来确定静态参数，包括满量程范围、最低有效位、差分非线性、积分非线性、失调误差 、增益误差、失码等。静态参数测试也可以通过输入正弦波，采用直方图方法来进行。

在进行动态参数测试时，测试系统的波形发生器生成一定频率的波形（通常为正弦波），该测试波形的准确度必须远高于被测电路的准确度，将测试波形输入被测电路后，采样得到输出的时域信号，通过快速傅里叶变换将采样的时域信号变换为频域信号进行处理，分析得到混合信号集成电路的动态参数。动态参数包括信噪比、总谐波失真、有效位数、无杂散动态范围互调失真等。

测试混合信号集成电路时，同样需要考虑可测性设计，以及设计与测试的连接，提供测试所需的软硬件环境。混合信号集成电路测试系统除了应具备数字集成电路测试系统的能力，还应具备产生高准确度任意波形的捕捉能力和处理数字信号及模拟信号的能力，以及数字模块与模拟模块同步的能力。

针对现阶段不断涌现的高速、高精度 ADC/DAC，如果测试用的自动测试系统无法提供满足要求的高精度时钟、信号源等，可采用高质量的分立仪器，或者进行回环测试；针对测试负载板，还应格外注意时钟及高速/高精度信号等关键信号的布线问题，并对信号进行充分的滤波处理。目前，新的电气电子工程师学会标准边界扫描方法已经完全适用于混合信号测试，如果将来能实现混合信号集成电路的结构测试，将大大降低测试难度与测试成本。

1.2.3 故障模型

通过建立故障模型，可以模拟芯片制造过程中的物理缺陷，这是芯片测试的基础。故障模型与电子设计自动化工具结合，可用于故障模拟、自动测试向量生成、向量图形验证等，并帮助诊断故障。

电路设计布局完成后，可以通过故障分析来确定制造过程中有可能发生的故障的位置和类型。故障分析考虑电路的逻辑属性和布局的物理属性，同时根据以往制造过程的历史数据辅助做出预测。故障分析的最终结果是形成故障列表，并进行故障排序（通常从最有可能发生和最容易测试的故障开始，并且以最不可能发生和最难测试的故障结束）。

为了生成和验证测试，通常使用单独的故障模型来描述存在预测故障时电路的工作状态。故障模型将故障引入设计数据中，使电路表现为存在目标缺陷时的状态，而开发测试用于检测故障行为，并且验证测试的有效性。

1. 常见的数字逻辑故障模型

（1）固定型故障：集成电路中某个信号固定为逻辑 0 或逻辑 1 的故障，是常见的故障模型，简记为 SA0（Stuck-at-0）和 SA1（Stuck-at-1），可以用于表征多种不同的物理缺陷。在数字电路中，一般包含两种固定型故障，即固定开路故障和固定短路故障。

（2）桥接故障：节点间电路的短路故障。桥接故障一般分为 3 类，即节点间的无反馈桥接故障、节点间的反馈桥接故障，以及元器件之间的桥接故障。

（3）跳变延迟故障：信号无法在规定时间内由 0 跳变到 1 或由 1 跳变到 0 的电路故障。经过一段时间后，跳变延迟故障通常表现为固定型故障。

（4）传输延迟故障：传输延迟故障不同于跳变延迟故障，它是信号在特定路径上的传输延迟故障，尤其是关键路径上的传输延迟故障。

2. 常见的存储器故障模型

（1）单元固定型故障：存储器单元的信号固定为 0 或 1 的故障。

（2）状态跳变故障：对存储单元进行写操作时，不发生正常跳变的故障。为了检测此类故障，必须对每个单元进行 0→1 和 1→0 的读/写，并且要在写入相反值后立刻读出当前值。

（3）单元耦合故障：单元耦合故障主要针对的是随机存储器，若对其某个单元进行写操作，当这个单元发生跳变时会影响另一个单元中的内容，说明存在单元耦合故障。单元

耦合故障包括翻转耦合故障、状态耦合故障或幂耦合故障等。为了测试单元耦合故障，应在对一个连接单元进行奇数次跳变后，对所有单元进行读操作。

（4）临近图形敏感故障：这是一个特殊的状态耦合故障，是指当特定存储单元周围的其他存储单元中出现一些特定数据时，该单元会受到影响。

（5）地址译码故障：该故障主要有4类，对于某个给定的地址不存在对应的存储单元、对于某个存储单元没有对应的地址、对于某个给定的地址可以访问多个固定的存储单元、对于某个存储单元有多个地址可以访问。

（6）数据保持故障：存储单元不能在规定时间内有效保持其中的数据值。

1+X 技能训练任务

1.3　IC 制造虚拟仿真教学平台使用方法

IC 制造虚拟仿真教学平台提供从晶圆制造到芯片测试的所有流程的虚拟实训资源，虚拟实训操作方法如下。

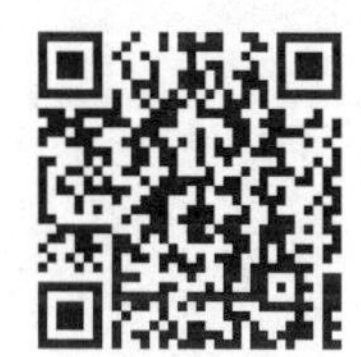

IC 制造虚拟仿真教学平台使用方法

第一步：登录平台。

IC 制造虚拟仿真教学平台登录界面如图 1-5 所示。

第二步：选择虚拟仿真实训项目。

选择虚拟仿真实训项目，如图 1-6 所示。

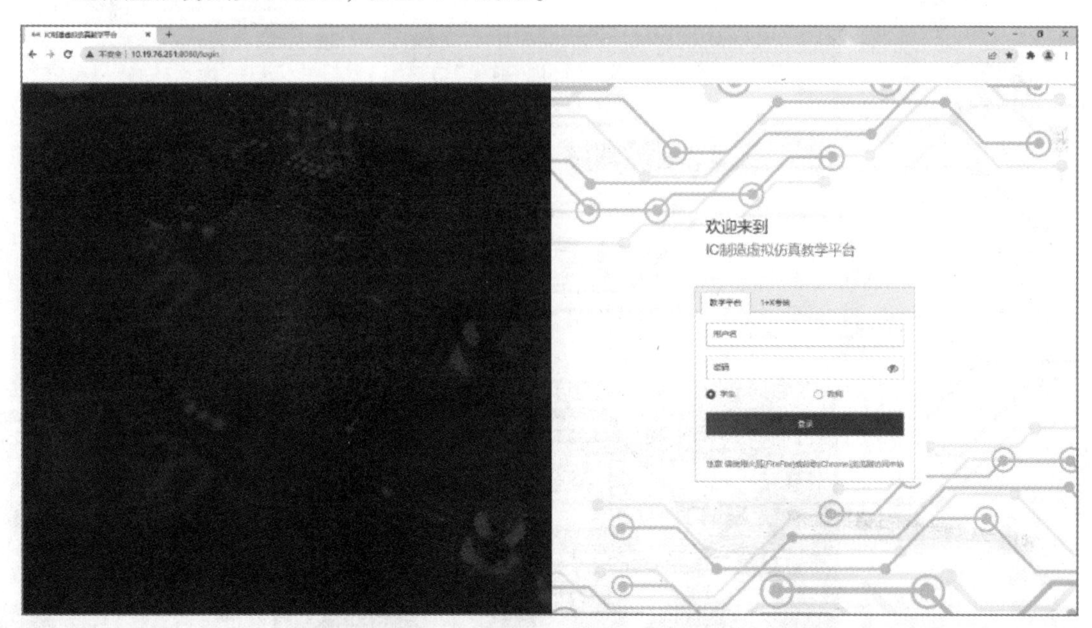

图 1-5　IC 制造虚拟仿真教学平台登录界面

第三步：学习相应的课程内容。

学习相应的课程内容，如图 1-7 所示。

第四步：选择相应的实训操作，按照提示进行虚拟实训练习。

选择相应的实训操作，如图 1-8 所示。

图 1-6　选择虚拟仿真实训项目

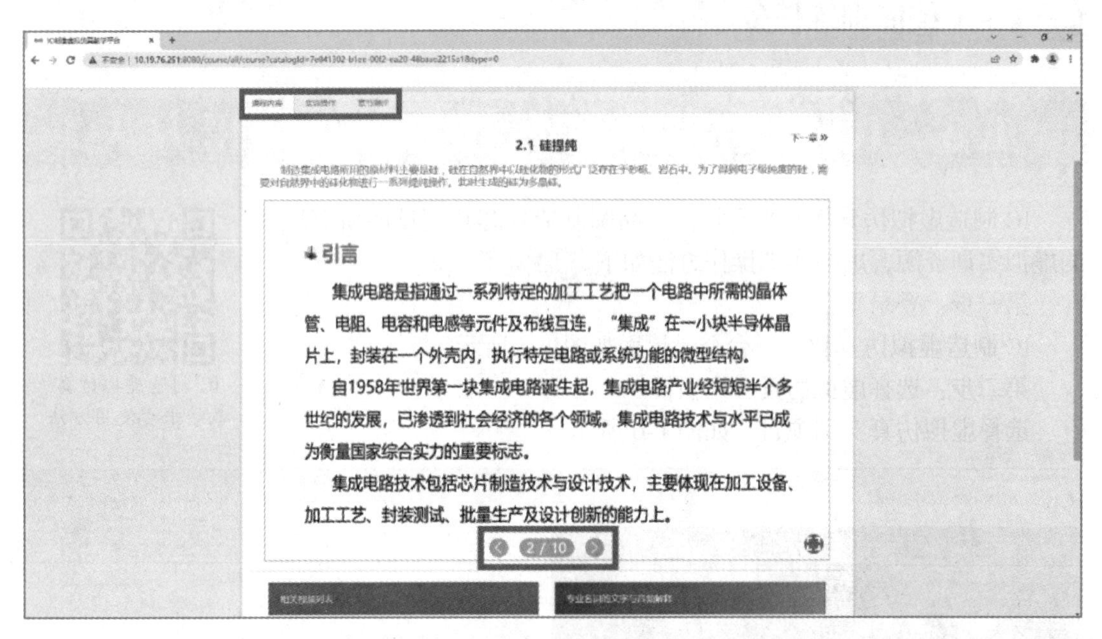

图 1-7　学习相应的课程内容

图 1-8　选择相应的实训操作

项目小结

本项目主要介绍了集成电路封装与测试两大环节的基本情况与基本概念，包括集成电路封装相关技术的介绍，集成电路封装的功能、层次及分类等。集成电路测试技术部分主要介绍了测试的意义、几种常用的测试技术，以及与之相关的基本概念和测试中会用到的几种故障模型。

习　题

思考题

1. 简述集成电路封装的概念。
2. 简述封装实现的5个功能。
3. 画出简图说明封装层次的区分。
4. 封装使用的材料主要有哪几类？
5. 简述集成电路测试的主要环节。
6. 简述数字集成电路测试的主要内容。

项目二　封装工艺流程

项目导读

封装工艺一般可以分成两个部分：成型前的工艺称为装配或前道工序，成型之后的工艺称为后道工序。在前道工序中，净化级别控制在100～1000级。在有些生产企业中，成型工序也在净化控制级别较高的环境下进行。典型的封装工艺流程如图2-1所示。

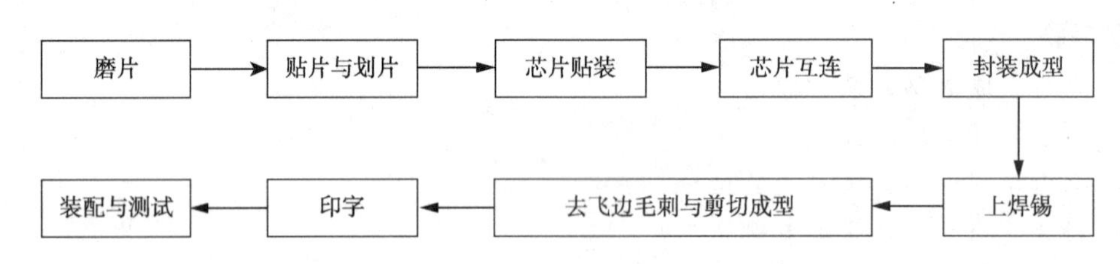

图2-1　典型的封装工艺流程

磨片：磨片之前，在硅片表面贴一层保护膜以防止磨片过程中硅片表面电路受损。磨片就是对硅片背面进行减薄，使硅片变薄、变轻，以满足封装工艺要求。磨片后应进行卸膜，把硅片表面的保护膜去除。

贴片与划片：在划片之前，应先进行贴膜，用保护膜和金属引线框架将硅片固定，再将硅片切成单个的芯片，并对其进行检测。只有切割完经过检测合格的芯片才可用。

芯片贴装：将切割好的芯片从划片膜上取下，并放到引线框架或封装衬底（或基座）条带上。

芯片互连：用金线将芯片上的引线孔和引线框架衬垫上的引脚连接，使芯片能与外部电路连接。

封装成型：保护元器件免受外力破坏，同时加强元器件的物理特性，使芯片便于使用。封装成型完成后，需对塑封材料进行固化，使其有足够的硬度与强度经过整个封装过程。

上焊锡：首先使用铅和锡作为电镀材料进行电镀，目的是防止引线框架生锈或受到其他污染。然后根据客户需要，使用不同的材料在封装的元器件表面进行打印。

去飞边毛刺与剪切成型：先去除引脚根部多余的塑膜和引脚连接边，再将引脚打弯成所需要的形状。

印字：在封装模块的顶面印制商品信息，以便识别和追踪。

装配与测试：将各种元器件采用焊接的方式依照电路逻辑装配至PCB上，并完成整块电路板的最终测试。

能力目标

知识目标	1. 了解晶圆切割等处理方法 2. 掌握芯片贴装和互连工艺 3. 了解芯片封装成型及后续处理工艺 4. 了解剪切成型、印字、装配工艺
技能目标	1. 掌握晶圆磨片工艺实操流程 2. 掌握划片、装片、引线键合工艺实操流程 3. 掌握封装成型、上焊锡、去飞边毛刺与剪切成型的实操工艺流程 4. 掌握印字与装配实操工艺流程
素质目标	1. 培养规范化实验的能力 2. 培养团队协作精神 3. 培养实践出真知的精神
教学重点	1. 晶圆切割工艺 2. 芯片互连工艺 3. 剪切成型工艺
教学难点	芯片互连
推荐教学方法	通过虚拟仿真、动画、实物、图片等形式让学生巩固所学知识
推荐学习方法	通过网页搜索最新相关知识、课程补充资源等进行辅助学习，达到高效学习的目的

项目知识

2.1　晶圆切割

2.1.1　磨片

晶圆切割

为了降低生产成本，目前批量生产所用到的硅片直径多在6in（1in ≈25.4mm）以上，由于其尺寸较大，为了使硅片不易受到损坏，其厚度也相应增加，这样就给划片带来困难，所以在封装之前，要对硅片进行减薄处理。

以薄型小引出线封装为例，硅片上电路层的有效厚度一般为300μm，为了保证电路层的功能，硅片的厚度应为900μm。其实，约占总厚度90%的衬底材料的作用是保证硅片在制造、测试和运输过程中有足够的强度。因此，电路层制作完成后，需要先对硅片进行背面减薄，使其达到所需要的厚度，再对硅片进行划片加工，形成减薄的裸芯片。

目前，硅片的背面减薄技术主要有磨削、研磨、化学机械抛光、干式抛光、电化学刻蚀、湿法腐蚀、等离子辅助化学腐蚀、常压等离子腐蚀等。

磨片的目的如下。

（1）去掉晶圆背面的氧化物，保证芯片焊接时具有良好的黏结性。

（2）消除晶圆背面的扩散层，防止寄生结存在。

（3）使用大直径的晶圆制造芯片时，由于晶圆较厚，需要减薄才能满足划片、压焊和封装工艺的要求。

（4）减小串联电阻和提高散热性能，同时改善欧姆接触。

2.1.2 贴片

在晶圆背面贴上胶带（常称为蓝膜）并置于钢制引线框架上，此动作称为晶圆贴片。贴片完成后，就可以送至芯片切割机进行切割。晶圆贴片机如图 2-2 所示。

图 2-2 晶圆贴片机

2.1.3 划片

划片的目的是将加工完成的晶圆上的一颗颗晶粒切割分离。切割完后，一颗颗晶粒会井然有序地排列在胶带上。晶圆划片的效果和晶圆划片机分别如图 2-3 和图 2-4 所示。

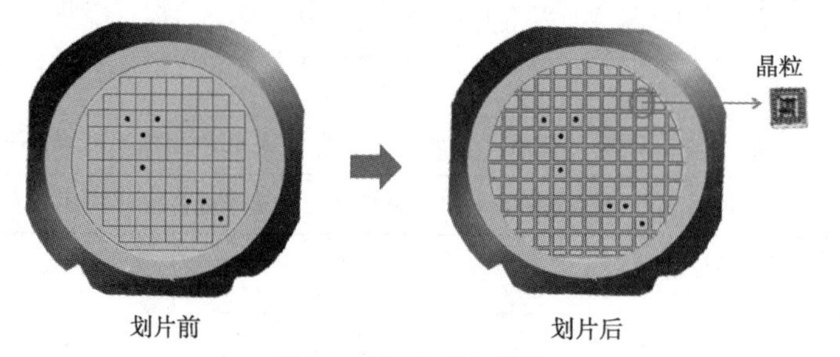

图 2-3 晶圆划片的效果

图 2-4 晶圆划片机

芯片划片槽的断面往往比较粗糙，有少量微裂纹和凹槽存在。同时，有些地方划片时并未划到底，取片时，顶针的顶力作用使芯片“被迫”分离，致使断口呈不规则状。划片引起的芯片边缘破损同样会严重影响芯片的碎裂强度。

划片工艺可以分为减薄前划片和减薄划片两种。减薄前划片，即先将硅片的正面切割出一定深度的切口，再进行背面磨削；减薄划片，即先用机械或化学的方式将硅片切割出切口，用磨削方法减薄到一定厚度以后，再采用等离子刻蚀技术去除掉剩余加工量，实现裸芯片的自动分离。这两种方法都能很好地避免或减少减薄引起的硅片翘曲以及划片引起的芯片边缘破损，特别是减薄划片，各向同性的硅刻蚀剂不仅能去除硅片背面的研磨损伤，还能去除划片引起的微裂纹和凹槽，大大增强芯片的抗碎裂能力。

划片完成以后，还需要进行扩晶工艺，扩晶的主要目的是将每个晶粒的间距增大，以求在贴片的时候可以方便地取出每个晶粒。

2.2　芯片贴装

芯片贴装又称芯片粘贴，简称装片、黏晶，就是把芯片装配到管壳底座或引线框架上。芯片贴装如图 2-5 所示。

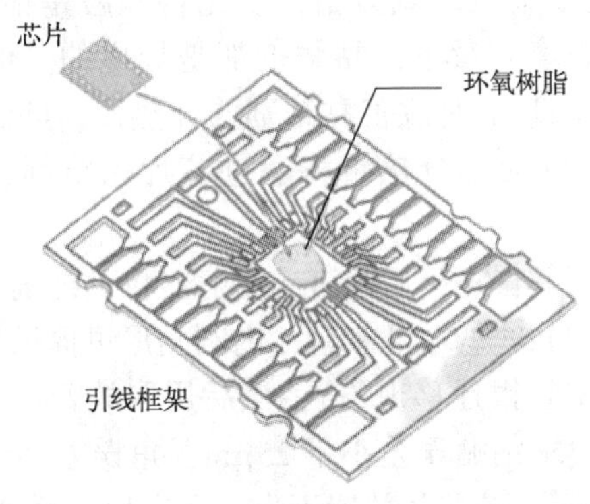

芯片贴装

图 2-5　芯片贴装

芯片贴装的目的是将一颗颗分离的晶粒放置在引线框架上并用银胶（环氧树脂）黏结固定。引线框架上提供了晶粒黏结的位置（晶粒座），并预设可延伸晶粒电路的延伸脚(分为内引脚及外引脚)。一个引线框架上按照不同的设计可以有数个晶粒座，这数个晶粒座通常排成一列，也有排成矩阵式的多列排法。引线框架定位后，首先要在晶粒座预定黏结晶粒的位置点上银胶（此动作称为点胶），而经过切割的晶圆上的晶粒则由取放臂一颗颗地放置在已点胶的晶粒座上。芯片贴装完后的引线框架则经传输设备送至弹匣内。

2.2.1　共晶粘贴法

共晶粘贴法指利用金-硅低共熔合金在363℃时产生共晶反应的特性进行晶粒的粘贴。在使用金-硅（一般是69% Au-31% Si）低共熔合金时，首先将焊料切成小块，放到引线框架的芯片焊盘上，然后将晶粒放在焊料上，将焊料加热到熔点以上（>300℃）。但是，由于晶粒、引线框架之间的热膨胀系数严重失配，合金焊料贴装可能会造成的芯片开裂现象。

2.2.2　高分子胶粘贴法

高分子胶粘贴法也称树脂粘贴法，它采用环氧树脂、聚酰亚胺树脂、酚醛树脂、聚胺树脂及硅树脂等作为黏结剂，加入银粉作为导电材料，再加入氧化铝粉填充料作为导热材料。

以下 3 种高分子胶的配方可以提供所需的电互连。

（1）各向同性导电材料。它能沿各个方向导电，可以代替热敏元器件上的焊料，也能用于需要接地的元器件。

（2）导电硅橡胶。它有助于保护元器件免受环境的危害，如水、蒸汽等，而且可以屏蔽电磁干扰。

（3）各向异性导电聚合物。它只允许电流沿一个方向流动，可提供封装芯片元器件的电接触并消除应变力。

由于高分子材料与引线框架材料的热膨胀系数相近，高分子胶粘贴法成为塑料封装常用的芯片粘贴法，该方法利用戳印、网印或点胶等方法将环氧树脂涂在晶粒座上，放置晶粒后加热，从而完成黏结。高分子胶中也可填入银等金属以提高热传导性。胶材可以先制成固体膜状再施以热压接合。低成本且能配合自动化生产是高分子胶粘贴法被广泛采用的原因，但高分子胶热稳定性不良，易致成分泄漏而影响封装可靠性。

高分子胶黏结剂的基体材料绝大多数是环氧树脂，填充料一般是银颗粒或银薄片，填充量一般是 75%～80%，在这样的填充量下，黏结剂都是导电的。但是，作为芯片的黏结剂，添加如此高含量的填充料的目的是改善黏结剂的导热性，即为了散热，因为在塑料封装中，电路运行过程产生的绝大部分热量将通过芯片黏结剂、引线框架散发出去。

用芯片黏结剂贴装的工艺过程如下。首先，用针筒或注射器将黏结剂涂布到芯片焊盘上（黏结剂要有适合的厚度和轮廓，对较小的芯片来讲，内圆角形可提供足够的强度，但黏结剂不能太靠近芯片表面，否则会引起银迁移现象），然后用取放臂将芯片精确地放置到焊盘的黏结剂上面。对于大芯片，要求粘贴误差小于 25μm，角误差小于 0.3°。对厚度为 15～30μm 的黏结剂，压强为 $5N/cm^2$。若芯片放置不当，会产生一系列的问题，例如，孔洞造成高应力；黏结剂在引脚上造成搭桥现象，引起内连接问题；在引线键合时造成引线框架翘曲，使得一边引线应力大、一边引线应力小，而且为了找准芯片位置，还会使引线键合的生产效率降低，成品质量下降。

芯片黏结剂在使用过程中可能产生如下问题：在高温下贮存时长期降解；界面处形成孔洞引起芯片的开裂；孔洞处的热阻造成局部温度升高，引起电路参数漂移现象；吸潮性造成模块焊接到基板或电路板上时产生水平方向的模块开裂问题。

高分子胶黏结剂通常需要进行固化处理，环氧树脂黏结剂的固化条件一般是 150℃、1h（也可以用 186℃、0.5h 的固化条件）。聚酰亚胺（PI）黏结剂的固化温度要更高一些，时间也更长。具体的工艺参数可通过差示扫描量热仪实验来确定。

2.2.3 玻璃胶粘贴法

玻璃胶粘贴法是一种仅适用于陶瓷封装的低成本芯片黏结技术，是以戳印、网印或点胶的方法将填有银的玻璃胶涂于基板的晶粒座上，放置晶粒后加热除去胶中的有机成分，可使玻璃胶熔融接合。玻璃胶粘贴法可以得到无孔洞、热稳定性优良、低残余应力与低湿气含量的黏结效果。但在黏结热处理过程中，需谨慎控制冷却温度以防黏结处破裂，胶中的有机成分也需完全除去，否则将有损封装的结构稳定与可靠性。

2.2.4　焊接粘贴法

焊接粘贴法为另一种利用合金反应进行晶粒黏结的方法，其主要的优点是能形成热传导性优良的黏结。焊接粘贴法也必须在热氮气保护的环境中进行，以防止锡氧化及孔洞的形成。常见的焊料有金-硅、金-锡、金-锗等硬质合金与铅-锡、铅-银-钢等软质合金，使用硬质焊料可以获得具有良好抗疲劳与抗蠕变特性的黏结，但它存在由热膨胀系数差引起的应力破坏问题。使用软质焊料可以弥补这一缺点，使用前需在晶粒背面先镀上多层金属薄膜。

在粘贴芯片的过程中，若操作不当或存在工艺缺陷，往往会造成粘贴失败，进而使晶粒废弃。常见的晶粒废弃情况有：裂缝/划痕、断裂、污染、错位、缺失、堆叠、定位不良、融合不良。

2.3　芯片互连

芯片互连（Chip Interconnection）是指将芯片焊区与封装外壳的 I/O 引线或基板上的金属布线焊区相连接。

芯片互连

芯片互连常用的方法有引线键合、带式自动键合、倒装焊。

在微电子封装中，半导体元器件的失效有 1/4 ～1/3 是由芯片连接问题引起的，芯片互连对元器件可靠性的影响很大。对带式自动键合、倒装焊来说，芯片凸点高度一致性差、应力集中、面阵凸点与基板的应力不匹配等引起基板变形，都会导致焊点失效。

2.3.1　引线键合技术

焊线的目的是将晶粒上的接点用极细（直径为 18 ～50μm）的金线连接到引线框架上的内引脚上，从而将中晶粒的电路信号传输到外界。当引线框架从弹匣内传送至指定位置后，应先用电子影像处理技术来确定晶粒上各个接点以及每一个接点所对应的内引脚上接点的位置，再完成焊线的动作，焊线示意如图 2-6 所示。焊线时，以晶粒上的接点为第一焊点，内引脚上的接点为第二焊点。首先将金线的端点烧结成小球，然后将小球压焊在第一焊点上（称为第一焊或植球），如图 2-6(b) 所示。接着，依照设计好的路径拉金线，最后将金线焊在第二焊点上（称为第二焊或压焊），如图 2-6（e）所示。最后，拉断第二焊点与钢嘴间的金线，一条金线的焊线动作就完成了。接着，便可以从烧球开始下一条金线的焊线动作。

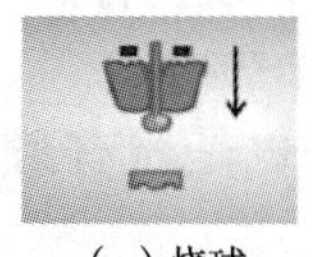
（a）烧球

（b）植球

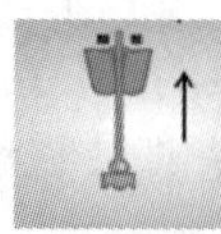
（c）拉线

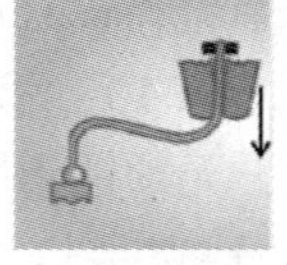
（d）走线

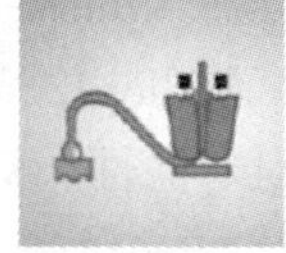
（e）压焊

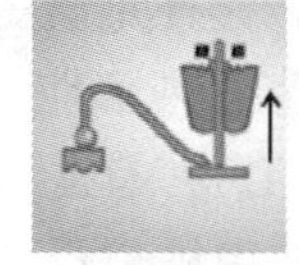
（f）断尾

（g）完成

图 2-6　焊线示意

引线键合工程是指将引线框架上的晶粒与引线框架用金线连接的工程。为了使芯片能输出及接收信号，就必须将芯片的接触电极与引线框架的引脚一个个对应地用键合线连接起来，这个过程称为引线键合。

1. 引线键合的主要材料

键合用的引线（简称键合线）对焊接的质量有很大的影响，对元器件的可靠性和稳定性影响更大。理想的键合线材料应具有以下特点。

（1）能与半导体材料形成低电阻欧姆接触。

（2）化学性能稳定，不会形成有害的金属间化合物。

（3）与半导体材料的黏结力强。

（4）可塑性好，容易实现键合。

（5）弹性小，在键合过程中能保持一定的几何形状。

键合线主要应用于晶体管等半导体元器件的电极部位或芯片与外部引线的连接，虽然有不用键合线的键合方法，但目前约90%的集成电路产品仍用键合线来封装。而键合线焊点的电阻和键合线在芯片中所占用的空间、焊接所需要的间隙、单位体积电导率，键合线延展率、化学性能、抗腐蚀性能和冶金特性等必须满足一定的要求才能得到良好的键合特性。在元素周期表上的金属元素中，银、铜、金和铝4种金属元素具有较好的导电性能，同时满足上述其他性能要求，可以作为集成电路的键合线材料。

金和铝是使用非常普遍的键合线材料。金的性能稳定，做出来的产品良率高；铝虽然便宜，但不稳定，良率低。几种主要的键合线对比如下。

（1）金线：使用广泛、传导效率好，但是价格贵，近年来已有被铜线取代的趋势。

（2）铝线：多用于功率型组件的封装。

（3）铜线：由于金价飞涨，近年来大多数封装厂积极开发铜线制程以降低成本。铜线对目前我国的部分封装厂来说在中低端产品上还是比较经济的，但是使用时需加保护气体，且铜线的刚性强。

（4）银线：多用于特殊组件。在封装工艺中不使用纯银线，常采用银的合金线，其性能较铜线好，价格比金线低，也需要用保护气体，对中高端封装来说不失为一个好选择。银线的优势：一是银对可见光的反射率高达90%，居金属之首，在发光二极管（Light Emitting Diode，LED）应用中有增光效果；二是银对热的反射或排除也居金属之首，可降低芯片温度，延长LED使用寿命；三是银线的耐电流性强于金和铜；四是银线比金线好管理（无形损耗降低）；五是银线比铜线好贮存（铜线需密封，且贮存期短；银线不需要密封，贮存期可达6～12个月）。

在目前的集成电路封装中，金线键合仍然占大部分，铝线键合仅占较少一部分（铝线键合封装只约占总封装的5%），而铜线键合封装大概只占1%。

另外，引线框架提供封装组件电、热传导的途径，也是所有封装中材料需求量最大的。

引线框架材料有镍铁合金、复合（或披覆）金属、铜合金三大类。

Alloy42（42%镍－58%铁）是使用历史十分悠久的引线框架材料，它原是真空管的引脚材料，有与硅及氧化铝相近的热膨胀系数（Alloy42为4.5×10^{-6}/℃；硅为2.6×10^{-6}/℃；氧化铝为6.4×10^{-6}/℃），有良好的耐弯曲性、韧性，无须镀镍即可进行电镀与焊锡沉浸制程，因此在电子封装中被广泛使用。Alloy42最大的缺点是热传导率低（低于

16W·m^{-1}·℃$^{-1}$），因此不适合用于高功率或长时间操作组件的封装结构中。Kovar 合金（29%镍-17%钴-54%铁）具有与氧化铝和玻璃相近的热膨胀系数（玻璃的热膨胀系数约为 5.3×10^{-6}/℃），也是气密性封装的主要引脚材料之一。

复合金属材料通常是先用高压将铜箔碾轧在不锈钢片上再进行固溶热处理结合而成的，复合金属材料与 Alloy42 的机械性质相近，但有更优良的热传导率。

铜合金具有良好的电、热传导性质（热传导率为 150～380W·m^{-1}·℃$^{-1}$），但因铜的机械强度低，故必须添加铁、锆、锌、锡、磷等元素以改善机械性质。由于铜合金的热膨胀系数较高（约 16.5×10^{-6}/℃），故不适合以金-硅共晶粘贴法进行集成电路芯片黏结，但它与塑料封装的铸模材料的热膨胀系数相近（FR-4 铸模树脂的热膨胀系数约为 15.8×10^{-6}/℃），因此成为塑料封装常用的引线框架材料。

电子封装所用的引脚依其形状可分为薄板状和针状两种。薄板状引脚的制备：可以采用合金原料经铸造、锻造（或冲压）、切割、热处理、车铣、研磨抛光、电镀等步骤，制成厚度为 0.1～0.25mm 的表面平整光滑的薄片；也可以先对铜合金利用连续铸造技术直接铸成厚度为 12.5mm 的薄片，再冷压成所需厚度的薄片。引线框架材料均需热处理以使其具有适当韧性，除去残余应力，所得的金属薄片再以冲模（也称为压模或冲压）或蚀刻的方法制成引线框架。冲模制程利用累进式模具逐次将金属薄片冲制成所需形状的引线框架，它有速度快、产量高、单位成本低的优点，缺点是需要精密、昂贵的模具，起始成本高，不适用于少量生产。蚀刻制程则先以微影成像技术在金属薄片上定出引线框架的形状，再以氯化铜（$CuCl_2$）、三氯化铁（$FeCl_3$）或高硫酸铵［$(NH_4)_2S_2O_8$］蚀刻液除去不必要的金属部分，以制成所需的引线框架。蚀刻制程起始成本低，设备较为简单，适合形状复杂与研发中的引线框架制作，缺点是产能低、单位成本高。引线框架制成后，其表面通常需再镀上镍、金或银以配合后续的制程应用，银可直接镀于镍铁合金引线框架上，但因成本限制，通常仅在集成电路芯片承载座与打线的位置镀银；铜合金引线框架在镀银之前需先镀上镍。针状引脚（针脚）通常使用 Alloy42 或 Kovar 合金制成，再以金-锡硬焊的方法固定在封装基板上。针脚的表面处理视组件与电路板接合的方式而定，焊接用针脚表面依次镀有镍和金，插入基座进行接合的针脚表面则镀有钯和金。

在塑料封装中，引线框架为铸模的骨架，也是主要的散热途径。引线框架的设计是塑料封装中重要的一环，设计时应注意的项目包括引脚形状、间距、宽度、长度、厚度等。由于引线框架将完全被树脂铸模材料包围，金属部分面积越大，铸模材料冷却收缩的程度越大，对水分子的透过阻绝能力越强。当金属部分面积过大时，铸模材料相互黏结部分的面积将不足，封装上、下部分裂开分离的概率也较大，因此设计时应在这两个需求中求取平衡，通常的设计原则为金属部分面积应小于塑料铸模材料黏结部分的面积。塑料铸模材料与引线框架材料间的热膨胀系数差是应力破坏产生的原因之一，因此应用于塑料封装中的引线框架芯片承载座部分往往制成凹陷的形状，以使集成电路芯片表面与封装的弯曲中点在同一平面，此设计同时可降低塑料铸模过程中发生金线偏移的概率；制作引线框架时，芯片承载座的边缘应除去冲模残余的凸边，以免形成应力破坏裂隙的起源，底部可以制作出周期性排列的凹槽以促进与铸模材料的黏结。

焊接时还要用到一种很重要的结构，叫作微管（毛细管），其是引线键合机上金属线最后穿过的位置。金属线通过微管与芯片或焊盘上相应的位置接触，并完成键合作用。微管的尖端表面的性质对引线键合很重要，其表面主要分为 GM 型和 P 型两种。

GM 型：表面粗糙，在焊接时，可以更好地传递超声波能量，提高焊接的效果，但是容易附着空气中的污染物，影响焊接，缩短使用寿命。

P 型：表面光滑，不易附着灰尘和异物，对于超声波的传递效果不是很好。

2. 引线键合的方式与特点

引线键合的方式有热压焊、超声焊、热声焊 3 种。

（1）热压焊：在一定温度下，施加一定压力，劈刀带着引线与焊区接触并达到原子间距，产生原子间作用力，从而达到键合的目的。

温度：高于 200℃。

压力：0. 5 ～1. 5N/点。

强度（拽扯脱点的拉力大小）：0. 05 ～0. 09N。

（2）超声焊：劈刀在超声波的作用下，在振动的同时除去焊区表面的氧化层，并与焊区达到原子间距，产生原子间作用力，从而达到键合的目的。

温度：室温。

压力：小于 0. 5N/点。

强度：约 0. 07N。

（3）热声焊：超声波热压焊接方式，原理如图 2-7 所示（图 2-7 中 DIE 在集成电路中就是芯片的意思，又称裸晶或裸片，是以半导体材料制作而成未经封装的小块集成电路的本体。），即在一定压力、超声波和温度共同作用一定时间后，将金球压接至芯片的铝盘焊接表面（金丝球焊）。

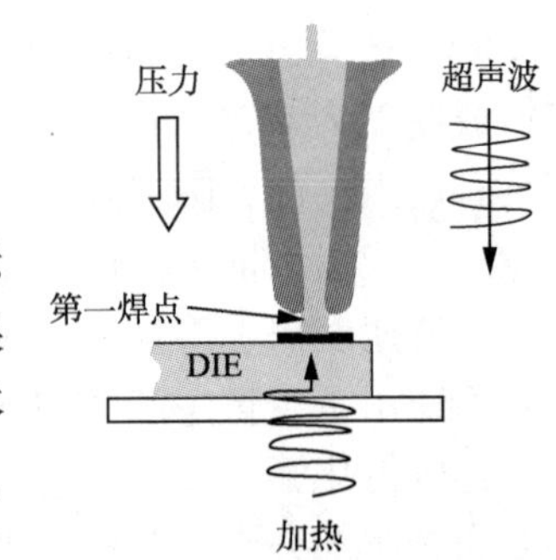

图 2-7　热声焊原理

热声焊的意义如下。

① 借助超声波的能量，可以使芯片和劈刀的加热温度降低。金丝热压焊：芯片温度为 330 ～350℃，劈刀温度约为 165℃。热声焊：芯片温度为 125 ～300℃，劈刀温度为 125 ～165℃。

② 由于温度降低，可以减少金、铝间金属化合物的产生，从而提高键合强度，降低接触电阻。

③ 可以键合不能耐 300℃以上高温的元器件。

④ 键合压力、超声功率可以降低一些。

⑤ 有残余钝化层或有轻微氧化的铝压点也可键合。

工艺过程：劈刀在加热与超声波的共同作用下，去除焊区表面的氧化层，达到键合的目的。

温度：低于 200℃。

压力：约 0. 5N/点。

强度：0. 09 ～0. 1N。

注意：如温度过高，芯片会变形，易形成氧化层；超声焊和热声焊的焊接强度比热压焊大一些。

3. 焊接因素对焊接可靠性的影响

焊接温度：焊垫的加热有利于金线与焊材的结合，但过高的温度容易导致过度焊接及金属化合物的过度增长，形成紫斑、白斑、彩虹及凹坑等。

焊接压力：第一焊点球形的形成及第二焊点线尾的切断要求保持劈刀在焊接过程中的

稳定性。压力的实际大小与金线直径及焊材表面材料硬度等有关，大小适度可辅助焊接，过大则会制约焊接的进行。

超声波：超声波是影响焊接的主要因素，可加强金线与焊材之间的共渗，形成牢靠的焊接，如超声波功率过大将影响球形的形成，也会导致过度焊接及紫斑、凹坑的形成。

4. 自动键合机的主要功能

自动键合机是将多种功能集合于一身的设备，其实物如图 2-8 所示。

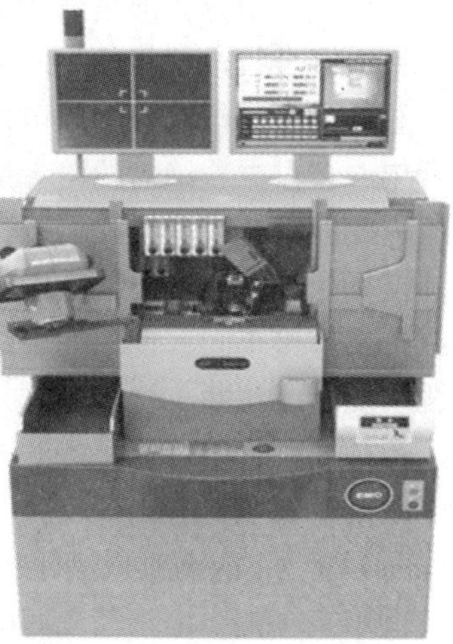

图 2-8　自动键合机实物

自动键合机的主要功能如下。

（1）自动识别功能：在高速中央处理器的帮助下，自动键合机能对图像进行分析处理，能找出图像的共同点，从而达到根据图像定位的目的。相关组成部分包括个人计算机（Personal Computer，PC）、摄像头、图处理电路等。

（2）自动送料功能：在完成准备工作的基础上自动送料，以达到全自动生产的效果。相关组成部分包括工作台和升降台等。

（3）自动焊接功能：PC 根据图像处理后得到的信息，驱动焊接平台运动到工作坐标位置完成焊接工作，其中包含一系列的动作，如利用高压放电制作金球、检测焊接过程的完成程度等。

（4）自动控温功能（可选项）：自动控制工作区域的温度。

5. 焊接过程

热压焊、超声焊的过程如图 2-9 所示。

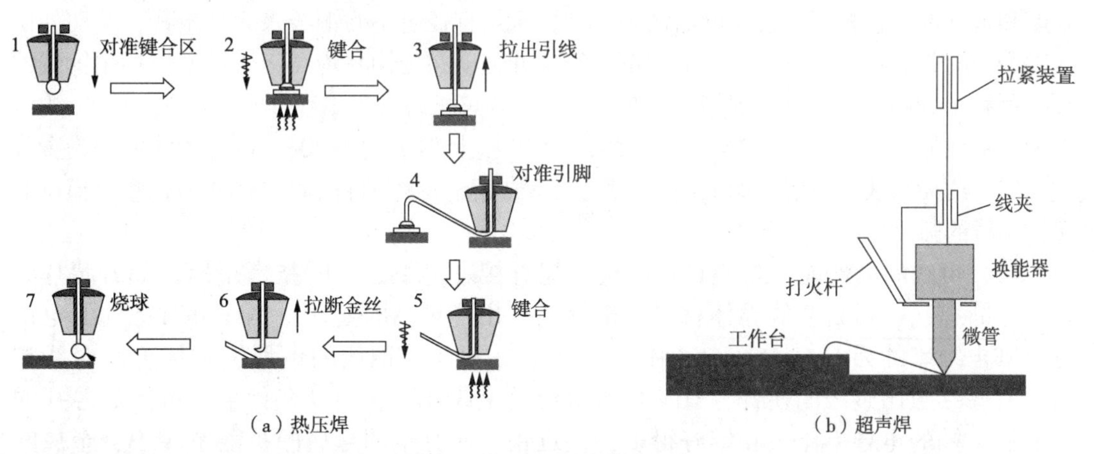

（a）热压焊　　（b）超声焊

图 2-9　热压焊、超声焊的过程

6. 铜线键合

随着电子封装技术的发展，封装引脚数越来越多，布线间距越来越小，封装厚度越来越薄，封装体在基板上所占的面积也越来越小，这使得低介电常数、高导热系数的材料成为必需的材料，这些更高的要求迫使芯片封装技术不断突破，不断创造新的技术极限。传统的金线键合、铝线键合与封装技术的新要求不再匹配。铜在成本和材料特性方面有很多优于金、铝的地方，但是铜线键合技术还面临一些问题。如果这些问题能够得到很好的解决，铜线键合技术就将成为未来封装的主流技术。

金线由于具备良好的导电性、可塑性和化学稳定性等，在半导体分立元器件的内引线键合中一直占据着绝对的主导地位，并拥有成熟的键合工艺。但由于资源有限，金线价格高，因此业界一直在寻找可以代替金线的金属材料。纯金由于化学性能稳定，导电和机械性能良好，因此被广泛地应用在工业产品中。在半导体封装行业，为了保证金线与芯片、引线框架焊接牢固，使用的金线纯度高达 99.99% 以上。同时，为了防止在拉弧度和塑封过程中变形或拉断，金线还必须具有一定的延伸率。

铝是一种价格较低、资源丰富的金属材料，铝线在内引线键合中也得到大量应用，但由于铝质材料的电阻率较高、导热性能较差和机械强度较低（键合线直径一般要求在 0.1mm 以上），因而难以满足中小功率元器件小面积、小焊位的生产需要。

近年来，铜线由于其良好的电气、机械性能和较低的价格而受到业界的青睐。但铜线键合并非十全十美，由于铜线金属活性和延伸性等方面的不足，铜线键合对键合设备和工艺有特殊的要求，同时也容易带来新的失效问题。

由于铜线价格相对金线而言更低，因此，为了降低成本，很多封装企业在晶体管焊线时用铜线替代金线。

铜的化学性质比金活泼，导电、散热和机械性能优于金，硬度略大于金，因此以铜线替代金线具备一定的物理基础和可能性。实际应用中，纯铜在空气中容易氧化，这降低了铜线的焊接性能，所以一般在铜线表面涂敷一层超薄有机膜，经真空包装之后存放，保护铜线在解线上机之前不被氧化。

在引线材料中，金、铝、铜是十分常用的金属材料，它们都具有良好的综合性能，分别用于不同的芯片焊接。下面来讨论铜线的性能。

（1）铜线的机械性能：铜线（纯度为 99.99%）与同纯度的金线相比具有良好的剪切强度和延伸性。在相同焊接强度的情况下，可采用直径更小的铜线来代替金线，从而使引线键合的间距缩短。在室温条件下，铜线的拉伸强度和延伸率均高于金线，焊接用铜线的直径可减小到约 15μm。铜的抗拉强度高，对直径同样为 2.0mil（1mil≈0.0254mm）的线来说，铜线的引线拉力约为 55g，金线的约为 25g，铝线的约为 20g，可见铜线的约为金线的 2 倍，约为铝线的 3 倍。加上铜的硬度大、强度高，这些特性非常有利于在塑封模压时保护引线的弧度。

（2）铜线的电性能：封装材料的电性能直接决定了芯片的技术指标。随着芯片频率的不断提高，对封装的导体材料的电性能提出了更高的要求。铜线具有优良的电性能，其电阻率约为 1.6μΩ·cm，比金线高出约 33%。铜线的电性能指标可与金线相当，有些参数比金线的还好，且其熔断电流比金线要大，用其替代金线可提高芯片的可靠性。铜的电导率比金和铝好得多，接近银，而且铜的金属间扩散率较小，金属间化合物生长较慢，因而金属间渗透层的电阻较小。这决定了它的功率损耗更小，便于用细线通过更大的电流。

（3）铜线的热性能：随着芯片密度的提高和体积的缩小，芯片制造过程中的散热是设计和工艺需要重点考虑的内容。在常用封装材料中，铜的传热性能比金和铝都要好，被广泛地用于电子元器件的生产制造中。铜的热导率约为金的 1.3 倍、铝的 1.8 倍，这决定了铜本身的温度不容易升高，因而更有利于接触面的热传递，更能适应高

温环境条件。

在对散热要求越来越高的高密度芯片封装工艺中，选取铜线来代替金线和铝线是非常有意义的。铜的热膨胀系数比铝的低，因此铜的焊点的热应力也较低。

（4）铜的化学稳定性：铜的化学稳定性不如金，容易氧化。铜的硬度大，延伸性较差，在一定程度上增加了焊接的难度。由于金属活性和延伸性等方面的不足，铜线的应用对生产设备、生产工艺也提出了更高的要求。

由于铜线与金线和铝线相比有较好的电气和机械性能，加上价格较低，因此在半导体元器件键合中已得到重视和应用。

（5）铜线的焊接性能：铜线有优良的机械、电、热性能，是替代金线和铝线的理想材料。在芯片引线键合工艺中用铜线取代金线和铝线可缩小焊接间距，提高芯片频率、散热性和可靠性。但是，由于铜线容易氧化，焊接时必须采用特殊焊接工艺改善其焊接性能，才能发挥其综合性能优势，以提高芯片质量。铜线恶劣的焊接性能阻碍了铜线在封装中的大量使用。随着芯片对封装材料电性能要求越来越高，对铜线焊接性能和焊接工艺的研究已经成为引线键合的研究热点。

铜线表面的污染和氧化是造成铜线焊接性能差的主要因素。铜线表面的有机污染物一般采用离子清洗法去除，而铜线表面氧化问题则必须通过增加保护气体来解决。

铜线在从生产、贮存、运输到焊接的过程中，会不可避免地与空气中的氧接触而缓慢地发生氧化反应：

$$4Cu + O_2 = 2Cu_2O$$

铜线表面的 Cu_2O 为一层致密的氧化膜，很难用物理的方法去除。铜线在焊接过程中，由于高温和氧气的作用，还会产生快速氧化反应：

$$2Cu + O_2 = 2CuO$$

铜的氧化膜呈现网状结构。这两层氧化膜的存在会使铜的焊接性能严重下降，成为难焊接材料。

为了提高铜线的焊接性能，在焊接过程中需同时增加保护性和还原气体。加入保护性气体以防止氧与铜在焊接时发生反应；加入适量的氢气作为还原气体以去掉铜表面的 Cu_2O，其反应式为：

$$Cu_2O + H_2 = 2Cu + H_2O$$

保护性气体为 N_2（体积分数为95%），还原气体为 H_2（体积分数为5%）。混合气体的用气量：电火花烧球时为45L/h，焊接时为25L/h。

尽管铜线键合占的市场份额较少，但是人们对它的研究开始增多，并且它的应用范围已经迅速扩大。市场的驱动要求芯片密度更大、功能更加复杂、价格更加低廉、功耗更低，这使得封装向着细间距、多引脚、小焊盘、小键合点的方向发展。在这样的封装技术发展趋势下，铜线键合能够更好地满足人们对封装的要求。这是因为铜作为键合线材料比金、铝有更多的优良特性，包括以下5点。

（1）可以降低成本。

（2）电和热传导性能优良。

（3）金属间形成的化合物较少。铜的一个优良特性是它不容易跟铝形成金属间化合物，而金线的原子很容易跟铝焊点的原子互扩散而形成金属间化合物。这种互扩散会在键合表面形成一些孔洞，进而导致键合可靠性问题。另外，金、铝之间形成的化合物非常脆弱，当存在热-机械负载时，它就很容易被破坏。若金、铝间形成的化合物的电阻系数很大，那么当有电流流过时，就会导致额外的热产生，这些热又会导致更多的金属间化合物产生，这将使热产生和金属间化合物的形成之间出现恶性循环。

（4）高温下键合点的可靠性较好。铜与铝之间形成金属间化合物需要的温度要高于金，铜与铝形成金属间化合物的速度也只有金的1/4，所以在高温环境下铜线的可靠性比金线更高。

（5）机械稳定性比较好。在拉线测试中，被拉断的是键合线，而不是键合点，这说明铜键合点的键合强度非常高。随着硅片上铜互连技术的发展，铜与铜焊盘之间的键合有很多属于单金属间的键合，这样不用担心互扩散，可以大大提高键合的可靠性。单金属间键合能进一步地缩小焊球间距。常用的键合方法为楔形键合及球形键合，楔形键合较球形键合技术成熟一些。另外，随着硅片上的铜金属化，如果用金线键合，金就比铜更硬一些，所以键合时为了避免硅片受损，必须调整键合参数；而用铜线键合则不用担心这些问题，但是铜线与硅片上的铜金属化区域直接键合这种技术在商业应用上还不多见，这主要由于硅片上的铜金属化区域的防氧化问题难以解决。

表2-1中列举了金、铜、铝线的特点比较。

表2-1　金、铜、铝线的特点比较

材料名	特　点
金	适合球焊与压焊
	载流能力强
	导热能力强
	线径多样化
	价格高
铜	价格低，成本为金线的1/10～1/3
	载流能力强，强于金线
	导热能力强，强于金线
	刚度高，适合细小间距键合
	铜、铝之间的扩散速度低于金、铝之间的扩散速度
	容易氧化，工艺不稳定
	硬度强，键合需要更大压力，容易使芯片被破坏
铝	压合方式焊接
	载流能力弱
	导热能力弱
	不适合细间距芯片焊盘的键合
	键合时不需要加热芯片背部

但是，铜线也存在一些不足，具体如下。

（1）铜容易氧化。铜线的表面很容易产生过多的氧化层，这将影响金属焊球的成形，而这一步往往是形成良好键合的关键。铜的氧化还可能导致腐蚀裂缝。铜的焊接性能也比

较差，这是由焊接中铜的氧化与铜线表面的污染造成的。铜线表面会被有机物污染，对于这种污染一般采用离子清洗法对铜线表面进行清洗来去除。而铜的氧化，一种是在室温下由于其外表面长期与空气接触而发生的反应，其生成物成分为 Cu_2O；另一种是在焊接加工过程中高温作用下铜与氧气发生的反应，其生成物成分为 CuO。在焊接过程中，铜线上存在的这两种氧化物影响了铜线的焊接性能。为防止铜氧化，必须增加保护气体来处理，在形成金属焊球的时候可以将铜线置于氮气中，但是，这将给封装带来新的问题，比如对氮气的控制等。我国某机构研制的铜线球焊装置采用受控脉冲放电式双电源焊球形成系统，并用微机控制焊球形成的高压脉冲数、频率、频宽比及低压维弧时间，从而实现了对焊球形成能量的精确控制与调节，在氩气保护气下确保了铜线的质量。另外，有人试图用电镀的方法来防止铜线的表面氧化。电镀主要是镀上 Au、Ag、Pd 和 Ni 等，电镀还有利于提高键合强度。镀 Au、Ag 和 Ni 会影响焊球的形状，但是镀 Pd 不会出现这种问题，用镀 Pd 的铜线可以得到跟金线一样的焊球形状，而且键合强度也胜过金线。

（2）铜的硬度比金的大，因此键合起来有困难。氧化的铜会变得更加硬，所以键合起来就更加困难。通过增加键合力度和超声波能量可以成功地实现键合，但是键合力度和超声波能量增加的幅度是有限制的，如果键合力度或超声波能量过大，焊盘下的硅衬底就将受损，即出现所谓的“弹坑”。况且，键合力度和超声波能量的增加会加速键合微管磨损，使得设备的使用寿命大大缩短。为解决这个问题，通常还可以采用另外两种办法：一种方法是增加焊盘的厚度；另一种方法是添加保护层，这种保护层的材料通常是钛钨合金。

（3）采用铜线与焊盘键合时，焊盘的设计不易控制。通常，焊盘由多层金属组成，现在制作焊盘时引入了具有较低介电常数的材料，而且往往通过增加这种低介电常数材料的孔隙率来进一步降低其介电常数，但是这也进一步降低了焊盘的硬度。而铜线的硬度较大，所以增加了键合难度、影响键合可靠性，设计合理的焊盘结构参数可以在一定限度地解决这个问题。

（4）铜线键合过程中，工艺参数的优化控制较困难，特别是键合力度和超声波能量的控制。

（5）铜线键合给失效分析过程带来了一定的困难。首先，在 X 光检查时，铜线与其下面的铜引线框架不能形成明显的对比。其次，铜线会与酸发生化学反应，所以不能用传统的喷射刻蚀方法来开封元器件。另外，由于铜线与金线工艺相近，应用场合也大致相同，在实际应用中，主要以同规格金线的各种标准来衡量铜线焊点的质量和可靠性。铜线键合的失效模式与金线也有很多相似的地方，比如铜线超声楔焊焊点的失效模式就跟金线的失效模式非常类似，这些失效模式主要有：引线过长，容易碰上裸露的芯片或者邻近的引线造成短路而烧毁；键合压力过大损伤引线，容易短路及诱发电迁移效应；压焊过轻或铝层表面太脏，容易导致压点虚焊、易脱落；压点处有过长尾线，引线过松、过紧等。有些失效模式是铜线键合特有的，具体地说可能是由材料造成的，也有可能是由工艺过程造成的，许多新出现的问题还有待进一步研究。因此，随着铜线键合工艺的大量应用，针对铜键合线的可靠性分析和失效机理研究具有十分重要的意义。

目前，尽管有几家公司生产铜键合线，但是它的应用通常只限于大功率元器件中。在大功率元器件中，这些键合线的直径比较大，为 38 ～ 50μm。当直径小于 33μm 时，新的挑战就出现了，这并非是键合技术方面的问题，而是可靠性问题。有人曾做过试验，当那些小直径的键合元器件被置于高温、高压热循环条件下工作一段时间后，失效现象就比较严重。为了提高可靠性，必须继续对铜键合线做进一步的研究。

铜线键合作为热超声键合的一种，和金线键合一样存在焊球变形、焊脚拖尾、脱焊、键合强度低等失效问题。

铜线由于其自身的特点，和金线相比，在键合过程中容易发生其他失效现象。其主要表现在铜的金属活性较强，在高压烧球时极易氧化。一旦焊球氧化，铜线将无法和芯片电极正常键合，这会出现焊不粘、拉力强度不足、焊伤等失效问题，故需要采取相应的防氧化保护措施。通常采用一定比例的氢氮混合气体进行烧球保护，同时需对焊接温度、压力等参数进行适当调整。当铜线直径不同时，相应的保护气流量、流速和其他参数也需要重新进行调整。为了获得更好的焊接效果，还应在键合过程中采用超声波换能器的多级驱动。多级驱动的目的首先是用大功率超声波破坏铜表面的氧化层，其次是用较低功率的超声波完成扩散焊接。

另外，由于铜的延展性不如金的好，硬度也比金的大，使用焊接金线的劈刀来焊接铜线时，焊球球形不好，焊脚楔形比较小，接触面积不够，因而容易出现焊不粘、脱口或拉力不足等现象，因此需要选用专用的劈刀。铜线专用劈刀应考虑到铜线的机械性能，并应对劈刀的结构尺寸做相应的改进，以便较好地解决焊球球形和焊脚楔形不良的问题。需要注意的是，专用劈刀的选用需要配合焊接压力、时间、功率等参数来同步调整，才能获得理想的效果。适当增加芯片电极铝层厚度也可以改善焊不粘现象，避免芯片焊伤。

实际生产中，还有一种特殊的情况应引起重视。由于不同厂家引线框架的打弯角度和深度不一致，键合时引线框架与轨道的贴合程度会有所差异。而由于铜线的延展性相对较差，当引线框架和轨道贴合不紧时，就容易出现脱球、脱口等失效现象。为解决这些问题，一般先用机械结构（压板）对引线框架前端（载芯板）和后端（引脚）进行压紧，再进行键合。但这样一来，在键合过程中，载芯板将产生机械振动，且引线框架与轨道贴合程度越差，振动越大。如果芯片与引线框架之间采用共晶工艺，由于没有适当的缓冲层，则芯片容易受机械应力而发生断裂。而这种裂痕非常微小，只有在高倍显微镜下仔细观察方可发现，甚至有一些裂痕直到产品被应用时才表现出来，所以风险极大。

解决这些问题的一种方法是正确选择引线框架材料，保证引线框架和轨道的紧密贴合，以从根本上消除载芯板的机械应力。但实际上这难以做到，不同厂家引线框架的加工尺寸不可能一致，同一个厂家的不同批次产品也有差异。所以，至少须保证引线框架和轨道两者贴合处的参数在一定的控制范围内。

另一种方法是将轨道键合区的加热块独立出来，使其和压板构成联动机构。引线框架经过键合区加热块上方时，加热块上升、压板下压，同时夹紧引线框架；完成键合动作后，压板上抬、加热块下降，同时松开引线框架，这样就可以最大限度地减少载芯板在键合过程中的机械振动，避免芯片断裂。采用共锡工艺进行装片可在芯片和引线框架之间形成缓冲层（厚度为20～40μm），这样也有助于防止芯片断裂。

铜线键合是目前半导体行业发展起来的一种新焊接技术，许多世界级半导体企业纷纷投入开发这种工艺，可见铜线键合广阔的发展前景。但与金线键合相比，铜线键合还要在设备和工艺上加大投入，不断探索和总结。尽管铜线作为键合线存在一定的不足之处，但是正是因为它具有很多电和机械等方面的优势，所以人们一直在研究这种键合线。随着高级集成电路封装技术的发展，铜线键合存在的问题将逐渐得到解决。铜作为键合线材料是将来电子封装技术发展的必然趋势。

2.3.2 带式自动键合技术

1. 带式自动键合的分类和特点

带式自动键合主要有 Cu 箔单层带、Cu-PI 双层带、Cu-黏结剂-PI 三层带、Cu-PI-Cu 双金属带等几种。

带式自动键合技术的优点如下。

（1）带式自动键合结构轻、薄、短、小。

（2）带式自动键合的电极尺寸、电极与焊区节距均比引线键合小。

（3）带式自动键合可容纳更多的 I/O 引脚。

（4）带式自动键合的引线电阻、电容和电感均比引线键合的小。

（5）采用带式自动键合互连可大大提高电子组装的成品率，从而降低电子产品的成本。

（6）带式自动键合采用 Cu 箔引线，导热和导电性能好，机械强度高。

（7）带式自动键合的拉力比引线键合的拉力高 3 ～10 倍，可提高芯片互连的可靠性。

（8）带式自动键合使用标准化的卷轴长带（长 100m），对芯片实行自动化多点一次焊接。

2. 带式自动键合技术的材料

带式自动键合技术的关键材料包括基带材料、带式自动键合的金属材料和芯片凸点的金属材料。

（1）基带材料要求与 Cu 箔的黏结性好、耐高温、热匹配性好、收缩率小且尺寸稳定，抗化学腐蚀性强、机械强度高、吸水率低。常用的基带材料有聚酰亚胺、聚酯类材料、聚乙烯对苯二甲酸酯、苯并环丁烯等。

（2）带式自动键合的金属材料采用 Cu 箔，因为 Cu 的导电、导热性能好，强度高，延展性和表面平滑性良好，与各种基带黏结牢固，不易剥离，特别是容易用光刻法制作出精细、复杂的引线图形，又容易电镀 Au、Ni、Pb-Sn 等金属。

（3）带式自动键合技术要求在芯片的焊区上先制作凸点，然后才能与 Cu 箔引线进行焊接。

带式自动键合使用的凸点一般有蘑菇状凸点和柱状凸点两种。

蘑菇状凸点用一般的光刻胶作为掩模，用电镀增高凸点时，在光刻胶（厚度仅几微米）以上凸点除继续电镀增高外，还向横向发展，凸点高度越高，横向发展也越显著。由于横向发展时电流密度的不均匀性，最终的凸点顶面呈凹形，凸点的尺寸也难以控制。

柱状凸点用厚膜抗腐蚀剂作掩模，掩模的厚度与要求的凸点高度一致，所以制作的凸点是柱状或圆柱状。由于电流密度始终均匀一致，因此柱状凸点的顶面是平的。

比较两种凸点的形状，可以看出，对于相同的凸点高度和凸点顶面面积，柱状凸点的底面金属接触面积要比蘑菇状凸点的大，强度自然也高；I/O 引脚数多且节距小的带式自动键合指状引线与芯片凸点互连后，由于凸点压焊变形，蘑菇状凸点间更易发生短路，而与柱状凸点互连则有更大的宽容度。

注意：不管是哪种形状的凸点，都应当考虑凸点压焊变形后向四周扩展（尤其是两邻近凸点间扩展）的距离，必须留有充分的裕量。

3. 载带的设计要点

带式自动键合的载带引线图形是与芯片凸点的布局紧密配合的。首先，预测或精确测量芯片凸点的位置、尺寸和节距；然后，设计载带引线图形，其指端位置、尺寸和节距要和每个芯片凸点一一对应；其次，载带外引线焊区要与电子封装的基板布线焊区一一对应。以上因素决定了每根载带引线的长度和宽度。

根据用户使用要求、I/O 引脚的数量、电性能要求，以及成本要求等来确定选择单层带、双层带、三层带或双金属层带。单层带要选择厚度为 50 ～70μm 的 Cu 箔，以保持载带引线图形在工艺制作过程和使用中的强度，也有利于保持引线指端的共面性。使用其他几类载带，因有 PI 支撑，可选择厚度为 18 ～35μm 或更薄的 Cu 箔。

PI 引线框架要靠内引线近一些，但不应紧靠引线指端，也不应太宽，以免产生热应力和机械应力。

在制作工艺过程中，由于腐蚀 Cu 箔时有相同速率的横向腐蚀，因此在设计引线图形时，应充分考虑这一工艺因素的影响，将引线图形的尺寸适当放大，最终才能达到所要求的引线图形尺寸。

2.4 封装成型技术

芯片互连完成之后就到了封装的步骤，即将芯片与引线框架“包装”起来。这种成型技术有金属封装、塑料封装、陶瓷封装等，从成本和其他方面综合考虑，塑料封装是非常常用的封装方式，它占据了约 90% 的市场。

封装成型技术

塑料封装的成型技术有多种，包括转移成型技术、喷射成型技术、预成型技术等，但主要的成型技术是转移成型技术。转移成型使用的材料一般为热固性聚合物。

热固性聚合物是指低温时聚合物是塑性的或流动的，但将其加热到一定温度时，就会发生交联反应，形成刚性固体。若继续将其加热，则聚合物只能变软而不可能熔化、流动。

在塑料封装中使用的典型成型技术的工艺过程如下：将已贴装芯片并完成引线键合的引线框架带置于模具中；首先将塑封的预成型块在预热炉中加热（预热温度为 90 ～95℃），然后放进转移成型机的转移罐中。在转移成型活塞的压力下，塑封料被挤压到浇道中，经过浇口注入模腔（在整个过程中，模具温度保持在 170 ～175℃）。塑封料在模具中快速固化，先经过一段时间的保压，使模块达到一定硬度，然后用顶杆顶出模块，成型过程就完成了。

用转移成型法密封集成电路（Integrated Circuit，IC）芯片有许多优点：技术和设备都比较成熟，工艺周期短、成本低，几乎没有后整理方面的问题，适合大批量生产。当然，它也有一些明显的缺点：塑封料的利用率不高；使用标准的引线框架材料，对于扩展转移成型技术及较先进的封装技术不利，对于高密度封装有限制。

转移成型技术的设备包括加热器、压机、模具和固化炉等。在高度自动化的生产设备中，产品的预热、模具的加热和转移成型操作都在同一台机械设备中完成，并由计算机实时控制。目前，转移成型技术的自动化程度越来越高，预热、框架带的放置、模具放置等工序都可以达到完全自动化，塑封料的预热控制、模具的加热等都由计算机自动编程控制完成，劳动生产率大大提高。

对大多数塑封料而言，在模具中保压几分钟后，模块的硬度可以达到要求，但是，此时聚合物的固化（聚合）并未全部完成。由于材料的固化程度（聚合度）强烈影响材料的玻璃化转变温度及热应力，因此，促使材料全部固化以到达稳定的状态对于提高元器件可靠性是十分重要的。后固化是提高塑封料固化程度必需的工艺步骤，一般后固化条件为170～175℃、2～4h。目前也出现了一些快速固化的塑封料，在使用这些材料时可以省去后固化工序，提高生产效率。

2.5　去飞边毛刺

去飞边毛刺

封装完后需先将引线框架上多余的残胶去除，并且进行电镀以增强外引脚的导电性及抗氧化性，而后进行剪切成型。若塑封料只在模块外的引线框架上形成薄薄的一层，面积也很小，通常称为溢料；若溢出部分较多、较厚，则称为毛刺或飞边毛刺。造成溢料或毛刺的原因很复杂，一般认为与模具设计、注模条件及塑封料本身有关。飞边毛刺的厚度一般小于10μm，它会给后续工序如切筋/打弯等带来麻烦，甚至会损坏机器。因此，在切筋/打弯工序之前，要进行去飞边毛刺工序。

随着模具设计的改进以及注模条件的严格控制，飞边毛刺问题越来越少。在一些比较先进的封装工艺中，已不需要再进行去飞边毛刺的工序。

去飞边毛刺工序工艺主要有介质去飞边毛刺、水去飞边毛刺、溶剂去飞边毛刺等。另外，当溢料发生在引线框架堤坝背后时，可用切除工艺。其中，介质去飞边毛刺和水去飞边毛刺的方法用得非常多。

介质去飞边毛刺是指用研磨料（如粒状塑料球）和高压空气一起冲洗模块。在去飞边毛刺过程中，介质会对引线框架引脚的表面进行轻微擦磨，这有助于焊料和金属引线框架的粘连。在以前曾用天然的介质，如粉碎的胡桃壳和杏仁核，但它们由于会在引线框架表面残留油性物质而被放弃了。

水去飞边毛刺是指利用高压的水流来冲击模块，有时也会将研磨料和高压水流一起使用。溶剂去飞边毛刺通常只适用于很薄的毛刺，溶剂包括N-甲基吡咯烷酮或双甲基呋喃等。

2.6　上焊锡

上焊锡

封装后引线框架外引脚的后处理（上焊锡）可以是电镀或浸锡工艺，该工序是在引线框架引脚上做保护性镀层，以增加可焊性。

电镀目前都是在流水线上进行的。首先进行清洗，再在电镀槽中，用不同浓度的电镀液进行电镀，然后冲洗、吹干，最后放入烘箱中烘干。浸锡首先要进行清洗，然后将预处理后的元器件在助焊剂中浸泡，最后浸入熔融锡铅合金镀层（63%Sn-37%Pb）。工艺流程为去飞边→去油→去氧化物→浸助焊剂一热浸锡→清洗→烘干。

比较这两种方法，电镀的方法会造成所谓的“狗骨头”问题，即角周围厚、中间薄，这是因为电镀时容易造成电荷聚集效应。更大的问题是电镀液容易造成离子污染。浸锡容易引起镀层不均匀，一般是熔融焊料的表面张力的作用使得浸锡部分中间厚、边缘薄。

焊料的成分一般是锡铅合金（63% Sn-37% Pb），这是一种低共熔合金，其熔点为 183 ～ 184℃。也有用成分为 85% Sn-15% Pb、90% Sn-10% Pb、95% Sn-5% Pb 的合金的，有的日本公司甚至用成分为 98% Sn-2% Pb 的合金的焊料。减少铅的用量，主要出于保护环境的考虑，因为铅对环境的影响正日益引起人们的高度重视。镀钯工艺则可以避免铅会污染环境的问题。但是，由于钯的黏结性不太好，需要先镀一层较厚的、较密的、富镍的阻挡层，钯层的厚度仅约为 76μm（3mil）。由于钯层可以承受成型温度，因此可以在成型之前完成引线框架的上焊料工艺。并且，钯层对于芯片黏结和引线键合都适用，可以避免在芯片黏结和引线键合之前对芯片焊盘和引线框架内引脚进行选择性镀银（以增加黏结性）。镀银时所用的电镀液中含有氰化物，会给安全生产和废物处理带来麻烦。

2.7 剪切成型

剪切的目的是将整条引线框架上已封装好的晶粒独立分开，同时，要把不需要的连接用材料及部分凸出树脂切除，也要切除引线框架外引脚之间的堤坝以及引线框架带上连在一起的地方。切筋、打弯其实是两道工序，但通常同时完成，有的时候甚至在一台机器上完成，但有时也会分开完成，如 Intel 公司就是先做切筋，然后完成上焊料，再进行打弯，这样做的好处是可以减少没有上焊锡的截面面积。

剪切成型

剪切完成后，每个独立封装晶粒都包裹着坚固的树脂硬壳，并由侧面伸出许多外引脚。

剪切的方式有同时加工式和顺送加工式两种。

引脚成型的目的是将外引脚压成各种预先设计好的形状，以便装在电路板上使用。由于定位及动作的连续性，剪切和成型通常在一部机器上或分别在两部机器上连续完成。成型后，每个集成电路都会被送入塑料管或承载盘以方便输送。

引脚成型是指将引脚弯成一定的形状以满足装配的需要，而对于打弯工艺，主要的问题是引脚的变形。对通孔插装而言，由于引脚数较少，引脚又比较粗，基本上不会发生引脚变形。而对表面安装而言，尤其是多引脚数引线框架和微细间距引线框架元器件，一个突出的问题是引脚的非共面性。造成非共面性的原因主要有两个：一个是在工艺过程中的不恰当处理，但随着生产自动化程度的提高，人为因素大大减少，这方面的问题已几乎不存在；另一个是成型过程中产生的热收缩应力。在成型后的降温过程中，一方面塑封料在继续固化收缩，另一方面塑封料和引线框架材料之间的热膨胀系数失配会引起塑封料收缩程度大于引线框架材料收缩程度，有可能造成引线框架带的翘曲，引起非共面性问题。所以，针对封装模块越来越薄、引线框架引脚越来越细的趋势，需要重新对引线框架带进行设计，包括材料、引线框架带长度及引线框架形状的选择等，以克服这一困难。

现在，集成电路封装工艺似乎正把注意力集中在无引脚封装的发展上，但是引脚封装（特别是翅形表面安装封装）还在集成电路市场上扮演着重要的角色。有引脚集成电路封装可以分成三大类，即直线引脚、翅形引脚和 J 形引脚，如图 2-10 所示。

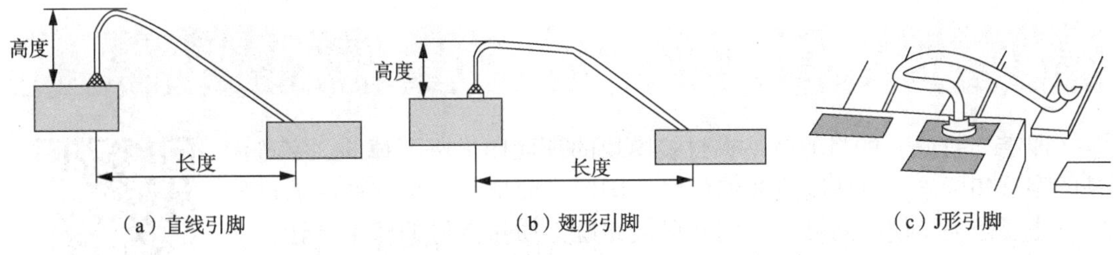

图 2-10 直线引脚、翅形引脚和 J 形引脚

塑料双排封装是直线引脚封装的典型例子，它主要用于通孔印制电路板的装配。翅形引脚可以在四面扁平封装和薄型小引出线封装中找到。J 形引脚可以在特殊引脚芯片载体封装或 J 形引脚小引出线封装中找到。

虽然用户通常都有自己严格的尺寸与外观质量要求，但是封装外形一般都要符合固态技术协会或日本电子工业协会的规格标准。重要的参数如下。

(1) 共面性。

(2) 引脚位置。它可进一步分为引脚歪斜和引脚偏移。

(3) 引脚分散。

(4) 站立高度。对于引脚的外观质量，主要问题是引脚末端的毛刺、焊料擦伤和焊料破裂。

共面性是最低落脚平面与最高引脚的垂直距离，一般通过轮廓投射仪或光学引脚扫描仪来测量。通常，基于外加工要求的最大共面公差不超过 0. 05mm。

造成非共面性问题的因素是挡条整形与封装的翘曲。挡条整形影响共面性，如果剪切的毛刺过多，或者挡条交替剪切，那么在挡条区域的引脚宽度可能不同。还有，产生的毛刺可能是交替的形式，这将造成截面上引脚的位置变化，导致成型之后得到不同的弹回角度。

对于四面扁平封装，共面性与封装的翘曲存在线性关系。薄型小引出线封装翘曲对站立高度和总封装高度的影响相对更大一些，这在使用薄型小引出线封装的应用中一般是很重要的。

引脚歪斜是指成型的引脚相对于其理论位置的偏移。测量时以封装的中心线为基准，通常使用轮廓投射仪或光学引脚扫描仪来测量。当引脚安装到印制电路板上时，引脚歪斜将影响封装的引脚位置。通常，引脚歪斜应该小于 0. 038mm，它取决于封装类型。引脚歪斜可能与许多因素有关，包括成型、挡条切割、引脚结构等。

造成引脚歪斜的主要因素是挡条整形方法。对于密间距产品，挡条可以用交替整形(先整形所有的偶数引脚，再整形所有的奇数引脚) 或者一次整形的方式。交替整形结构采用较强的冲模设计，但可能在成型工艺中引起严重的引脚歪斜问题。

各种成型方法无外乎基本的固体成型机制和复杂的滚轮成型系统两种。后者已经发展到可接纳不同的封装类型和工艺要求。

无论哪一种成型方法都有优点和缺点，为某一产品类型选择哪一种成型方法主要取决于封装和工艺要求，例如，对于薄型小引出线封装，首选凸轮固体成型和摆动凸轮固体成型方法。凸轮固体成型方法有其缺点，如焊料累积和擦伤，但它确实具有工具设计简单、应用成本低的优点。摆动凸轮固体成型方法在防止焊料累积方面有较好的表现，但是通常这个方法成本较高。

不同成型方法的详细评估结果显示，在成型期间，滚轮成型在引脚上产生的应力比固体成型小得多。由固体成型引起的较高应力可能造成引脚歪斜或引脚偏移。

2.8 印字

印字

印字（打码）的目的就是在封装模块的顶面印上去不掉的、字迹清楚的字符和标志，包括制造商的信息、国家、元器件代码、商品的规格等，主要是为了使产品可被识别并可被跟踪。质量良好的印字会让人有产品高档的感觉，因此在集成电路封装过程中印字也是相当重要的，产品交付过程中往往会有因为印字不清晰或字迹断裂而导致退货的情况。

印字的方式有下列几种。

（1）直印式：直接像印章一样在胶体上印字。

（2）转印式：使用转印头，先从字模上蘸取，再在胶体上印字。

（3）激光刻印方式（激光印字）：使用激光直接在胶体上刻印。

直印式和转印式多使用油墨印字，工艺过程有点像敲橡胶图章，一般用橡胶来刻制印字所用的标志。油墨通常是高分子化合物，如基于环氧或酚醛的聚合物，需要进行热固化，或使用紫外线固化。使用油墨印字，主要对模块表面的要求比较高，若模块表面有污损现象，油墨就不易印上去。另外，油墨比较容易被擦去。有时，为了节省生产时间，会在模块成型之后首先进行印字，然后对模块进行后固化，这样，塑封料和油墨可以同时固化。此时，要特别注意在后续工序中不要接触模块表面，以免损坏模块表面的印字。粗糙表面有助于加强油墨的黏结性。激光印字是指利用激光技术在模块表面印字。与油墨印字相比，激光印字的缺点是字迹较淡，即与没有印字的背底之间的差别不如油墨印字那样明显。当然，可以通过改进塑封料着色剂来解决这个问题。

为了使印字清晰且不易脱落，集成电路胶体的清洁、印料的类型及印字的方式相当重要。而在印字的过程中，自动化印字机由一定的程序来完成每项工作，以确保印字的牢靠。印字成品如图 2-11 所示。

印字过程中，若工艺不完备或操作失当等，常会造成印字缺陷。常见的印字缺陷如下。

（1）标记模糊。

（2）无阴极线。

（3）标记偏离 y 轴。

（4）标记偏离 x 轴。

（5）叠印。

（6）编码不完整。

（7）无编码。

（8）前部残胶。

图 2-11　印字成品

2.9 装配

装配

元器件装配的方式有两种：一种是波峰焊，另一种是再流焊。波峰焊主要在插孔式元器件的装配时使用，而再流焊主要用于表面安装器件和混合型元器件的装配。

波峰焊是早期发展起来的一种印制电路板和元器件装配的工艺，现在已经较少使用。波峰焊的工艺过程包括上助焊剂、预热，以及令印制电路板在一个焊料波峰上通过，依靠表面张力和微管的共同作用将焊料带到印制电路板和元器件引脚上，形成焊点。在波峰焊工艺中，熔融的焊料被一股股喷射出来，形成焊料峰，故有此名。

目前，元器件装配的普遍方式是再流焊，因为它适用于表面安装器件的装配，同时也可以用于插孔式元器件与表面安装器件混合的电路的装配。由于现在的元器件装配大部分是混合式装配，因此再流焊工艺的应用相当广泛。再流焊工艺看似简单，其实包含多个工艺阶段：将锡膏中的溶剂蒸发掉；激活助焊剂，并使助焊剂的作用得以发挥；小心地对要装配的元器件和印制电路板进行预热；让焊料融化并润湿所有的焊点；以可控的降温速率将整个装配系统冷却到一定的温度。再流焊工艺中，元器件和印制电路板要分别经受高达210℃和230℃的高温，同时，助焊剂等化学物质对元器件都有腐蚀。所以，装配工艺条件处置不当，会造成一系列的可靠性问题。

封装质量必须是封装设计和制造中需要考虑的首要因素。质量低劣的封装会危害集成电路元器件的性能。事实上，塑料封装的质量与元器件的性能和可靠性有很大的关系，但封装性能更取决于封装设计和材料的选择而不是封装生产，可靠性问题却与封装生产密切相关。在完成封装模块的印字工艺后，所有元器件都要进行测试，在完成模块在印制电路板上的装配之后，还要进行整块板的测试。这些测试包括一般的目检、老化试验和最终的产品测试等。测试完成后，最终合格的产品就可以出厂了。

1 + X 技能训练任务

2.10　晶圆划片操作

晶圆划片也称为晶圆切割，是指将经过背面减薄的晶圆上的一颗颗晶粒切割分离，完成切割后，一颗颗晶粒按晶圆原有的形状有序地列在蓝膜上。此处所说的“晶粒”即晶圆上的电路，在生产中通常称其为“芯片”。图2-12所示是晶圆划片效果。

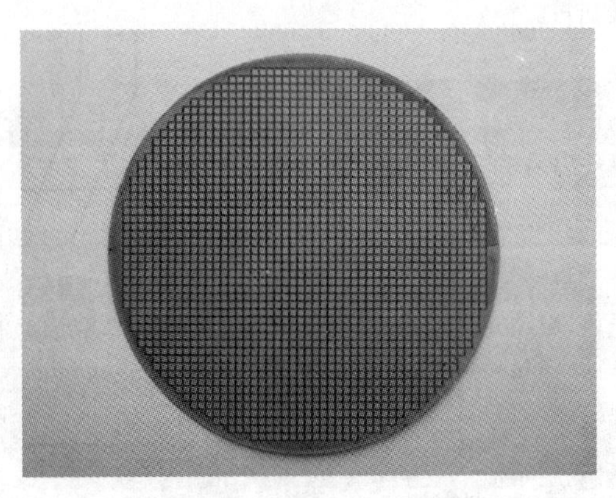

晶圆划片操作

图2-12　晶圆划片效果

1. 晶圆划片工艺

常用的晶圆划片工艺有机械划片和激光划片两种方式。机械划片方式通常使用砂轮刀或金刚石刀作为划片工具。激光划片常见的有干式激光划片、微水导激光划片等。

（1）机械划片

将晶圆固定在划片机框架的黏膜上，黏膜用于支撑分离后的芯片；使用金刚石刀或砂轮刀进行划片，刀片旋转速度为30000～60000rad/s。划片沿 x 轴和 y 轴方向分别进行，并用去离子水冲洗晶圆。根据划片深度等的区别，机械划片可以分为半切法、胶带切法、不完全切法等。

① 半切法：先将晶圆吸附在晶圆载台上，刻画晶圆并形成深入晶圆2/3的凹槽，再将晶圆放在一种具有延展性的胶带上，通过滚筒使胶带被拉伸，从而使晶圆被破开。

② 胶带切法：将晶圆置于划片胶带上，用划片工具完全切开晶圆，并深入胶带。

③ 不完全切法：划片时不完全切穿，保留一定厚度（10～20μm），在贴片时再将芯片分离。

（2）激光划片

激光划片是指利用激光束刻蚀晶圆表面，以实现划片。激光划片属于非接触式划片，可完成对各种规格晶圆的切割，使晶圆前后表面不受损坏。切割后产品性能不变，可极大地提高生产效率和成品率。

2. 划片机

晶圆划片在划片机（也称切割机）上进行，划片机是在制有完整集成电路芯片的半导体晶圆表面按预定通道刻画出网状沟槽，以便将晶圆分裂成单个管芯的设备。

划片机根据自动化程度可分为全自动划片机和半自动划片机。全自动划片机一般具有对准功能、划片和晶圆清洗一体化功能等，并能通过视觉检测系统识别划痕来检查划片质量。半自动划片机采用人工对准。

使用划片机时，需将完成贴膜的晶圆放置在切割机的载片台上，载片台以一定速度沿切割道方向做直线运动，通过主轴驱动圆形砂轮刀或金刚石刀高速旋转，砂轮刀或金刚石刀随载片台的移动沿晶圆的切割道进行切割，晶粒就被切割开来了。划片在晶圆正面按照水平切割形式进行，等所有 x 轴方向切割完成后，切割平面旋转90°，以相同方式在 y 轴方向进行切割。

图2-13所示为晶圆划片。

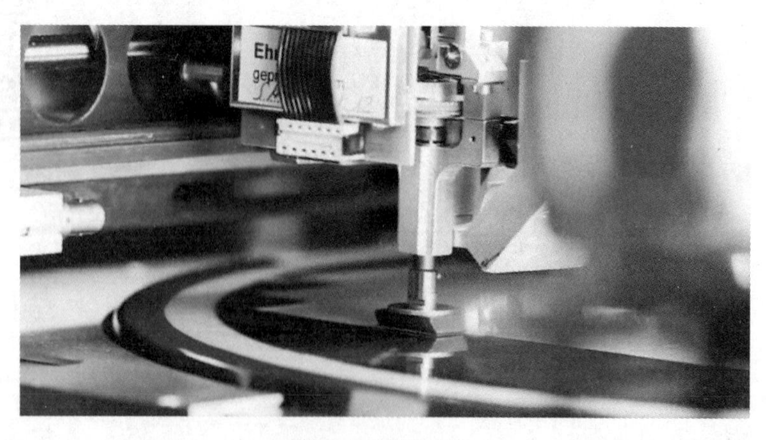

图2-13　晶圆划片

2.10.1　任务描述

（1）完成开机前检查工作。

（2）进行划片深度设置。

（3）根据工艺要求完成划片操作。

（4）完成划片的质量检查。

2.10.2　划片操作流程

进行晶圆划片前需要完成晶圆的贴膜操作，以保证划片的顺利进行。晶圆划片工艺的流程一般包括来料整理、程序调用、放置晶圆、划片操作、下片和质量检查等。

（1）来料整理：在开始操作前需要清理工位，保证工位整洁且无其他批号的晶圆存在，防止发生混批的情况。领取待划片的晶圆后核对该实物晶圆的批号、数量等是否与随件单上的一致，核对一致后方可进行操作。

（2）程序调用：开始操作划片机前需要正确启动划片机，打开系统，在程序文件中选择与晶圆品种对应的划片程序；进入后确认程序，包括确认程序是否选择正确，以及检查基本设定（涉及深度、步进、刀速等参数），并进行参数的确认与修改；确认后选择半自动或全自动划片模式。

（3）放置晶圆：打开划片区的保护盖（及仓门），将待划片的晶圆正面朝上放置于载片台上，确认晶圆贴片环的定位缺口与载片台上的定位钉一致，使晶圆放置位置准确且在载片台的中央，进一步保证晶圆在划片时能够牢固吸附、不移位。图 2-14 所示为放置晶圆。

图 2-14　放置晶圆

（4）划片操作：放置晶圆后关闭保护盖，继续在设置界面进行操作。开始抽真空将晶圆吸附。若选择半自动划片模式，在开始划片前需要进行对刀（对位），保证晶圆的切割道与划片刀方向一致，此时可以选择自动对刀或手动对刀模式。对刀时主轴在晶圆的中心位置（此处的切割道最长，其对位准确就可以保证其他切割道对位准确）。手动对刀时，进入对刀界面，在屏幕上观察晶圆切割道（芯片划片线），原则是先使切割道与屏幕法线平行，然后使两者重合。图 2-15 所示为手动对刀界面。对刀后确定划片间距是否合适，若不合适，则重新设定划片间距；若间距合适，则开始晶圆划片，运行划片程序。图 2-16 所示为划片运行时的界面。

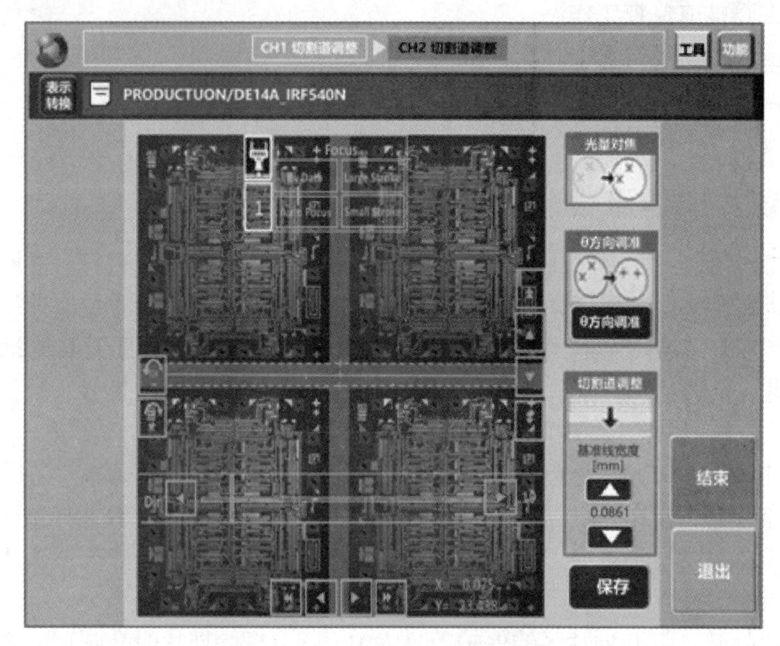

图 2-15　手动对刀界面

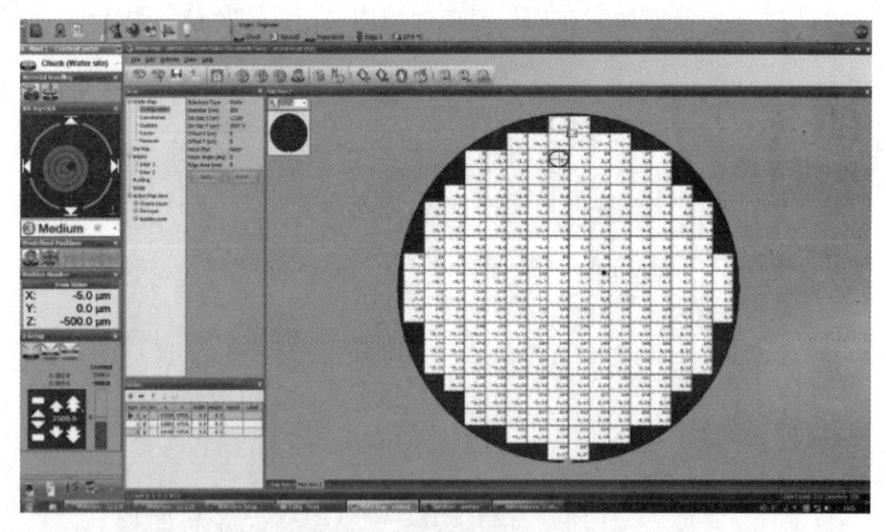

图 2-16　划片运行时的界面

（5）下片：划片完毕后解除真空，此时开启仓门，取出晶圆，用氮气枪将晶圆和工作载片台上的冷却水吹干，准备放入下一片晶圆。在切割过程中会产生硅粉尘，为清除晶圆表面残余的粉尘，保证晶圆表面的洁净，取出的晶圆需要进行清洗。

（6）质量检查：对划片后的晶圆进行外观检查，检验是否出现废品，通常称为第二道光检，该检查需要借助显微镜，如图 2-17 所示。划片与检查数据须作好记录，以便后期参考与追溯。

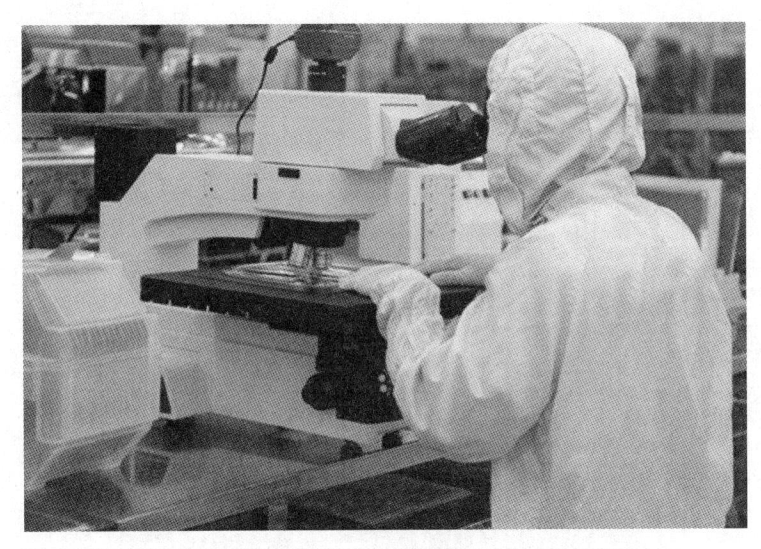

图 2-17　质量检查

2.10.3　操作注意事项

在晶圆划片的工艺操作中需要注意以下内容。

（1）划片机主轴转动时，切勿将手靠近，以免伤手。

（2）划片机主轴转动时，切勿碰及硬物，以免损坏划片机。

（3）划片机工作时务必盖好防护盖。

（4）运行前需保证紧急开关正常。

（5）保证设备的动力要求：突然停电时，不能立即关闭压缩空气；突然停气时，应立即按下紧急停止开关，使主轴紧急停止；突然停水时，也需立即按下紧急停止开关，使主轴停转抬高，停止切割。

2.11　芯片粘接操作

1. 芯片粘接

芯片粘接操作

芯片粘接也称芯片粘贴，是指将集成电路芯片固定于封装基上。

芯片粘接是板或引线框架芯片的承载座上的工艺过程。已切割下来的芯片要贴装到引线框架的中间焊盘上，焊盘的尺寸要与芯片尺寸匹配。若焊盘尺寸太大，则会导致引线跨度太大，在转移成型过程中会由于流动产生的应力而造成引线弯曲及芯片位移等现象。

2. 芯片粘接设备

芯片粘接设备（装片机）采用高分子胶粘接法实现芯片的自动粘贴。高分子胶粘接法是常用的芯片粘接方式，低成本且能配合自动化生产是其被广为采用的主要原因。装片机的外观如图 2-18 所示。图 2-19 所示为装片机的点胶区，图 2-20 所示为装片机的上芯区。

图 2-18　装片机的外观

图 2-19　装片机的点胶区

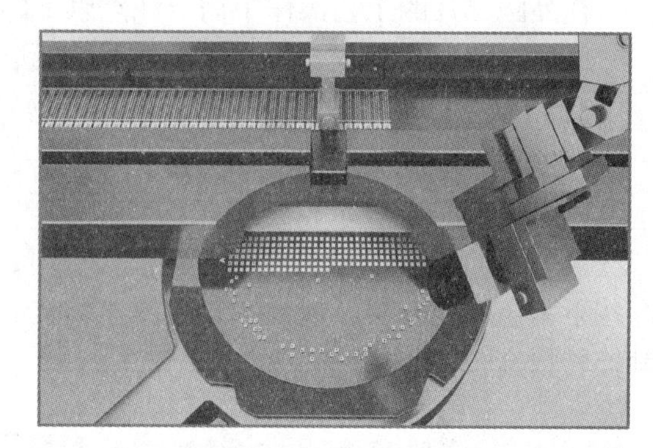

图 2-20　装片机的上芯区

3. 点胶头

点胶头属于装片机的配件产品，用于在引线框架的芯片座上点银浆。点胶头的针头形状有矩形（包括 X 形和双 Y 形）和圆形两种，如图 2-21 所示。

（a）矩形：X形

（b）矩形：双Y形

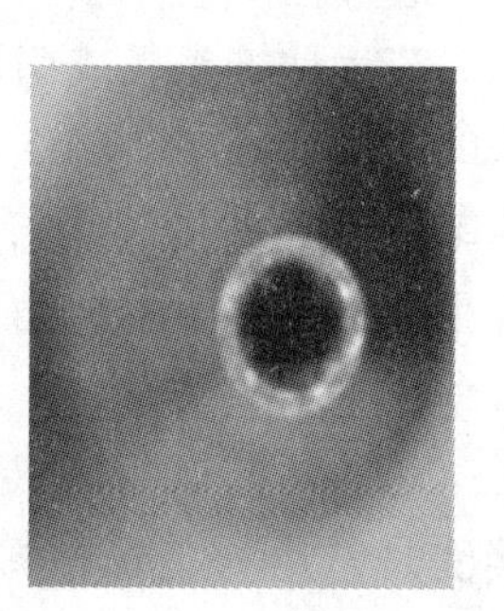

（c）圆形

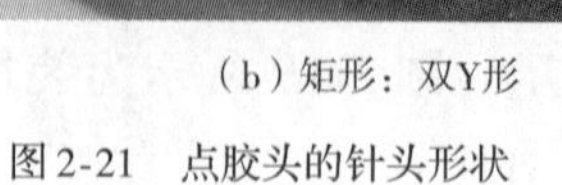

图 2-21　点胶头的针头形状

在实际点胶过程中，应根据芯片尺寸和引线框架上的芯片基座（焊盘）尺寸来选取点胶头。当芯片和焊盘尺寸相差不大时，可以选取同一种针头，但是当芯片和焊盘尺寸相差悬殊时，就要选取不同针头，这样既可以保证点胶质量，又可以提高生产效率。

设备不同，点胶头的选取也会有所差异，装片机大部分采用不锈钢点胶头，每次工作开始前应进行针头与焊盘距离的校准。

2.11.1 任务描述

（1）正确选用芯片粘接程序。

（2）正确安装和更换点胶头。

（3）按工艺规范操作装片机。

（4）根据工艺要求完成芯片粘接操作。

2.11.2 芯片粘接的操作流程

操作员收到完成晶圆划片工序的物料后，进行芯片粘接操作。芯片粘接的操作流程主要包含领料确认、装料、参数设置、粘接、收料、银浆固化等步骤，工艺进行过程中还需要进行质量检查。

1. 领料确认

操作员确保工位整洁后，领取需要进行芯片粘接的晶圆以及对应规格的引线框架。不同的芯片会对应不同的引线框架型号，因为引线框架晶粒座的尺寸、引脚的个数都与芯片类型有关。领取物料后需要先确认物料的正确性和合格性，再进行操作，具体要求如下。

（1）确认引线框架的规格、型号，检查引线框架的镀层质量。

（2）核对晶圆的规格、批号、产品名称是否与随件单上的一致。

（3）检查银浆是否为生产所要求的型号、规格及是否在有效期限内。

（4）检查点胶头的规格、质量是否符合要求。

（5）检查吸嘴的尺寸、安装是否符合要求。

（6）检查料盒的规格是否符合要求。

2. 装料

装料过程需要完成引线框架、晶圆、银浆、料盒等的添加，具体要求如下。

（1）添加引线框架：将领取的引线框架放到装片机的上料区。在添加引线框架时需要检查引线框架的共面性，并注意引线框架在设备上的放置方向。

（2）添加晶圆：将完成划片的晶圆固定在载片台上。在放置晶圆时需保证防静电环接地并注意晶圆在载片台上的放置方向，避免因一时疏忽造成不必要的损失。

（3）添加银浆：将完成回温的银浆添加至针筒（点胶时装银浆的容器）内，并安装好点胶时所需的点胶头，添加完成后需要将滴溅出来的银浆擦拭干净。

（4）添加料盒：根据封装形式不同选择相应的料盒，并将料盒放置到装片机的收料区。放置料盒时应注意料盒的方向，并记录对应料盒编号，防止出现混批现象。

图 2-22 所示为上料区，图 2-23 所示为收料区。

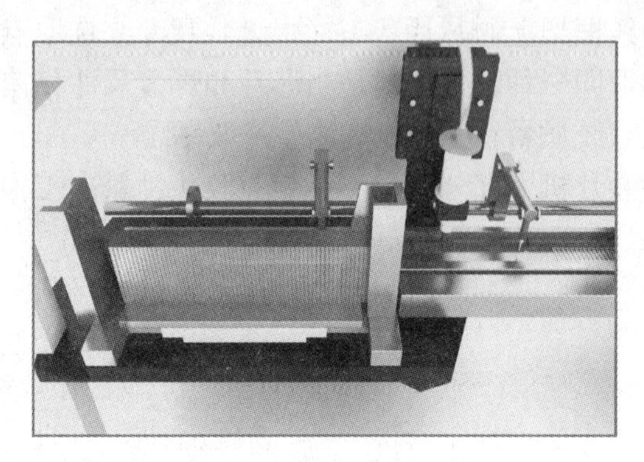

图 2-22　上料区

图 2-23　收料区

3. 参数设置

在系统操作界面上进行参数设置，需要对取晶零点、取晶高度、固晶高度、顶针步数、运输钩针步进、载片台步进、真空值、银浆注射量等参数进行设置，同时需要调整摄像头吸嘴、顶针、载片台等的位置。参数设置完成即可运行设备。

4. 粘接

芯片粘接过程由装片机（又称粘片机）自动完成，通过传动装置控制带有钩针的连接杆来移动引线框架，引线框架在传输轨道上依次完成上料、点胶、取芯、装片、下料等环节。

5. 收料

粘接完成后，引线框架经由传输装置被送至收料区的料盒中，料盒接收完该引线框架后下移一定位置，等待接收下一个完成粘接的引线框架。当一个料盒被装满后，装片机将该料盒送至料盒的收纳区，并夹持空料盒继续收料。若空料盒使用完，则需要人工补料盒。

6. 银浆固化

为了使芯片与引线框架之间焊接牢固，需要利用银浆在高温下能完全反应的特性进行固化处理。操作员将粘接完成的引线框架放于烘干箱中，通常在 175℃的环境下烘烤 1h。

7. 质量检查

芯片粘接的质量检查一般采用抽检的方式，在芯片粘接工序完成一部分之后，抽取部分完成芯片粘接的引线框架，利用显微镜进行粘接的质量检查，并记录抽检的结果。

所有工作完成后应及时打扫卫生、收拾物料，保持设备清洁，并与下一道工序的操作员进行产品交接工作。

2.11.3　点胶头的安装与更换

装片机的点胶部位由针筒、点胶头及控制驱动部件等组成。针筒用于容纳点胶时需要的银浆。领取点胶头时，操作员必须领取对应的装配图，且必须遵守“以一换一”的原则，即将原来的点胶头归还后方可领取下一个点胶头，方便点胶头的管理。

应根据芯片的尺寸来选择合适的点胶头。更换点胶头前应先检查点胶头的规格是否符合要求，以及点胶头的出胶孔是否通畅，要求其无堵塞、无污物黏附。若存在杂物，则应用酒精棉将点胶头清洗干净后，方可安装使用。当出现以下情况时，需要进行点胶头的更换。

（1）更换不在同尺寸范围内的芯片。

（2）装片机停机超过4h（设备型号和企业不同，停机时间会有所不同）。

（3）更换银浆类型。

（4）点胶头堵塞。

（5）点胶头损坏。

需要注意的是，更换完银浆后需要清洁一下导轨，并且在更换点胶头以后需要对引线框架进行测高，测高时引线框架上不能有银浆。

2.12　引线键合操作

集成电路芯片的引线键合是指将芯片焊区与电子封装外壳的I/O引线或基板上的金属布线焊区相连接，只有实现芯片与封装结构的电路连接才能发挥芯片的功能。

引线键合操作

2.12.1　任务描述

（1）能按要求选用对应的引线键合程序。

（2）能根据要求设置键合机的常规参数。

（3）能根据工艺要求完成键合操作。

（4）能根据工艺要求选择键合线的材料与直径。

（5）能对键合操作的对准情况进行判断。

2.12.2　引线键合的操作流程

装片合格后进入引线键合工序，由操作员进行引线键合的操作，具体内容如下。

1. 领料确认

引线键合的操作员整理工位后领取引线键合工序的物料，包括完成芯片粘接的引线框架、键合线、料盒等，需要更换劈刀时还要领取对应型号的劈刀。首先进行产品质量与信息确认，如发现问题应立即通知质量工程师或工艺工程师等。需要进行确认的信息如下。

（1）芯片表面是否污损。

（2）产品数量是否与随件单上的一致。

（3）键合程序、键合线型号、劈刀型号、料盒号等是否与随件单上的一致。

（4）引线框架表面镀层是否合格，应无严重划伤、无变形。

2. 装料

信息确认无误后，首先对焊盘和引线框架进行清洁，一般有等离子清洁和紫外线臭氧清洁两种方式；然后开始装料，将装有完成装片的引线框架的料盒放置在键合机上料区，将空料盒放在键合机的下料区，将键合线穿入劈刀内。拿键合线时应先拿住线轴空心处，手指不能触碰键合线，然后用镊子取线的一端进行装线操作。

3. 参数设置

在操作系统的界面上进行参数设置。应找到对应的键合程序进行调用，若更换的产品无法找到适用的程序，则必须建立新的程序。编写新程序需要设置的参数包括参考点设定、跳过的点设定、劈刀高度测量、侦测功能设定等内容，并完成键合位置、键合次序的校正工作，新程序确认无误后可被调取使用。

调取程序后还需要进行设备的参数调整，包括轨道高度、料盒升降台、焊接参数、线弧、打火高度等参数的设置。参数确认正常后，开始键合操作。

4. 键合

键合机运行时上料区的引线框架依次从料盒中进入运送轨道，到达键合区后键合机按照设定好的键合要求完成键合，每次进行键合时压板会自动下压以固定引线框架。引线框架上的芯片均键合完成，则引线框架被送至下料区。

5. 收料

键合完成的引线框架经由传输装置送至收料区的料盒中，料盒接收完该引线框架后下移一定位置，等待接收下一个完成键合的引线框架。当一个料盒被装满后，键合机将其送至料盒收纳区，并夹持空料盒继续接收引线框架。

6. 质量检查

引线键合的质量检查一般采用抽检的方式，在该工序完成一部分之后，抽取部分成品，利用显微镜进行引线键合的质量检查，并记录抽检的结果，若发现问题应及时调整。

所有工作完成后应及时打扫卫生、收拾物料，保持设备清洁，并与下一道工序的操作员进行产品交接工作。

2.12.3 操作注意事项

在引线键合操作过程中需要注意以下内容。

（1）操作时必须保持轨道的清洁，确保送料顺畅。

（2）操作过程中需保证键合线的洁净度，防止污损。

（3）键合机运行过程中要注意设备的运行情况，关注运行参数是否正常，以及上料区、下料区、键合区是否有物料，若无则及时补料。

（4）高温状态下操作员在作业时需注意安全，防止烫伤。

（5）在上料区或下料区放置料盒时，需要小心卡手。

2.12.4 键合线材料要求

键合线是引线键合工艺中重要的工具之一，其材料、直径，以及电导率、剪切强度、抗拉强度、弹性模量、泊松比、硬度、热胀系数等是影响键合的关键因素。在键合线选材时需要满足以下要求。

（1）键合线材料必须是高导电的，以确保信号完整性不被破坏。

（2）球形键合的键合线直径不超过焊盘直径的1/4，楔形键合的键合线直径则不超过焊盘直径的1/3。键合线直径越大，其熔断电流也越大，即可传导的电流越大。

（3）焊盘和键合线材料的剪切强度和抗拉强度很重要，键合强度需要满足要求。

（4）键合线和焊盘的硬度要匹配，键合线硬度如果大于焊盘硬度，就会产生弹坑，小于焊盘硬度则容易将能量传给基板。

理想的键合线材料应该具有化学性能稳定、与半导体材料的结合力强、电阻率低（导电性能强）、可塑性好、能够在键合过程中保持一定的几何形状等特点，故在键合工艺中通常使用金线作为键合线。但由于成本问题或出于一些特殊需要，铜线、铝线、银线等也被用于引线键合工艺中。

2.12.5　键合对准

引线键合时，第一键合点在芯片表面焊盘上，第二键合点在引线框架的对应引脚上，为保证键合位置准确，在开始键合前需要校准键合点位置，该操作在键合机的显示器上进行。

校准由操作系统实现，通过视觉系统显示键合的芯片表面焊盘和引线框架引脚的图像，对准时需要保证第一键合点和第二键合点在对应位置的中央。

键合点位置设置完成后需要手动运行，查看键合位置和键合质量是否合格，以测试校准情况。

2.13　切筋成型操作

切筋成型操作

2.13.1　任务描述

（1）进行切筋成型工艺操作。

（2）识别存在塑封体缺损、引脚断裂、镀锡露铜等问题的不良品并进行剔除。

2.13.2　切筋成型前的质量检查

在切筋成型工艺的前期准备过程中，需要完成待成型引线框架的装料，需要将引线框架整齐地放入引线框架盒中，并把引线框架盒固定在切筋机的上料区。为保证切筋机的正常运行以及提升切筋成型的速率，装盒时操作员需要先对引线框架条进行第一步的检验。

该检验过程主要包括两部分。一部分为芯片的外观质量检查，如检查是否存在塑封体缺损、引脚断裂、镀锡露铜等情况，对于存在这些情况的产品需要用工具将其从引线框架中取下（进行剔除）。外观不良品的提前剔除可以减少切筋机的无效运行，提升效率的同时也能减少切筋机的损耗。图2-24所示为引线框架中外观不良品的剔除操作。

图2-24　引线框架中外观不良品的剔除操作

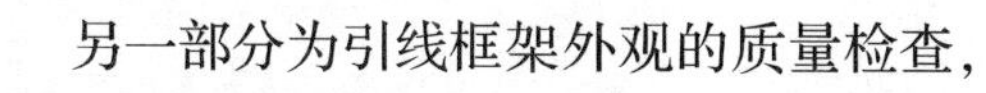
另一部分为引线框架外观的质量检查，若发现不平整的引线框架则需要操作员进行调整，防止切筋成型时卡料或者导致模具损坏。

2.13.3　切筋成型的操作流程

切筋成型工艺决定了芯片外引脚的最终形状，也是将前面工序中一直与引线框架相连的芯片独立分开的工艺操作，其操作流程主要为领料确认、设备调试、装料、切筋与成型、下料、质量检查等。具体操作流程如下。

（1）操作员与上一个操作员交接，了解设备运行情况及出现的问题。

（2）领取切筋成型的物料并进行信息确认，核对无误后方可进行操作。

（3）确认系统里的模具型号是否与随件单上的一致，同时确认相关参数是否正确，清理料盒及设备。为保证设备的正常运行，需要用气枪将模具表面清理干净，将模具升到最高位置（先用手单击触摸屏上的“手动”图标，然后同时按住“启动”和“手动”图标），并关上安全门。

（4）按一下复位键，将模具降到原点位置。

（5）打开上料区的保护门（其中包含料框卡口开关），将顺好引线框架条的料盒放入机器的上料区，装料时需要注意芯片方向。

（6）先用手单击触摸屏上的“手动”图标，然后依次单击“上料”→“抓取”→“上升降级”→“上”图标，升降机将料盒送至抓料手臂下面。

（7）按一下复位键，抓料手臂、送料马达将回到原点位置，同时观察模具是否在原点位置，如果不是，将模具降到原点位置（先用手单击触摸屏上的“手动”图标，然后同时按住“手动”和“停止”图标，启动指示灯亮并且闪烁不停）。

（8）准备就绪后，单击“启动”图标，设备运行，自动完成上料、模具内的切筋与成型、下料等过程。

（9）切筋成型过程中需要进行质量抽检，以保证本次产品的质量。切筋成型的质量检查采用目检的方式。

2.13.4 操作注意事项

切筋成型操作中，以下内容需要注意。

（1）在整理引线框架条时，一定要将异常的引线框架条取出。如有引线框架变形的情况，将变形产品修复即可；如果有未填充或断脚的情况，将未填充或断脚的产品用剪刀剪除后再作业。

（2）在切筋机运行过程中，操作员需要关注引线框架条是否供给充足，若不足需要及时补充引线框架条。

（3）切筋机运行过程中，操作员需关注设备运行状况。如果报错，按正确方法排除故障后再启动运行；如果遇到设备报错且不受控制的情况，按紧急停止按钮。

（4）质量检查时需关注产品是否有异常，提高产品自检频率，如有异常，停机检查。

（5）当出现模具部分报错时，如拨爪、探针、可动凹模上下、制品下落等，一定要按照正确的步骤进行处理，取出模具里的引线框架条，观察模具内无异物后再作业。

（6）当机器出现异常状况时，要及时报告当班技术管理人员。

（7）每班下班后要清理设备和操作台。

（8）设备运行时禁止用铁或坚硬的东西敲打模具的任何部位。

（9）拆卸系统、模具零件时用小盒子集中放置螺钉等备用品。

（10）按照以对角顺序依次松动螺钉的方法进行，装配过程按拆卸的反方向进行，且将所有安装零件用棉布擦干净后再擦一遍。

（11）对正在维修的模具要有挂牌提示，对交接的模具存在的问题要说清楚问题和模具所处状态。

（12）没有主管工程师的同意和许可，不能随便改变模具和设备的结构或随意乱修、

乱垫等，改变设备、模具的结构要经过主管工程师的同意。

项目小结

本项目主要介绍了集成电路芯片封装的基本工艺流程，包括磨片、贴片、划片、芯片贴装、芯片互连、封装成型、上焊锡、去飞边毛刺、剪切成型、印字、装配等工艺。每一个工艺步骤都有需要注意和学习的重点，精细操作才能制备出性能和指标良好的芯片。经过上述工艺后，集成电路芯片产品就基本成型了。

习　题

思考题

1. 常用的芯片贴装有哪几种？分别简要说明。
2. 芯片互连的技术有哪几种？分别简要说明。
3. 各向异性材料、各向同性材料的区别是什么？
4. 说明热压焊和超声焊的原理，并指出热压焊和超声焊的优缺点。
5. 引线键合可能引起什么样的问题，原因是什么？
6. 带式自动键合的关键材料有哪些？
7. 在现代成型技术中，哪一种是主要的塑料成型技术？说明其具体工艺和优缺点。
8. 在完成封装并成型后，还要进行哪些处理，它们分别起了什么作用？

项目三　气密性封装与非气密性封装

项目导读

本项目讲述元器件级封装的技术，介绍4种常见的封装技术：陶瓷封装、金属封装、玻璃封装、塑料封装。陶瓷封装部分主要讲述陶瓷封装的材料、工艺流程、类型和应用举例。金属封装部分主要讲述金属封装的概念、特点、工艺流程和材料。玻璃封装部分主要讲述玻璃封装的特点及密封材料的选择。塑料封装部分主要讲述塑料封装的材料、工艺等。

能力目标

知识目标	1. 了解元器件级封装的基本工艺流程 2. 了解元器件级封装的基本功能 3. 了解金属封装的主要特点和流程工艺 4. 了解金属封装的材料 5. 掌握塑料封装的工艺
技能目标	1. 能进行塑料封装工艺参数设置 2. 能根据工艺要求完成塑料封装操作
素质目标	1. 培养精益求精的工匠精神 2. 培养吃苦耐劳的优秀品质 3. 培养良好的职业习惯
教学重点	1. 元器件级封装的基本工艺流程 2. 元器件级封装的基本功能 3. 金属封装的材料、主要特点和流程工艺 4. 塑料封装的工艺
教学难点	金属封装的主要特点和流程工艺、塑料封装的工艺
推荐教学方法	通过虚拟仿真、动画、实物、图片等形式让学生巩固所学知识
推荐学习方法	通过网页搜索最新相关知识、课程补充资源等进行辅助学习，达到高效学习的目的

项目知识

芯片连接好之后就到了封装的步骤。封装就是要将芯片与引线框架"包装"起来，气密性封装是集成电路封装技术的关键之一。所谓气密性封装是指完全能够防止污染物（液体或固体）的侵入和腐蚀的封装。

集成电路封装是为了保护元器件不受环境影响（外部冲击、热及水）而能长期可靠工作，所以对集成电路封装的要求有以下几点。

1. 气密性和非气密性要求

（1）气密性封装：钎焊、熔焊、压力焊和玻璃熔封（多用于军工产品）。

（2）非气密性封装：胶黏法和塑封法（多用于民用元器件）。

2. 受热要求

对塑料封装温度的要求。

3. 其他要求

必须能满足筛选条件或环境试验条件，如振动、冲击、离心加速度、检漏压力及高温老化等的要求。

4. 使用环境及经济要求

集成电路（IC）芯片封装的主要目的之一就是为IC芯片提供保护，避免不适当的电、热、化学及机械等因素引起的芯片损坏。在外来环境的侵害中，水汽是引起IC芯片损坏的主要因素，由于IC芯片中导线的间距极小，在导体间很容易建立起强大的电场，如果有水汽侵入，在不同金属之间将因电解反应引发金属腐蚀；在相同金属之间则会因电解反应使阳极处的导体逐渐溶解，使阴极处的导体产生镀着。这些效应都将造成IC芯片的短路、断路与损坏。

主要的封装用密封材料的水渗透率如图3-1所示，可以看出没有一种材料能永远阻绝水汽的渗透。以高分子树脂密封的塑料封装中，水分子通常在几个小时内就能侵入。能达到所谓气密性封装的材料通常指金属、陶瓷及玻璃等，因此金属封装、陶瓷封装及玻璃封装被归类为高可靠度封装，也称为气密性封装或密封。塑料封装则为非气密性封装。

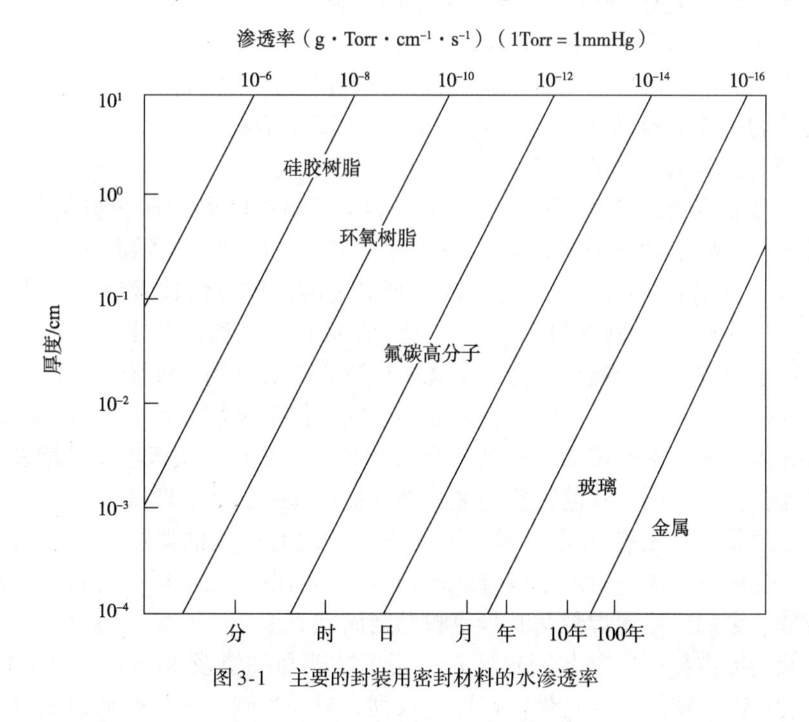

图3-1　主要的封装用密封材料的水渗透率

气密性封装可以大大提高电路中元器件（特别是有源元器件）的可靠性。有源元器件对很多潜在的失效机理都很敏感（如腐蚀），可能受到水汽的侵蚀。从钝化的氧化物中浸出磷而形成磷酸，这样又会侵蚀铝键合的焊盘。

是否采用气密性封装主要考虑密封腔内的水分有多少。密封腔内的水分主要源自以下

4 个部分。

（1）封入腔体内的气体中含有的水分。

（2）管壳内部材料吸附的水分。

（3）封盖时密封材料放出的水分。

（4）贮存期间，通过微裂纹及封装缺陷进入的水分。

降低密封腔体内部水分的主要途径有以下 3 种。

（1）采取合理的预烘工艺。

（2）避免烘烤后的管壳重新接触大气环境。

（3）尽量降低保护气体的湿度。

3.1 陶瓷封装

陶瓷封装

在各种 IC 元器件的封装中，陶瓷封装能提供 IC 芯片气密性的密封保护，具有优良的可靠性。陶瓷被用作集成电路芯片封装的材料，是因它在热、电、机械特性等方面极稳定，而且陶瓷材料的特性可通过改变陶瓷材料的化学成分和对工艺的控制调整来实现，既可作为封装的封盖材料，又可作为各种微电子产品重要的承载基板的材料。当今的陶瓷技术已可将烧结的尺寸变化控制在 0.1% 的范围内，可以结合厚膜印制技术制成30 ～60 层的多层连线传导结构，也是制作 MCM 封装基板的主要材料之一。

陶瓷封装并非完美无缺，它有以下缺点。

（1）与塑料封装比较，陶瓷封装的工艺温度较高、成本较高。

（2）陶瓷封装工艺自动化与薄型化封装的能力逊于塑料封装。

（3）陶瓷材料具有较高的脆性，会导致应力损害。

（4）在需要低介电常数与高连线密度的封装中，陶瓷封装必须与薄膜封装竞争。

陶瓷材料在单晶芯片集成电路封装中的应用很早，例如，国际商业机器公司（International Business Machines Corporation，IBM）所开发的固体逻辑技术就是指使用 96% 氧化铝与导体、电阻等材料在 800℃下利用共烧技术制成封装基板的技术；其他如先进固体逻辑技术、单片系统技术、金属化陶瓷及共烧多层陶瓷模块等均是陶瓷封装的应用。双列直插封装是目前常见的封装方式，它主要因晶体管元器件引脚数目的增加而出现。

随着半导体工艺技术的进步与产品功能的增加，IC 芯片的集成度持续增加，封装引脚数目随之增加，各种不同形式的陶瓷封装，例如插针阵列封装、四面扁平封装等相继被开发出来。这些封装通常先将 IC 芯片粘贴固定在一个载有引线框架或厚膜金属导线的陶瓷基板孔洞中，完成芯片与引脚或厚膜金属键合点之间的电路互连后，再将另一片陶瓷或金属封盖用玻璃、金锡或铅锡焊料与基板密封黏结而完成。

陶瓷封装能提供高可靠度与密封性是利用了玻璃与陶瓷及 Kovar 或 Alloy42 合金引线框架材料间能形成紧密接合的特性。以陶瓷双列式封装为例，先将金属引线框架用暂时软化的玻璃固定在氧化铝陶瓷基板的釉化表面上，完成 IC 芯片黏结及引线键合后，以另一陶瓷封盖覆于金属引线框架上，再置于 400℃的热处理炉中或涂上硼硅酸玻璃材料完成密封。陶瓷双列式封装如图 3-2 所示。

陶瓷插针阵列封装是先在基板及封盖的周围以厚膜技术镀上镍或金的密封环，再以锡焊或硬焊的方法将金属或陶瓷进行接合。陶瓷插针阵列封装如图 3-3 所示。此外，熔接、玻璃及金属密封垫圈等都可用于密封盖与基板的接合。

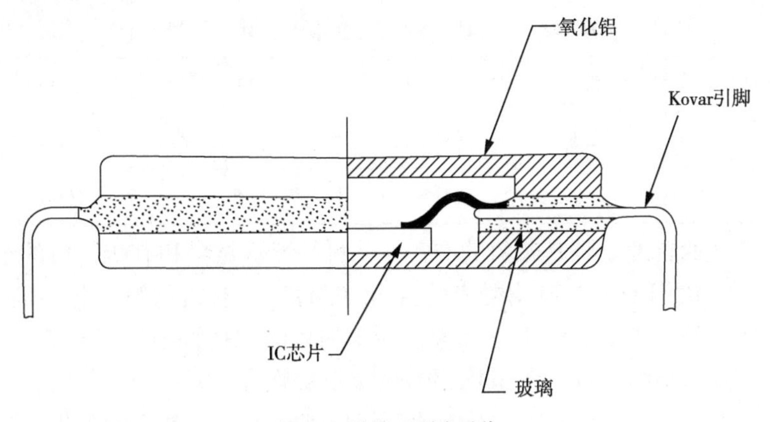

图 3-2　陶瓷双列式封装

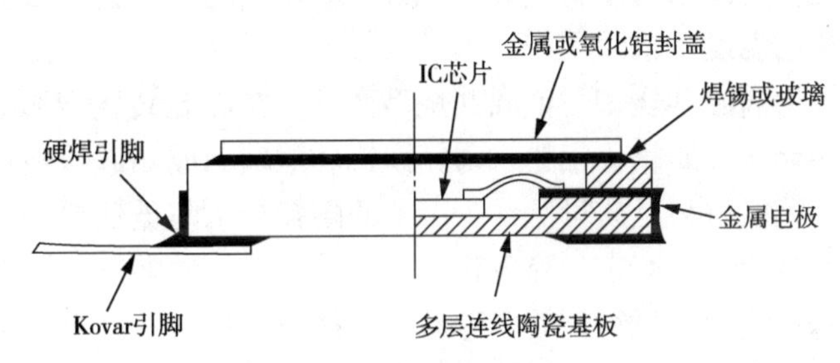

图 3-3　陶瓷插针阵列封装

3.1.1　陶瓷封装材料

氧化铝为陶瓷封装常使用的材料，其他重要的陶瓷封装材料有氮化铝、氧化铍、碳化硅、玻璃与玻璃陶瓷、蓝宝石等。陶瓷材料的基本特性比较见表 3-1。

表 3-1　陶瓷材料的基本特性比较

材料种类	介电常数/1MHz	热膨胀系数/(10^{-6} · ℃$^{-1}$)	热导率/[W/(m · ℃$^{-1}$)]	工艺温度/℃	挠性强度/MPa
92%氧化铝	9.2	6.0	18	1500	300
96%氧化铝	9.4	6.6	20	1600	400
99.5%氧化铝	9.9	7.1	37	1600	620
氮化硅	7.0	2.3	30	1600	—
碳化硅	42	3.7	270	2000	450
氮化铝	8.8	3.3	230	1900	350~400
氧化铍	6.8	6.8	240	2000	241
氮化硼	6.5	3.7	600	>2000	—

续表

材料种类	介电常数/1MHz	热膨胀系数/($10^{-6}\cdot℃^{-1}$)	热导率/[W/(m·$℃^{-1}$)]	工艺温度/℃	挠性强度/MPa
钻石（高压）	5.7	2.3	2000	>2000	—
钻石（CVD）	3.5	2.3	400	1000	300
玻璃陶瓷	4.0～8.0	3.0～5.0	5	1000	150

陶瓷封装工艺的首要步骤是浆料的准备。浆料是无机材料和有机材料的组合，无机材料为一定比例的氧化铝粉末与玻璃粉末的混合（陶瓷），有机材料则包括高分子黏结剂、塑化剂与有机溶剂等。无机材料中添加玻璃粉末的目的包括调整纯氧化铝的热膨胀系数、介电常数等，并降低烧结温度。纯氧化铝的热膨胀系数约为 7.0×10^{-6}/℃，它与导体材料的热膨胀系数（见表3-1）有所差异，因此若仅以纯氧化铝为基板的无机材料，热膨胀系数的差异在烧结过程中可能引起基材破裂。此外，氧化铝的烧结温度高达1900℃，故需添加玻璃材料以降低烧结温度，节约生产成本。

陶瓷基板又可分为高温共烧型与低温共烧型两种。在高温共烧型的陶瓷基板中，无机材料通常是质量比约为9∶1 的氧化铝粉末与钙镁铝硅酸玻璃或硼硅酸玻璃粉末；在低温烧结型的陶瓷基板中，无机材料是质量比约为1∶3 的陶瓷粉末与玻璃粉末，陶瓷粉末的种类则根据基板热膨胀系数的设计而定。除氧化铝之外，石英、锆酸钙、镁橄榄石等均可作为高热膨胀系数陶瓷基板的无机材料；熔凝硅石、红柱石、堇青石、氧化锆则为低热膨胀系数陶瓷基板的材料。介电常数的需求也是玻璃材料成分选择的另一影响因素，玻璃软化温度必须高于有机材料的脱脂烧化温度，但也不能太高而阻碍烧结工艺。无机材料需要经过球磨获得适当的粉体的大小与粒度分布，以促进无机材料混合均匀，以便对未来烧结后的基板的收缩率变化进行准确的控制。

在有机材料中，黏结剂为具有高玻璃转移温度、高分子量、良好的脱脂烧化特性且易溶于挥发性有机溶剂的材料，主要的功能是使陶瓷粉粒暂时黏结，以利于生胚片的制作及厚膜导线网印成型的进行。高温共烧型基板常使用的黏结剂为聚烯基丁缩醛。聚烯基丁缩醛可以由聚乙硫醇与丁醛反应制成，其中通常含有约19%的残存羟基，玻璃转移温度约为49℃。在某些特殊的应用中，聚醋酸氯烯酯、聚甲基丙烯酸甲酯、聚异丁铅、硝酸纤维素与醋酸丁缩醛纤维素等也曾被用作黏结剂。低温共烧型基板的工艺使用的黏结剂除聚烯基丁缩醛外，也有甲基丙烯酸酯，这些材料均可在空气或钝态气体的气氛中，在300～400℃下完成脱脂烧除。添加的黏结剂一般约占整体原料质量的5%以上。但添加量不宜过多，否则将增加脱脂烧除的时间，降低粉体烧结的密度而使基板的收缩率增大。

塑化剂的种类有油酸盐、磷酸盐、聚乙二醇醚、单甘油酯酸盐、矿油类、蓖麻油酸盐、松脂衍生物 、沙巴盐类等。塑化剂的功能及作用是调整黏结剂的玻璃转移温度，并使生胚片具有抗曲性。可与聚烯基丁缩醛配合使用的有机溶剂种类很多，包括醋酸、丙酮、正丁醇、乙酸丁酯、四氯化碳、环己酮、二氧六环、85%乙醇乙酯、乙基溶纤剂、二氯乙烷、95%异丙醇、甲醇、醋酸甲酯、甲基溶纤剂、甲基乙基酮、甲基异丁酮、戊醇类、戊酮类、二氯丙烷、甲苯、95%甲苯乙酸等。

有机溶剂的功能包括在球磨过程中促成粉体的分离和挥发时在生胚片中形成微细的孔

洞。后者指当生胚片叠合时，使导线周围的生胚片有被压缩变形的能力，是生胚片生产工艺的重要特征之一。

3.1.2　陶瓷封装工艺

将前述的各种无机材料与有机材料混合后，经一定时间的球磨后即成为浆料，再以刮刀成型技术制成生胚片，经厚膜金属化、烧结等工艺后则成为基板材，封盖后即可应用于IC 芯片的封装中。

陶瓷粉末、黏结剂、塑化剂与有机溶剂等均匀混合后制成油漆般的浆料，通常以刮刀成型的方法制成生胚片，刮刀成型机在浆料容器的出口处置有可调整高度的刮刀，生胚片的表面同时吹过与输送带运动方向相反的热空气使生胚片缓慢干燥，然后卷起，并切成适当宽度的薄带。未烧结前，一般的生胚片的厚度为0.2～0.28mm。

生胚片的厚度和刮刀间隙、输送带的速度、干燥温度、容器内浆料高度、浆料的黏滞性、薄带的收缩率等因素有关，一般的刮刀成型机制成的薄片厚度允许偏差为±(6%～8%)，较精密的机型，如双刮刀的刮刀成型机可将厚度误差控制在±4%以内，高精密型的刮刀成型机更可将厚度误差控制在±2%以内。干式压制成型与滚筒压制成型为生胚片制作的另外选择。干式压制的方法为低成本的陶瓷成型技术，适用于单芯片模块封装的基板及封盖等形状简单的板材的制作。

干式压制成型法是先将陶瓷粉末置于模具中，对陶瓷粉末给予适当的压力，将其压制成所需形状的生胚片后再进行烧结。滚筒压制成型法是将以喷雾干燥法制成的陶瓷粉粒经过两个并列的反向滚筒压制成生胚片，所使用的原料中黏结剂所占的比例高于干式压制成型中所占的比例，但低于刮刀成型中所占的比例，所得的生胚片可以切割成适当形状或冲出导孔，因质地较硬而不适合折叠制成多层的陶瓷基板。

冲片的工艺是将生胚片以精密的模具切成适当尺寸的薄片，冲片时薄片的四边也冲出对位孔以供叠合时对齐使用。导孔成型法则是将生胚片冲出尺寸适当的导孔以供垂直方向的导通，一般导孔的直径为125～200μm，现有的技术也能制成直径为80～100μm的导孔。导孔成型法可以利用机械式冲孔、钻孔或激光钻孔等方法完成，一般的工艺为先将生胚片固定，以精密平移台移至适当位置后，再以冲模机冲出导孔。用二氧化碳激光进行钻孔是较新颖的方法，其速率为每秒50～100个导孔。

如需制成多层的陶瓷基板，则必须对完成厚膜金属化的生胚片进行叠压。生胚片以网印技术印上电路布线图形及填充导孔后，即可进行叠压。叠压的工艺是先根据设计要求将所需的金属化生胚片置于模具中，再对生胚片施加适当的压力叠成多层连线结构。叠压过程中所给予的压力会影响生胚片原有的孔洞分布，进而影响未来烧结时薄片的收缩率。通常，收缩率随压力的增加而减小，叠压工艺的条件因此以收缩率的大小为依据。叠压的多层生胚片有时是在被切割成适当的尺寸后进行烧结的。

烧结为陶瓷基板成型中的关键步骤之一，高温与低温的共烧条件虽有不同，但目标只有一个：将有机成分烧除，将无机材料烧结成为致密、坚固的结构。

在高温的共烧工艺中，有机成分的脱脂烧除与无机成分的烧结通常在同一个热处理炉中完成，完成叠压的金属化生胚片先被缓慢地加热到500～600℃以除去溶剂、塑化剂等有机成分，缓慢加热的目的是预防气泡产生。在有机成分脱脂烧除过程中，热处理炉的气氛控制非常重要，炉中氧化的气氛须足以使黏结剂被完全除去，并防止氧化物成分散失，但不会致使金属导体成分氧化。适当的氧气偏压变化通常以通过氢气或氢/氮混合气氛中的水汽含量作为参考的控制条件。

待有机成分被完全烧除后，根据所使用的陶瓷与厚膜金属种类，热处理炉再以适当的速度升温到1375～1650℃，在最高温度停留数小时后进行烧结。在烧结过程中，玻璃与陶瓷成分将发生反应生成玻璃相，除促进陶瓷基板结晶的致密化外，玻璃相还渗入厚膜金属中，与润湿金属相似，使其与陶瓷基板紧密结合；炉中氧气的偏压对钨金属粒渗入厚膜金属中润湿或钼的烧结有重要影响，故亦须谨慎控制。在烧结完成后的冷却过程中，热处理的气氛通常转换为干燥的氢气，同时应避免冷却过快产生热爆震效应而致使基板破裂。完整的高温烧结工艺通常需要13～33h。

烧结过程中，生胚片的收缩为必然的现象，对烧结成品的尺寸有很大影响。陶瓷材料与金属膏材的收缩率是否相近、使用的陶瓷与金属的热膨胀系数是否相近、炉体内温度分布是否均匀等因素均影响烧结成品的尺寸。除生胚片横向尺寸的变化之外，翘曲亦为烧结过程中常发生的现象，因此在烧结过程中要用重物压住生胚片以防止其变形。

低温的共烧工艺通常使用带状炉以使有机成分的脱脂烧除与陶瓷成分的烧结过程分开进行。近年来，已有特殊设计的热处理炉可使脱脂与烧结的过程在同一炉中进行。低温共烧工艺的温度曲线与热处理炉气氛的选择与所使用的金属膏种类有关。使用金或银金属膏基板的共烧工艺为先将炉温升至350℃，再停留约1h以待有机成分完全除去，然后将炉温升至850℃并维持约30min以完成烧结。共烧工艺均在空气中进行，耗时2～3h。

如使用铜金属膏，因铜金属膏通常为铜氧化物掺和有机成分制成（如使用纯铜制成，则在有机成分脱脂阶段会因铜的氧化造成的体积膨胀导致陶瓷基板破裂），烧结的过程需要先在300～400℃、氮气/氢气或一氧化碳/二氧化碳的气氛中进行约30min的热处理，将氧化铜还原，然后在氮气炉中进行900～1050℃、20～30min的烧结。完整的低温烧结过程通常耗时12～14h。

共烧完成之后，基板的表层需要制作电路、金属键合点或电阻等，以供封装元器件及其他电路元器件的连线接合，制作它们亦采用网印与烧结技术，使用银等高导电性材料为内层导体的低温共烧型基板，表面通常再烧结一层铜导线以利于未来焊接的进行。

表层电镀及引脚接合的另一个目的在于制作接合的针脚以供下一层次的封装使用。对高温共烧型的陶瓷基板，键合点表面必须用电镀或无电电镀技术先镀上厚度约为2.5μm的镍作为防蚀保护层及用于针脚焊接，镍镀完成之后必须经热处理，以使键合点与共烧成型的钼、钨等金属导线形成良好的键合。镍的表面通常又覆上一层金的电镀层以防止镍的氧化，并提高针脚硬焊接合时焊料的润湿性。用化学镀金技术镀镍时，因钨或钼-锰金属导线均为非活化表面，故基板表面必须先用钯氯溶液将表面活化，然后进行镍的化学镀。

基板镍电镀完成后，会先得到表层已镀有钯与金的Kovar铁镍钴合金引脚，再以金锡或铜银共晶硬焊的技术将引脚与基板焊接。一般将焊料置于引脚与金属键合焊垫之间，在还原气氛中加热至共晶温度以上，从而完成焊接。焊接完成的引脚如以焊接方式与下一层次的封装进行焊接，则表面通常还需以沉浸法镀上焊锡。

3.1.3 其他陶瓷封装材料

近年来，陶瓷封装虽面临塑料封装的强力竞争而不再是使用最多的封装方法，但陶瓷封装仍然是高可靠度需求的封装的主要方法。各种新型的陶瓷封装材料，如氮化铝、氧化铍、碳化硅、玻璃或玻璃陶瓷、钻石等也相继被开发出来，以使陶瓷封装能有更优质的信号传输能力、热膨胀特性、热传导与电气特性等。这些材料的基本特性比较如表 3-1 所示。

氮化铝为具有六方纤维锌矿结构的分子键化合物，它的结构稳定，无其他的同质异形物存在，高熔点、低原子量、简单晶格结构等特性使氮化铝具有高热导率，氮化铝单晶的热导率约为 320W/(m · ℃)，热压成型的氮化铝热导率约为单晶的 95%。氮化铝的热导率随其中的氧含量的增加而降低，氧元素的加入使氮化铝中产生过多的铝空位，空位与铝原子的质量差异过大因而影响热传导性质。氮化铝的热导率也受金属杂质元素的影响，保持氮化铝的高热导率必须使杂质含量低于 0.1%。此外，氮化铝中的第二相物质与烧结后的孔洞对热传导性质亦有影响。

与氧化铝相比，氮化铝材料具有极为优良的热导率、较低的介电常数（约 8.8）及与硅相近的热膨胀系数，因此它也是陶瓷封装重要的基板材料。在氮化铝基板的制作中，粉体品质决定氮化铝烧结后的特性。氮化铝粉体制备常见的方法为碳热还原反应和铝直接氮化技术。

碳热还原反应将氧化铝置于氮气的气氛中，氧化铝与碳反应还原的产物同时被氮化而形成氮化铝，铝直接氮化的工艺为将熔融的微小铝颗粒直接置于氮气反应气氛中，形成氮化铝。不完全反应是这两种方法共同的缺点，它们都可能使氮化铝中残存氧化物及其他相的物质。氮化铝亦可利用铝电极在氮气中的直流放电反应、铝粉的等离子体喷洒、氨与铝溴化物的化学气相淀积、氮化铝前驱物的热解反应等方法制成。

热压成型与无压力式烧结为制成致密的氮化铝基板的常见方法，工艺中通常加入氧化钙或三氧化二钇，烧结助剂以制成致密氯化铝基板，氧化铍、氧化镁、氧化锶等亦为商用氮化铝粉末常见的添加物。

氮化铝能与现有的金属化工艺技术相容的能力是氮化铝在电子封装中被广泛应用的主要原因。薄膜技术（蒸镀或溅射）、无电电镀、厚膜金属共烧技术均可使用在氮化铝上制作电路布线图形。

在氮化铝上进行薄膜镀之前，通常先涂布一层镍铬合金薄膜以提升黏着度；使用无电电镀时，氮化铝须先以氢氧化钠刻蚀，以产生交互锁定的作用而增大黏着力。氮化铝上的厚膜金属化的工艺与氧化铝相似，钨、银-钯、银-铂、铜、金等均可在氮化铝上形成金属导线。钨与氮化铝的共烧型多层陶瓷基板的开发是氮化铝在电子封装中应用的重要技术里程碑。金、银-钯、铜等材料的厚膜金属化工艺无须在氮化铝上进行氧化预处理；铜与氮化铝的直接扩散接合则必须先完成氧化处理以促进铜氧化物在氮化铝表面的接合，氧化处理分为干式或湿式氧化处理；氮化铝表面亦可先形成氮化硅以供镀镍膜之用。

氧化铍具有绝佳的热传导特性与低介电常数，因此很早就被应用于电子封装中，它的热导率约为铜的一半，是热导率能高于金属的陶瓷氧化物材料。氧化铍陶瓷基板的制作、烧结、金属化等与前述氮化铝陶瓷基板的工艺相似，在高热传导率需求或高功率元器件的封装中，氧化铍陶瓷的封装相当普遍，但氧化铍有毒性，故须小心使用，这一缺点也使得氧化铍难以被广泛应用。

碳化硅材料的优点为优良的热导率与极为接近硅的热膨胀系数，但纯碳化硅的特性接近半导体材料，因此早年它并不被考虑作为基板材料。1985 年，日本日立公司开发出具有高热导率与优良电绝缘性质的碳化硅基板制作技术，这一突破终于使碳化硅成为重要的高性能陶瓷封装材料之一。其工艺利用 $SiO_2 + 2C \rightarrow SiC + CO_2$，先将反应生成的碳化硅粉末与适量的氧化铍粉末及有机成分等混合，再用喷洒干燥法制成粉粒。所得的粉粒先以冷压制成薄圆板状，与石墨隔片交互叠起后，在真空中进行约2100℃的热压烧结。这一工艺利用氧化铍在碳化硅基底中溶解度很少，因而在碳化硅晶粒界面产生偏析的特性，晶界上的氧化铍形成高电阻网络使材料具有电绝缘性质，碳化硅晶粒基底则仍维持其高热传导性质。因碳化硅材料的介电常数极高（根据频率的变化，介电常数为30～300），故应用于气密性封装时引脚最好避免与其他高介电常数的密封材料接触。为弥补这一缺点，碳化硅密封性封装通常使用二氧化硅为密封材料。

玻璃与玻璃陶瓷材料的介电常数约为5，且和铜、金等导体材料有良好的烧结特性，因此是理想的陶瓷基板材料。以热膨胀系数与硅接近的硼硅酸盐玻璃为绝缘材料、铜为导体材料制作多层传导结构的封装技术在20世纪70年代已被开发出来；共烧型玻璃陶瓷基板的制作则于1978年被报道，基板材料为董青石与锂辉石玻璃粉末，约在1000℃的温度下烧结而成，该技术利用低温硬质玻璃与高温陶瓷原料的混合烧结，并配合在控制气氛环境中的铜金属化工艺以制造封装基板，其后许多以氧化铝混合的各种不同玻璃原料（约质量各为50%的原料比例）烧结而成的玻璃陶瓷相继被开发出来。

以往的研究显示，玻璃或玻璃陶瓷材料的最大优点是可利用成分的调整来改善物理性质，成分与性质不同的玻璃与玻璃陶瓷基板可满足各种电子封装的需求。玻璃陶瓷基板的主要缺点为热导率过低，为改善这一缺陷，可掺入高热传导性质的氧化铍、氮化硅、人造钻石等混合烧结制成高热导率的玻璃陶瓷基板，或利用改善冷却方法及封装连线与黏结方式而获得弥补。

蓝宝石是芯片封装的应用中的新型材料之一，其人工合成技术在1953年和1954年出现。钻石因具有相当优异的热导率与低介电常数而成为芯片封装基板材料的另一种选择，它也可作为复合材料基板与黏结剂的填充剂。超高的硬度与耐磨耗性使蓝宝石也可作为封装表面镀层材料。

氮化硅、氮化硼及各种碳化物、氮化物、氧化物混合材料均可作为低介电常数陶瓷基板的材料，这些材料可添加于氧化铝或其他的陶瓷材料中而制成介电常数低于4的陶瓷基板材料。

3.2 金属封装

金属封装

金属材料具有优良的水分子渗透阻绝能力，故金属封装具有相当好的可靠度，在分立式元器件的封装中，金属封装仍然占有相当大的市场，在高可靠度需求的军民电子封装方面应用尤其广泛。常见的金属封装通常用镀镍或金的金属基座来固定IC芯片，常见的金属封装基座如图3-4所示。为减小硅与金属热膨胀系数的差异，金属封装基座表面通常焊有金属片缓冲层以缓和热应力并增强散热能力，针状的引脚以玻璃绝缘材料固定在基座的钻孔上，并与芯片的连线以金线或铝线的打线接合，IC芯片黏结方式通常为钎焊或锡焊接合。完成以上步骤之后，基座周围再以熔接、钎焊或锡焊等方法与另一金属封盖接合。密封方法的选择除成本与设备的因素之外，产品密封速度、合格率与可靠度等均为需要考虑的因素。熔接的方法所获得的产品密封速度、合格率与可靠度佳，为普遍使用的方法，但利用此方法所得的产品不能移去封盖做修复的工作，此为该方法的不足之处。钎焊或锡焊的方法则能移去封盖进行再修复。

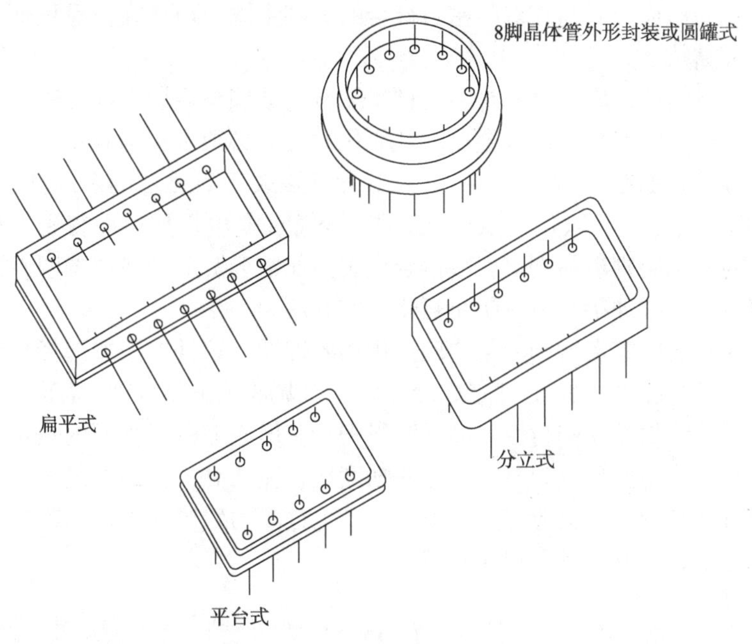

图 3-4 常见的金属封装基座

金属封装所使用的材料除可达到良好的密封性之外，还可提供良好的热传导及电屏蔽。Kovar 合金由于与玻璃的优良接合特性而成为金属封装常用的罐体和引脚材料。Kovar 合金的缺点为热传导性质不佳，这一缺点可以用钼金属作为金属封装的缓冲金属层而获得改善。铜主要应用于高热传导及高导电需求的金属封装，但它有强度不足的缺点，故通常添加少量的铝或银以改善铜的机械特性。铝合金材料主要应用于微波混合电路及航空用电子的金属封装，但铝合金强度不足及高热膨胀系数的缺点使铝合金不适合应用于高功率混合电路的封装。

从真空管元器件时代开始，玻璃就是电子元器件重要的密封材料，它除具有良好的化学稳定性、抗氧化性、电绝缘性与致密性之外，还可利用成分的调整获得各种不同的热性质以满足工艺需求。

在金属封装中，玻璃用来固定金属圆罐或基台的钻孔伸出的针脚，它除提供电绝缘的功能之外，还能形成金属与玻璃间的密封。在陶瓷双列直插封装的开发过程中，密封材料的选择为工艺的瓶颈，一直到玻璃的开发，这一瓶颈才得以突破。随后各种性质不同的玻璃材料先后被开发出来，成为电子封装中主要的密封材料。

3.3 玻璃封装

玻璃和陶瓷材料间通常具有相当良好的黏结性，但金属与玻璃之间一般黏结性质不佳。控制玻璃在金属表面的润湿能力是形成稳定黏结的重要技术，也是电子封装中密封技术的关键。一种界面氧化物饱和理论说明，当玻璃中溶解的低价金属氧化物达到饱和时，玻璃在金属表面的

玻璃封装

润湿能力相当好。实验数据也说明，良好的润湿发生在金属氧化物浓度为饱和浓度的玻璃与干净的金属表面接触时，金属与玻璃的黏结就利用了这一结果。许多工业应用证实，金属氧化物的溶解为形成金属与玻璃间密封接合的关键步骤，玻璃在没有任何表层氧化物的金属上无法形成黏结。

玻璃密封材料的选择应与金属材料的种类配合。玻璃与金属在匹配密封中必须有非常相近甚至相同的热膨胀系数，而且金属与其氧化物之间必须有相当致密的键结。常在引线框架材料的合金中添加铬、钴、锰、硅、硼等元素以改善氧化层的黏结性；Kovar 合金可通过在 900℃以上的空气、氧化气氛或湿式氮/氢气氛中短暂加热而得到性质良好的氧化层；铜合金上的氧化层则极易剥落，故铜合金表面通常会镀上一薄层的四硼酸钠或镍以防止氧化层剥离；铜中添加铝，也可防止氧化层的剥落。

玻璃与金属间的压缩密封则无须金属氧化物的辅助，这种方法要选择热膨胀系数低于金属的玻璃材料进行黏结。在密封完成冷却时，金属将有较大的收缩而压迫玻璃造成密封。压缩密封所得的强度及密封性均高于匹配密封，但压缩密封接面的热稳定性则逊于匹配密封。玻璃密封的主要缺点为材料本身的强度低、脆性高；密封的过程中，除注意前述金属氧化层的特性影响外，也应避免在玻璃中产生过高的残留应力而引起破裂，在运输及取放过程中也应小心注意，以免造成损毁。

3.4 塑料封装

塑料封装的散热性、耐热性、密封性虽逊于陶瓷封装和金属封装，但塑料封装具有低成本、薄型化、工艺较为简单、适合自动化生产等优点，它的应用范围极广，从一般的消费性电子产品到精密的超高速计算机中均随处可见，是目前微电子工业使用非常多的封装方法。塑料封装的成品可靠度虽不如陶瓷，但数十年来材料与工艺技术不断更新，这一缺点得到相当大的改善，塑料封装在未来的电子封装技术中所扮演的角色会越来越重要。

塑料封装

塑料材料应用于电子封装的历史较长，自双列直插封装被开发出来后，塑料双列直插封装逐渐发展成为 IC 封装中十分受欢迎的方法。随着 IC 封装的多脚化、薄型化需求的增加，许多不同形态的塑料封装被开发出来，除塑料双列直插封装元器件之外，塑料封装也被用于制作小引出线封装、单列直插封装、交叉引脚式封装、四面扁平封装、插针阵列封装等封装元器件。各种塑料封装元器件的横截面结构如图 3-5 所示。

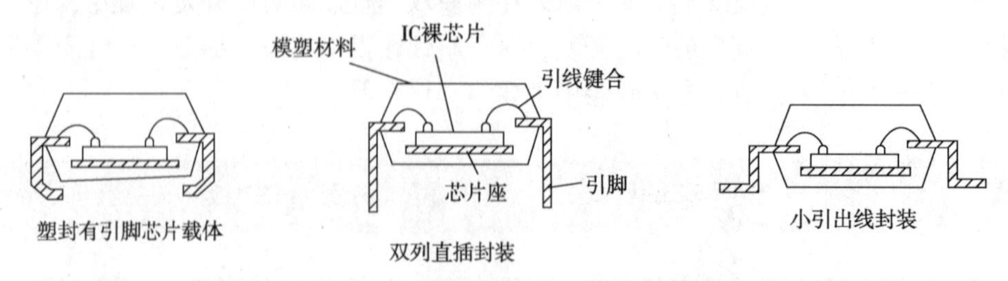

图 3-5　各种塑料封装元器件的横截面结构

塑料封装虽然比陶瓷封装简单，但塑料封装的完成与许多工艺、材料的因素，如封装配置与 IC 芯片尺寸、导体与钝化保护层材料的选择、芯片黏结方法、树脂材料、引线框架的设计、成型工艺条件（温度、压力、时间、烘烤硬化条件）等均有关系，这些因素彼此之间有非常密切的关系，塑料封装的设计必须就以上因素相互的影响进行整体的考虑。塑料封装的工艺流程如图 3-6 所示。

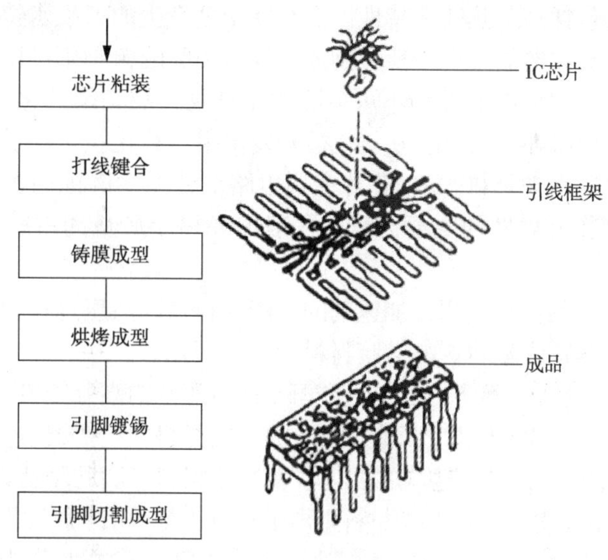

图 3-6　塑料封装的工艺流程

3.4.1　塑料封装材料

热硬化型与热塑型高分子材料均可应用于塑料封装的铸膜成型，酚醛树脂、硅胶等热硬化型材料为塑料封装的主要材料，它们都有优异的铸膜成型特性，但也各具有某些影响封装可靠度的缺点。早期的酚醛树脂材料有氯与钠离子残余浓度高、吸水性强、烘烤硬化时会释出氨气而造成腐蚀破坏等缺点。双酚类树脂为 20 世纪 60 年代普遍使用的塑料封装材料，双酚环氧树脂中的环氧氯丙烷是由丙烯与氯反应生成的，因此材料合成的过程中会不可避免地产生盐酸，早期双酚环氧树脂中的残余氯离子浓度甚至可达 3%，封装元器件的破损多由氯离子存在所导致的腐蚀造成。

由于材料纯化技术的进步，酚醛树脂中的残余氯离子浓度已经可以控制在数个 10^{-6} 以下，因此它仍然是常用的塑料封装材料。双酚类树脂的另一项缺点为易导致开窗式的破坏，产生的原因是玻璃转移温度附近材料的热膨胀系数发生急剧变化。双酚类树脂的玻璃转移温度为 100～120℃，而封装元器件的可靠度测试温度通常高于 125℃，因此在温度循环试验时，高温引起的热应力会将金属导线自打线接垫处拉离而形成断路；温度降低时的应力恢复会使导线与接垫接触形成通路，电路的连接导线随温度的变化严重影响元器件可靠性，此为双酚类树脂早期应用中的缺点。

硅胶树脂的主要优点为无残余的氯、钠离子，玻璃转移温度为 20～70℃，材质光滑，故铸膜成型时无须加入模具松脱剂。但材质光滑也是主要的缺点，光滑的材质会使硅胶树脂与 IC 芯片、导线之间的黏结性质不佳，可能产生密封性不良的问题，在后续焊接的工艺中可能导致焊锡的渗透而形成短路；热膨胀系数差异造成的剪应力亦可能使胶材从 IC 芯片与引线框架上脱离而形成类似空窗的破坏。

以上所述的两种铸膜材料均不具有完全理想的特性，不能单独被用于塑料封装的铸膜成型，因此塑料铸膜材料必须添加多种有机与无机材料，以使铸膜材料具有良好的性质。塑料封装的铸膜材料一般由酚醛树脂、加速剂、硬化剂、催化剂、耦合剂、无机填充剂、阻燃剂、模具松脱剂及黑色色素等成分组成。

酚醛树脂的优点包括高耐热变形特性、高交联密度产生的低吸水特性等。甲酚醛为常用材料，其通常以酚类在酸的环境中反应制成。环氧类酚醛树脂则可以由氯甲环氧丙烷与双酚类反应而成，在其制程中盐酸为不可免除的副产物，故必须钝化去除。低离子浓度、适合电子封装的酚醛树脂在20世纪70年代被开发出来，纯化技术的进步使酚醛树脂几乎均具有低氯离子浓度，引脚材料与IC芯片金属电路部分发生腐蚀的机会也得以降低，这已不再是影响塑料封装可靠性的主要因素。一般酚醛树脂质量约占所有铸膜材料质量的25.5%～29.5%。

加速剂通常与硬化剂拌和使用，加速剂的功能为在铸膜热压过程中引发树脂的交联作用，并加速反应，加速剂含量将影响铸膜材料的胶凝硬化。

一般硬化剂为含有胺基、酚基、酸基、酸酐基或硫醇基的高分子树脂类材料。硬化剂的含量除影响铸膜材料的黏滞性与化学反应之外，亦影响材料中主要键结的形成与交联反应完成的程度。使用广泛的硬化剂为胺基与酸酐基类高分子材料。脂肪胺基类材料通常用于室温硬化型铸膜材料的拌和，芳香族胺基类材料则用于有耐热与耐化学腐蚀需求的封装中。

酸酐基硬化的树脂材料容易脆裂，故需加入羟基端丁二烯橡胶作为柔韧剂以增加树脂的韧性。使用酸酐基硬化剂应注意其中的酯键与胺键在使用后容易产生水合反应，故硬化所得的树脂材料的吸水性较强，在高温、高湿度的环境中材料特性不稳定。

无机填充剂通常为粉末状熔凝硅石。在较特殊的封装需求中，碳酸钙、硅酸钙、滑石、云母等也被作为填充剂使用。填充剂的主要功能为强化铸膜材料的基底、降低热膨胀系数、提高热导率及热震波阻抗性等；同时，无机填充剂较树脂类材料价格低廉，故可降低铸膜材料的制作成本。

一般填充剂质量占铸膜材料总质量的68%～72%，但添加量有上限，过量添加虽可降低铸膜树脂的热膨胀系数，从而降低大面积芯片封装产生的应力，但也提高了铸膜材料的刚性及水渗透性，这些不良影响会使无机填充剂与树脂材料间的黏结性变差。为了改善无机填充剂与树脂材料间的黏结性，铸膜材料中常添加硅甲烷环氧树脂或氨基硅甲烷作为耦合剂，添加量与添加方法通常为产业的机密。硅石材料也是良好的电、热绝缘体，因此添加过量硅石对芯片的散热是一项不利的因素，采用结晶结构、热导性较好的石英作为填充剂是另一种选择，但其热膨胀系数高于硅石，应用于大面积的芯片封装时容易导致热应力引起的脆裂破坏。

硅石填充剂内通常含微量的放射性元素如铀、钍等，应予以纯化去除，否则这些放射性元素产生的α粒子辐射可能造成随机存储器（Random Access Memory，RAM）等元器件的工作错误。

为了符合产品阻燃的安全标准（UL94V-0），铸膜材料中通常添加溴化环氧树脂或氧化锑作为阻燃剂。这两种材料亦可被混合加入铸膜材料之中，但添加溴化有机物必须注意其可能在高温时自塑料中释出溴离子而导致IC芯片与封装中金属部分的腐蚀。

模具松脱剂常为少量的棕榈蜡或合成酯蜡，添加量宜少，以免影响引脚、导线等与铸膜材料间的黏结性。

添加黑色色素的目的是使外壳颜色美观和统一，塑料封装外观通常以黑色为标准颜

色。铸膜材料的制作通常采用自动填料的工艺将前述的各种原料依适当比例混合，先使环氧树脂与硬化剂产生部分反应，并将所有原料制成固体硬料，经研磨成粉粒后，再压制成铸膜工艺所需的块状。由于环氧树脂与硬化剂已产生部分反应，铸膜之前块状材料已有相当的化学活性，一般贮存于低温环境中，贮存的时间也有限制，以防止变质。

塑料封装使用的树脂类材料的另一选择为硅胶，此材料亦为电子封装的涂封材料。由于硅胶中的硅氧键结较树脂类材料中的碳键结强，因此在 60 ～400℃下具有相当稳定的性质。

3.4.2　塑料封装工艺

塑料封装可利用转移铸膜、轴向喷洒涂胶与反应式射出成型等方法制成，虽然工艺有别，但原料的准备与特性的需求有共通之处。转移铸膜是塑料封装常见的密封工艺技术，塑料封装的转移铸膜设备如图 3-7 所示。已经完成芯片黏结及打线接合的 IC 芯片与引脚被置于可加热的铸孔中，利用铸膜设备的挤制杆将预热软化的铸膜材料经闸口与流道压入模具腔体的铸孔中，在温度约为 175℃的环境中，经 1 ～3min 的热处理使铸膜材料产生硬化成型反应。封装元器件从铸膜中被推出后，通常需要再给予 4 ～16h、175℃的热处理以使铸膜材料完全硬化。

铸膜设备中模具的设计为影响成品率与可靠度的重要部件。模具可区分为上、下两部分，接合的部分称为隔线，每一部分各有一组压印板与模板。压印板的功能为传送铸膜压力与热，底部的压印板还有推出杆与凸轮装置，以供铸膜完成时元器件的退出使用。模板为刻有元器件的铸孔、进料口与输送道的钢板。模板结构如图 3-8 所示。

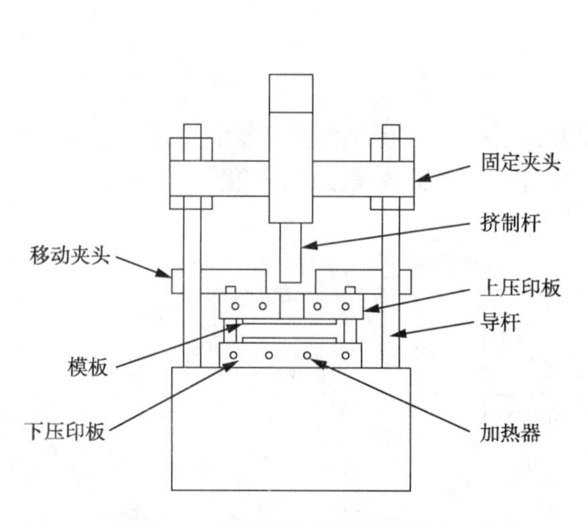

图 3-7　塑料封装的转移铸膜设备

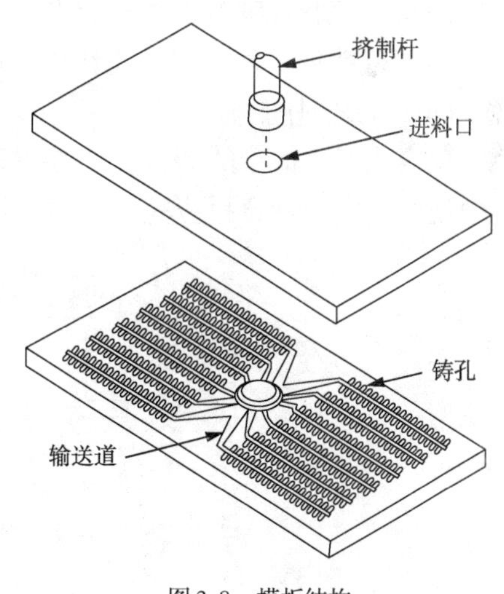

图 3-8　模板结构

软化的树脂原料流入模板而完成铸膜，其表面通常有采用电镀的铬层或采用离子注入方法形成的氮化钛层以增强耐磨性，同时减弱与铸膜材料的黏结强度。模板上输送道的设计应以使原料流至每一铸孔时有均匀的密度为原则，闸口通常开在分隔线以下的模板上，位置在 IC 芯片与引脚平面之下以降低倒线发生的概率，闸口对面通常又开有泄气孔以防止填充不均的现象发生。

倒线为塑料封装转移铸膜工艺中容易产生的缺陷，表面积小、连线密度高的元器件发生倒线的概率更大，原因在于原料流入铸孔中时，引线框架上、下两部分的原料流动速度不同使引线框架产生弯曲的应力，其使IC芯片与引线框架间的金属连线处于拉应力的状态，可能拉下导线而发生断路，所以模板上铸孔形状的设计必须考虑防止此现象的发生。改变引线框架形状可防止此现象的发生，例如，使用凹陷式引线框架以平衡上、下两部分原料流动的速度。

倒线也发生于原料填充与密封阶段。在原料填充时，挤制杆给予压力的速度控制极为重要：速度太慢会使原料在进入铸孔时成为烘烤完成的状态，硬化的材质将推倒电路连线；速度太快，原料流动的动量过大亦会使导线弯曲。密封时倒线约在铸孔填入90%～95%的原料时发生，密封时树脂逐渐硬化，密度亦提高，此时若压力不足或控制时间过长将使原料凝聚于闸口附近而无法完成密封，过大的压力将使原料流动过快而推倒电路连线。除工艺的因素之外，导线的形状、长度、曲性、连接方向等因素也与倒线的发生有关。

轴向喷洒涂胶是利用喷嘴将树脂原料涂布于IC芯片表面的方法，轴向喷洒涂胶所得到的树脂层厚度较大。在涂布过程中，IC芯片必须加热至适当的温度以调节树脂原料的黏滞性，这一因素对涂封的厚度与外貌有决定性的影响。轴向喷洒涂胶工艺的优点如下。

（1）成品厚度较薄，可缩小封装的体积。

（2）无铸膜成型工艺压力引致的破坏。

（3）无原料流动与铸孔填充过程引致的破坏。

（4）适用于以载带自动焊连线的IC芯片封装。

轴向喷洒涂胶工艺的缺点如下。

（1）成品易受水汽侵袭。

（2）对原料黏滞性的要求极苛刻。

（3）仅能做单面涂封，无法避免应力的产生。

（4）工艺时间长。

反应式射出成型的塑料封装是指先将所需的原料分别置于两组容器中搅拌，再输入铸孔中使原料发生聚合反应完成涂封。反应式射出成型的塑料铸膜设备如图3-9所示。

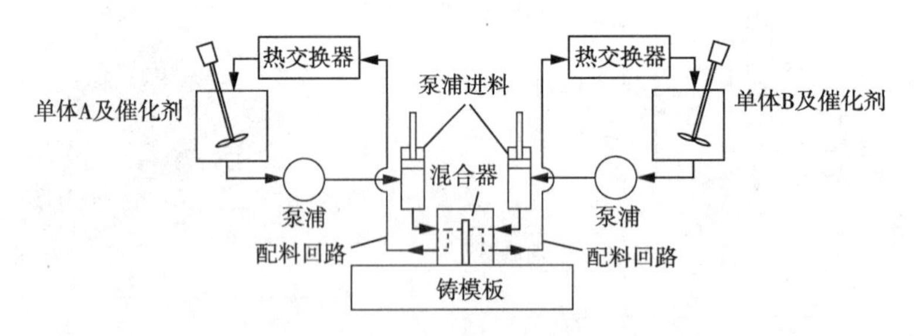

图3-9　反应式射出成型的塑料铸膜设备

聚氨基甲酸酯为反应式射出成型常使用的高分子原料，环氧树脂、尼龙、聚二环戊二烯等材料也可用于此工艺中。反应式射出成型工艺能避免传统铸膜工艺的缺点，其优点如下。

（1）能源成本低。

（2）铸膜压强小（0.3～0.5MPa），能降低倒线发生的概率。

（3）使用的原料一般有较佳的芯片表面润湿能力。

（4）适用于以载带自动焊连线的IC芯片密封。

（5）可使用热同化型与热塑型材料进行铸膜。

反应式射出成型工艺的缺点如下。

（1）原料需均匀地搅拌。

（2）目前尚无被电子封装从业者广泛接受的标准化树脂原料。

1＋X 技能训练任务

3.5　塑封工艺操作

塑封工艺操作

3.5.1　任务描述

（1）进行塑封工艺参数设置。

（2）根据工艺要求完成塑封操作。

（3）判断飞边毛刺长度是否超出标准。

3.5.2　塑封的工艺操作流程

塑封工艺的主要操作步骤为领料确认、塑封机参数设置、上料合模与投料、注塑成型、开模、清模、高温固化等，其中上料前要做好前期准备，即完成引线框架和塑封料的预热工作。

1. 领料确认

领料前，整理工位，须保证本工位整洁且无其他批次产品，避免混料。

塑封工艺操作员接收到键合后的制品时，需要核对产品物料信息与随件单上相应信息是否一致，核对内容包括产品名称、批次编号、来料数、装片与键合工序中不良品的条数及颗数、料盒编号等，并检查引线框架有无明显变形、氧化、污损等现象，保证引线框架质量符合要求。核对信息正确后，需要在随件单上签字确认，若信息不符，要及时反馈给上道工序操作员，并通知技术人员，待问题解决后方可进行塑封作业。

2. 塑封机参数设置

塑封机参数设置在参数设置区完成，该区域主要包括温度设置盘、系统界面及启动按键等。

塑封机运行前需要完成参数设置，主要包括模具温度、合模压力、注塑时间、注塑压力、固化时间等的设置。其中，模具温度在温度设置盘上设置，一般约为175℃。本任务采用的塑封机采用多点加温的方式，对模具各个区域进行加热，升温速度快且受热均匀。

3. 上料合模与投料

准备进行上料操作，上料前先要完成引线框架预热和塑封料预热，预热的具体内容如下。

（1）引线框架预热：将需要注塑的制品进行塑封前加热，将引线框架加热至设定温度。该操作可以缩短引线框架在塑封机模具内的加热时间，提高生产效率，预热温度低于注塑时的加热温度，设定为150℃。

需要将上料架放置到预热台上，启动预热台使温度达到设定值。上料架和预热台的外观分别如图3-10和图3-11所示。

图 3-10　上料架的外观

图 3-11　预热台的外观

引线框架排片通常分为人工排片和自动排片两种。人工排片是由操作员将料盒内的引线框架放置到上料架上，如图 3-12 所示；自动排片则是通过自动排片机完成引线框架从料盒到上料架的排片工作，如图 3-13 所示。

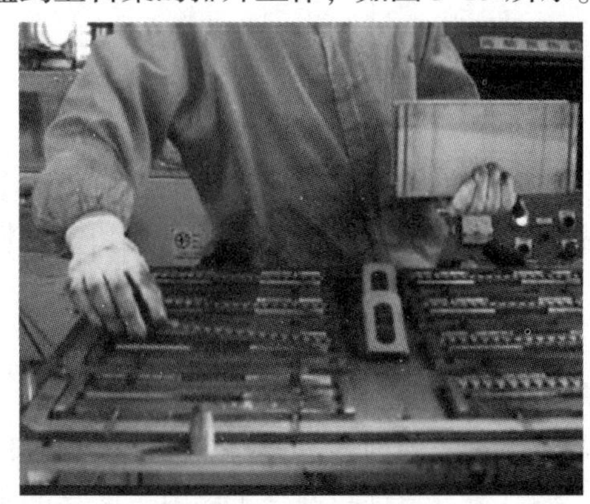

图 3-12　人工排片

图 3-13　自动排片

（2）塑封料预热：将饼状塑封料加热至设定温度，使其软化，便于投入塑封机中之后灌胶，缩短其在模具里的加热时间，提高生产效率。预热温度一般设定为 85 ～95℃。图 3-14 所示为高频预热机的预热区，预热位置放有塑封料。

预热工作完成后，开始上料操作，将装有预热后的引线框架的上料架水平拿起并放入塑封模具中，正确定位，完成固定，保证引线框架都被嵌入模具对应的框架槽内，如图 3-15 所示。

图 3-14　高频预热机的预热区

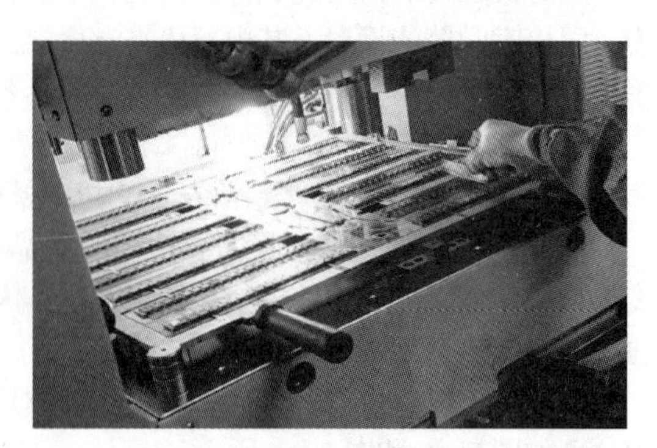

图 3-15　上料

上料完成后按下合模按钮，合模时通常下模具台向上移动，使下模具与上模具紧密闭合，为注塑成型做好准备。

合模后将预热好的塑封料放入模具料筒内，如图3-16所示。

图3-16　投放塑封料

4. 注塑成型

完成上料合模和投料后可开始注塑。双手同时按下“安全联锁”和“注进”按钮，进行注塑（见图3-17）；注塑进入慢速后，才可以松开“安全联锁”和“注进”按钮；注塑完成后，即自动开始固化。

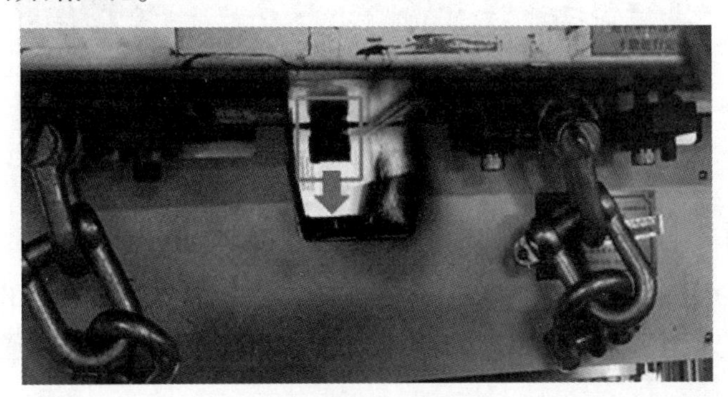

图3-17　注塑

5. 开模、清模

到达设定的固化时间后，设备自动开模，通过顶针自动将定型好的制品从模具中顶出。首先下料，即操作员从模具上取出上料架，并取出已塑封好的引线框架，将引线框架与废的塑封料分离，分离时手法要正确，确保引线框架不变形和引线框架上没有废料，如图3-18所示。

下料之后用气枪对模具进行清理（见图3-19），准备下一次作业，重复上料合模与投料、注塑成型等步骤，直至整批塑封完毕。作业完毕后清理工作台，准备下一次作业。

为保证塑封的生产质量，在塑封过程中须进行质量检查，采用抽检的方式。另外，在设备开机或调试、换班、换批、清模等情况下，检验人员需要进行首检，即对首模产品进行进场检查，确认产品符合质量要求后，方可进行批量塑封生产。

图 3-18　下料

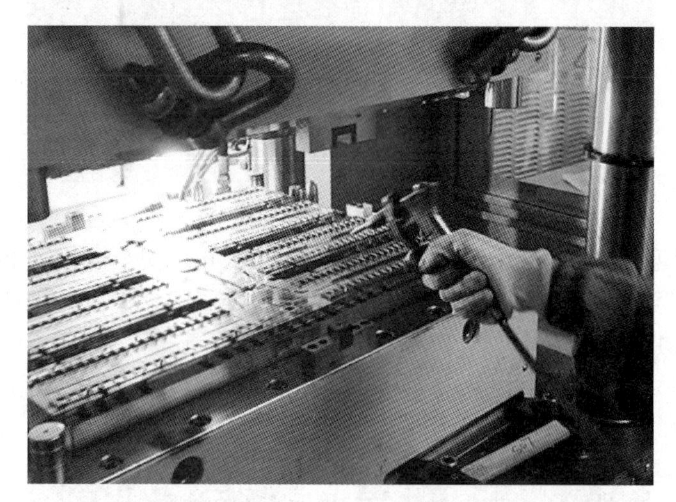

图 3-19　用气枪清理模具

6. 高温固化

完成塑封的产品需要将塑封树脂进一步高温固化，称为后固化，其作用是消除塑封体内部的应力，保护芯片。该操作在高温烘箱内进行，通常固化温度设置为（175 ± 5）℃，时间约为 8h。

3.5.3　操作注意事项

在塑封工艺的操作过程中，每一步都会影响最终产品的质量，需要注意以下内容。

（1）领取塑封料后需要先将之在常温下进行回温，具体的回温时间根据塑封料及室温确定（通常约为 24h），并且塑封料从冷藏状态取出后必须在规定的有效期内使用完毕。

（2）生产时只能使用按工艺回温好的塑封料，并优先使用回温早的塑封料，且不得将塑封料放在塑封机台上，应该放置在附近的凳子或桌面上。

（3）新更换的模具必须使用特定的清洗剂清洗后使用，正在使用的模具必须定期进行清洗，且需清洗干净，保证生产满足质量要求，不允许有洗模残渣留于上、下模。

（4）作业前应穿戴好个人防护用品，避免作业途中被高温烫伤。

（5）上料时需保证模具表面清洁、引线框架定位良好，防止模具被压坏，并确保引线

框架方向正确。

(6) 在生产中，操作人员严禁更改工艺参数，技术人员如需根据生产需要更改工艺参数，需向工程师（产品负责人）申请（调试时例外），更改过的工艺参数需及时做好确认和交接。

(7) 使用高温烘箱前应进行检查，确认烘箱内无易燃物及其他无关物件。

项目小结

本项目主要讲述了4种常见的封装技术，即陶瓷封装、金属封装、玻璃封装、塑料封装，对这4种封装技术的概念、特点、材料、工艺流程、类型和应用举例等进行了详细分析，使学生掌握元器件级封装的基本工艺流程、元器件级封装的基本功能、金属封装的主要特点和流程工艺、金属封装的材料、塑料封装的工艺等内容。

习 题

思考题

1. 什么是陶瓷封装？它的优点和缺点包括哪些？
2. 画出陶瓷封装的工艺流程框图。
3. 说明氧化铝陶瓷封装的步骤。
4. 除氧化铝外，其他陶瓷封装材料有哪些？
5. 画出生胚片刮刀成型的工艺草图，并解释其工艺过程。
6. 什么是塑料封装？简述塑料封装的优缺点。
7. 画出塑料封装的工艺流程框图，并进行说明。
8. 塑料封装元器件的横截面结构类型有哪3种形式？
9. 简述塑料封装中转移铸膜的工艺方法。
10. 轴向喷洒涂胶封装工艺的优缺点是什么？
11. 反应式射出成型封装工艺的优缺点是什么？
12. 气密性封装的概念是什么？
13. 气密性封装的作用和必要性有哪些？
14. 气密性封装材料主要有哪些？哪种最好？
15. 简述玻璃气密性封装的应用途径和使用范围。

项目四　典型封装技术

项目导读

本项目介绍典型元器件级封装，分别对3种常见的封装技术（双列直插封装、四面扁平封装、球阵列封装）进行详细的分析，主要包括工艺技术、常见类型、主要特点等内容。

能力目标

知识目标	1. 了解常见的封装技术 2. 掌握双列直插封装的类型、工艺技术及主要封装特点 3. 掌握四面扁平封装的类型、工艺技术及主要封装特点 4. 掌握球阵列封装的类型、工艺技术及主要封装特点 5. 掌握芯片尺寸封装、倒装芯片等先进芯片封装技术
技能目标	1. 能完成塑封机的日常维护与保养 2. 能判别塑封机运行过程中发生的故障类型
素质目标	1. 理解当前我国封装技术的现状 2. 培养终身学习理念 3. 培养守时的工作品质
教学重点	1. 双列直插封装的类型、工艺技术及主要封装特点 2. 四面扁平封装的类型、工艺技术及主要封装特点 3. 球阵列封装的类型、工艺技术及主要封装特点
教学难点	球阵列封装的类型、工艺技术及主要封装特点
推荐教学方法	通过虚拟仿真、动画、实物、图片等形式让学生巩固所学知识
推荐学习方法	通过网页搜索最新相关知识、课程补充资源等进行辅助学习，达到学习的目的

项目知识

4.1　双列直插封装

双列直插封装技术是一种简单的封装技术。大多数中小规模集成电路均采用这种封装技术，其引脚数一般不超过100。双列直插封装技术具有以下特点。

双列直插封装

(1) 适合 PCB 的穿孔安装。

(2) 易于对 PCB 进行布线。

(3) 操作方便。

双列直插封装芯片有两排引脚，需要将其插入具有双列直插封装结构的芯片插座上。当然，也可以将其直接插在具有相同焊孔数和几何排列的 PCB 上进行焊接。双列直插封装芯片如图 4-1 所示。在从芯片插座上插拔双列直插封装芯片时应特别小心，避免损坏引脚。双列直插封装按制作材料分为陶瓷双列直插封装、多层陶瓷双列直插封装、塑料双列直插封装等。

图 4-1　双列直插封装芯片

DIP 的封装面积与芯片面积的比值较大，故封装体积也较大。最早的 4004、8008、8086、8088 等 CPU 都采用了双列直插封装技术，通过芯片上的两排引脚可插到主板上的插槽上或焊接在主板上。

4.1.1　陶瓷双列直插封装

和其他双列直插封装一样，陶瓷双列直插封装的结构十分简单，只有底座、盖板和引线框架 3 个零件。底座和盖板都是用加压陶瓷工艺制作的，一般是黑色陶瓷，即先把氧化铝粉末、润滑剂和黏结剂的混合物压制成所需要的形状，然后在空气中烧结成瓷件。先把玻璃浆料印制到底座和盖板上，然后在空气中烧结（使玻璃和陶瓷黏结）。对陶瓷底座进行加热，使玻璃熔化，将引线框架埋入玻璃中。黏结集成电路芯片，进行引线键合。先把涂有低温玻璃的盖板与装好集成电路芯片的底座组装在一起，在空气中使玻璃熔化，达到密封的目的，然后电镀 Ni-Au 或 Sn。由于这种方法是靠低熔点玻璃来密封的，因此也常被称为低熔点玻璃密封双列直插封装。用玻璃密封的陶瓷双列直插封装，用于 RAM、数字信号处理器（Digital Signal Processor，DSP）等电路。带有玻璃窗口的陶瓷双列直插封装用于紫外线擦除型可擦可编程只读存储器（Erasable Programmable Read-Only Memory，EPROM）及内部带有 EPROM 的计算机电路等。图 4-2 所示为陶瓷双列直插封装的工艺流程。

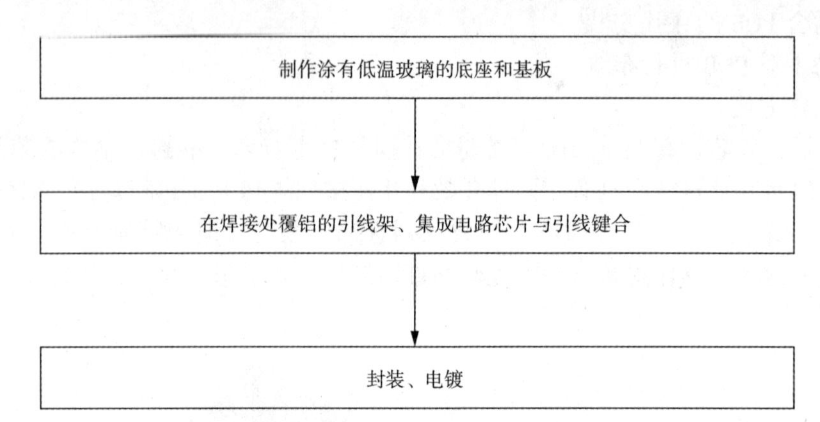

图 4-2　陶瓷双列直插封装的工艺流程

陶瓷双列直插封装无须在陶瓷上金属化，烧结温度低（一般低于 500℃），因此成本很低。在 20 世纪 90 年代前，它曾占据国际集成电路封装市场的很大份额。但由于其电性能和可靠性不易提高，体积也大，现已逐渐被多层陶瓷双列直插封装和塑料双列直插封装取代。

4.1.2　多层陶瓷双列直插封装

多层陶瓷双列直插封装由多层陶瓷工艺制作。多层陶瓷双列直插封装采用黑色陶瓷、白色陶瓷和棕色陶瓷等。与前面陶瓷双列直插封装工艺不同，多层陶瓷双列直插封装工艺的生瓷片采用流延法制成。一定厚度的生瓷片落料成一定的尺寸，经过冲腔体和层间通孔（若需要），填充通孔金属化。每层生瓷片先通过丝网印制钨或钼金属化，再将多层金属化的生瓷片在一定的温度和压力下进行层压，然后热切成多个陶瓷双列直插封装生瓷体单元，若有需要还可进行侧面金属化印制。之后进行排胶，并在湿氢或氮氧混合气体中于 1550 ～1650℃温度下烧成陶瓷双列直插封装熟瓷体，对其进行金属化，最后进行外壳检漏和电性能检测。外壳成品再采用常规的后道封装工艺，即成为电路产品。典型的多层陶瓷双列直插封装的工艺流程如图 4-3 所示。

多层陶瓷双列直插封装制作中，流延工艺十分重要，它是多层陶瓷双列直插封装工艺的基础。生瓷片主要由陶瓷粉末、玻璃粉末、黏结剂、溶剂和增塑剂等制成。黏结剂在生瓷片制作过程中起黏结陶瓷颗粒的作用，还可以使生瓷片适于金属化浆料印制；溶剂有两个作用，一个是在球磨过程中使瓷粉均匀分布，另一个是挥发后形成大量的微孔，这种微孔能在以后的生瓷片叠片层压过程中使金属线条的周围瓷片压缩而不损伤金属布线。增塑剂能使生瓷片呈现“塑性”或柔性，这是由于增塑过程中降低了黏结剂的玻璃化温度。

还有一种工艺需要提及，就是钎焊。无论是手工焊、浸焊、波峰焊还是再流焊等焊接形式，焊接过程都要经过表面清洁、加热、润湿、形成结合层、冷却等几个阶段。

（1）表面清洁。钎焊只能在清洁的金属表面进行。此阶段的作用是清理焊件的被焊界面，把界面的氧化膜及附着的污物清除干净。表面清洁是在加热过程中、钎料熔化前，通过助焊剂的活化作用使助焊剂与焊件界面起反应后完成的。

（2）加热。在一定温度下金属分子才具有动能，才能在很短的时间内实现润湿、形成结合层，因此加热是钎焊的必要条件。对大多数合金而言，较理想的钎焊温度是 15.5 ～71℃。

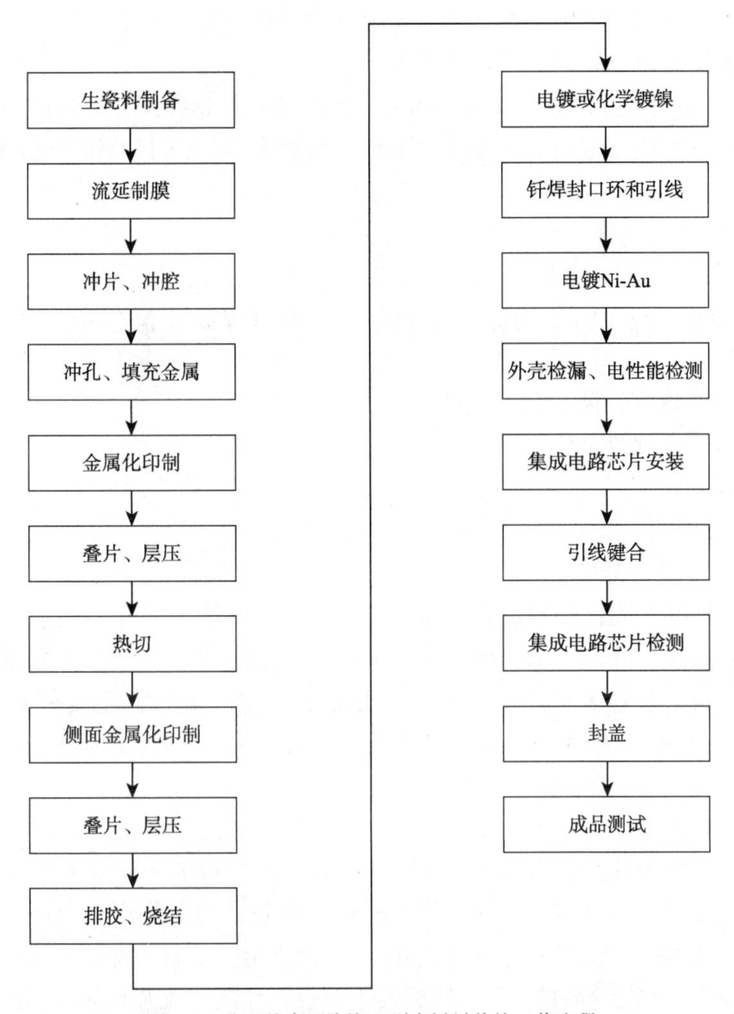

图 4-3　典型的多层陶瓷双列直插封装的工艺流程

(3) 润湿。熔融的液态钎料在金属表面漫流铺展，金属原子自由接近湿焊件表面，这是扩散、溶解、形成结合层的首要条件。

(4) 形成结合层。熔融的钎料在毛细现象、扩散和溶解的作用下，在一定温度下经过一定的时间形成结合层（焊缝）。焊点的抗拉强度与金属间结合层的结构和厚度等因素有关。

(5) 冷却。焊接完成，冷却到固相温度以下，凝固后形成具有一定抗拉强度的焊点。

多层陶瓷双列直插封装有良好的机械性能和电性能，可靠性较高，引脚中心距为 2.54mm，封装体积较大。多层陶瓷双列直插封装的优势在于，封装设计有很大的灵活性，可以充分利用封装布线来提高封装的电性能。例如：在陶瓷封装体内加入电源面和接地面，以减小电感；加入接地屏蔽面或屏蔽线，以减少信号线间的串扰；控制信号线的特性阻抗等。

4.1.3　塑料双列直插封装

塑料双列直插封装具有工业自动化程度高、产量大、工艺简单、成本低廉等特点，虽然这种封装有吸潮的缺点，是非密封性的塑封外壳，不能完全隔断芯片与周围的环境，但在大量民用产品的使用环境中，在一定时期内这种封装是能够保证元器件可靠工作的。塑料双列直插封装用的树脂要求具备如下特性。

（1）尽可能与所包围的塑料双列直插封装的各种材料相匹配，即热膨胀系数相近。它们的热膨胀系数如下：Si 约为 4×10^{-6}/℃、引线框架（C194 铜合金等）约为 5×10^{-6}/℃、金丝约为 1.5×10^{-6}/℃，而树脂为 4.5×10^{-5}～7×10^{-5}/℃。可适当增加添加剂使改性环氧树脂与封装材料更为匹配。

（2）在 −65～150℃的环境中能正常工作，玻璃化温度大于 150℃。

（3）吸水性差，且与引线的黏结性能良好，这可以防止湿气沿树脂引线界面侵入内部。

（4）有良好的物理性能和化学性能。

（5）有良好的绝缘性能。

（6）固化时间短。

（7）Na 含量低。

（8）辐射性杂质含量低。

用于连续注塑的热固性环氧材料具备以上特性，并已成为国际上注塑的通用材料。多年来，在提高耐湿性、降低应力、提高热导率和提高塑封的生产效率等方面均有了长足的进步。为改善塑料封装环氧树脂的性能，还要添加一定的填料，主要有石英粉（二氧化硅）、氧化铝、氧化锌、无机盐或有机纤维等。为使塑料双列直插封装具有一定的颜色，还要添加一些调色成分，如黑色（炭黑）、红色（三氧化二铁）、白色（二氧化锆）等。为了塑封后易于脱模，还要加入适量的脱模剂。塑料封装前，在加入各种添加剂的环氧树脂中注入适当比例的固化剂，使其在常温下均匀地分散到树脂的各部分并与树脂初步反应，但远不能充分固化，这时的塑封材料只能算作预先凝结的待用坯料。塑料双列直插封装的引线框架为局部镀银的 C194 铜合金或 42 号铁镍合金，基材用冲压成型或刻蚀成型。首先，将集成电路芯片用黏结剂黏结在引线框架的中心芯片区，此芯片的各焊区与局部电镀银的引线框架各焊区用引线键合连接。然后，将载有此芯片的引线框架置于塑封模具的下模中，再盖上上模，接着将已预热过并经计量的环氧坯料放入树脂腔中，置于注塑机上。注塑机的作业流程如图 4-4 所示。

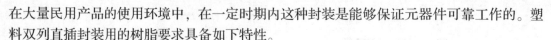

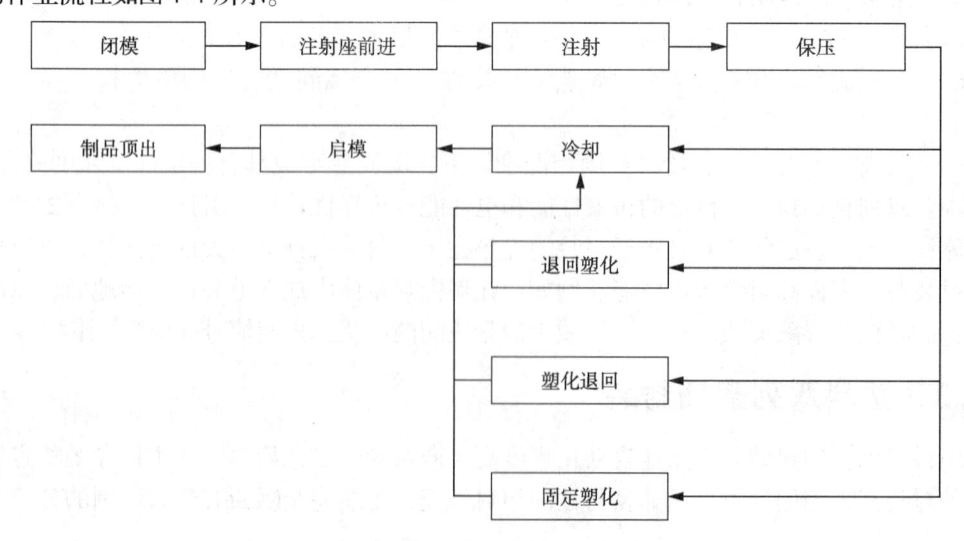

图 4-4　注塑机的作业流程

加热上、下模具，使其温度达到 150 ～ 180℃，这时的环氧坯料已经软化熔融并具有一定的流动性。注塑机对各个活塞加压，熔融的环氧树脂就通过注塑流道挤流到各个芯片所在的空腔中，保温加压 2 ～ 3min，即可脱模已成型的塑封件。及时清除塑料毛刺，对引线框架的引线连接处进行切肋，并打弯成 90°，标准的塑料双列直插封装就完成了。最后，对塑料双列直插封装产品进行高温老化筛选，并使其充分固化，经测试、分选、打印、包装就可以出厂了。塑料双列直插封装的突出优点是可根据要求的产量设计模具的容量，省工省时，适合自动化大批量生产。

4.2　四面扁平封装

随着集成电路封装技术的发展，为了进一步在不大幅扩大芯片所占面积的基础上增加芯片的输入、输出引脚数目，人们在小引出线封装技术的基础上提出了四面扁平封装的概念，其引脚数目一般为 44 ～ 208，甚至可以达到 304 之多。四面扁平封装广泛应用于微处理器、通信芯片等复杂芯片，如 ARM9 微处理器 AT91RM9200 采用的就是 208 引脚的四面扁平封装，嵌入式以太网模块 AX88782 的封装形式是 80 引脚的四面扁平封装。

四面扁平封装

4.2.1　四面扁平封装的基本概念和特点

四面扁平封装使 CPU 芯片引脚的距离很小，引脚很细，一般应用在大规模集成电路或超大规模集成电路中，引脚数一般在 100 以上。由于四面扁平封装一般为正方形，其引脚分布于封装体四周，因此非常容易识别。

四面扁平封装的引脚从 4 个侧面引出，呈海鸥翼（L）形。其基材有陶瓷、金属和塑料 3 种。从数量上看，塑料封装占绝大部分。当没有特别标示出材料时，多数情况为塑料四面扁平封装。塑料四面扁平封装是常见的封装形式，不仅被用于微处理器、门阵列等数字逻辑电路，也被用于磁带录像机信号处理、音响信号处理等模拟大规模集成电路。

四面扁平封装的引脚中心距有 1.0mm、0.8mm、0.65mm、0.5mm、0.4mm、0.3mm 等多种规格。0.65mm 的引脚中心距规格中最多引脚数为 304。图 4-5 所示为 44 引脚四面扁平封装的结构。

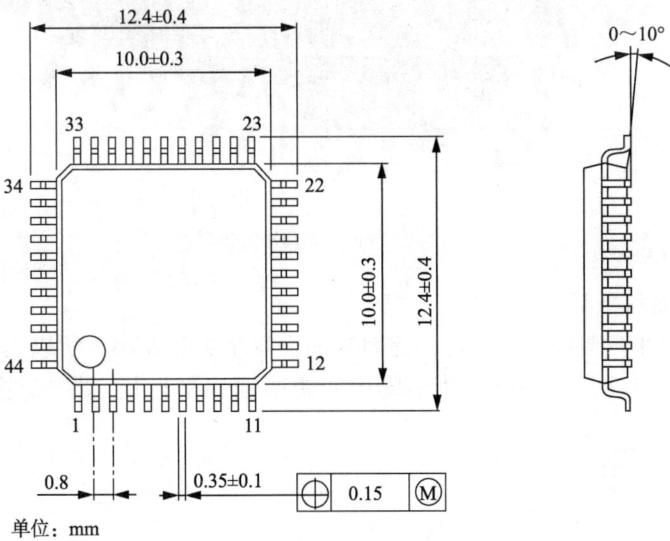

图 4-5　44 引脚四面扁平封装的结构

四面扁平封装具有以下特点。

（1）适用于 SMD 在 PCB 上安装布线。

（2）适合高频使用。

（3）操作方便，可靠性高。

（4）芯片面积与封装面积的比值较小。

4.2.2 四面扁平封装的类型和结构

四面扁平封装的种类繁多，一般引脚中心距小于 0.65mm。按照封装体的厚度可以将四面扁平封装分为 3 种：普通四面扁平封装，封装体厚度一般为 2.0～3.6mm；小型四面扁平封装，封装体厚度一般为 1.4mm；薄型四面扁平封装，封装体厚度一般为 1.0mm。

另外，有的厂家把引脚中心距为 0.5mm 的四面扁平封装称为收缩型四面扁平封装，有的厂家把引脚中心距为 0.65mm 及 0.4mm 的四面扁平封装也称为收缩型四面扁平封装。四面扁平封装的缺点是当引脚中心距小于 0.65mm 时，引脚容易弯曲。为了防止引脚变形，出现了几种改进的四面扁平封装，如 4 个角带有树脂缓冲垫的带缓冲垫四面扁平封装等。在逻辑集成电路方面，不少高可靠性产品都被封装在多层陶瓷四面扁平封装里。引脚中心距最小为 0.4mm、引脚数最多为 348 的产品也已问世。此外，也有用玻璃密封的陶瓷四面扁平封装等。

1. 普通四面扁平封装

这种封装多采用正方形封装体，其引脚分布于封装体四周，引脚数目为 44～308，甚至可以达到 500。普通四面扁平封装如图 4-6 所示。

图 4-6　普通四面扁平封装

2. 收缩型四面扁平封装

收缩型四面扁平封装的引脚中心距比普通四面扁平封装要小，所以其封装体的边缘可以容纳更多的引脚，通常又被称为小引脚中心距四面扁平封装。收缩型四面扁平封装如图 4-7 所示。

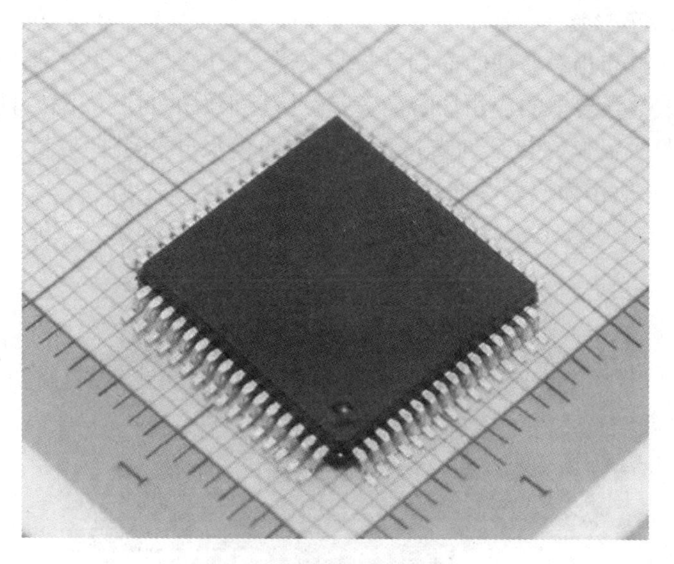

图 4-7　收缩型四面扁平封装

3. 带缓冲垫四面扁平封装

带缓冲垫四面扁平封装一般在封装体的 4 个角放置突起的缓冲垫以防止引脚在运输过程中发生弯曲变形。美国半导体厂家主要在微处理器和专用集成电路等电路中采用此封装。带缓冲垫四面扁平封装的引脚中心距为 0.635mm、引脚数为 84 ～196。带缓冲垫四面扁平封装如图 4-8 所示。

4. 陶瓷四面扁平封装

陶瓷四面扁平封装采用干压的方法。首先，将两次干压的矩形或正方形陶瓷片用丝网印制法印在焊接用玻璃上并上釉，然后加热玻璃并且将引线框架植入已经变软的玻璃底部，形成机械附着装置。一旦半导体装置被安装好并且接好引线，管底被安放到顶部装配，将管底加热到玻璃熔点并冷却。陶瓷四面扁平封装如图 4-9 所示。

图 4-8　带缓冲垫四面扁平封装

图 4-9　陶瓷四面扁平封装

5. 薄型四面扁平封装

薄型四面扁平封装相对普通四面扁平封装来说，厚度要小一些。薄型四面扁平封装对中等性能、低引线数量要求的应用场合而言是经济性很好的封装方案，且可以得到质量较小的装置。薄型四面扁平封装系列支持宽范围的印模尺寸和引脚数量，印模尺寸范围为7～28mm。图4-10所示为薄型四面扁平封装。

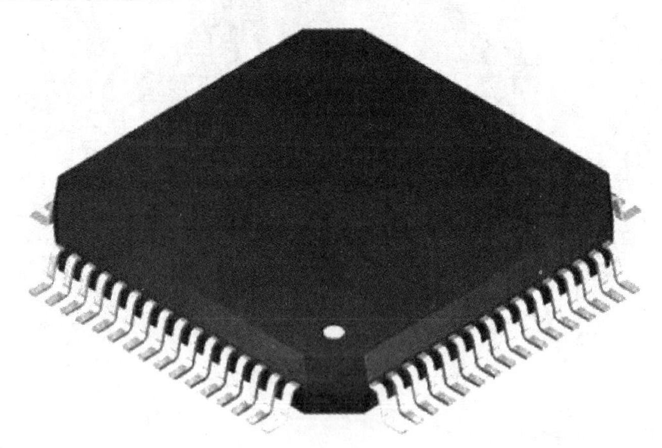

图4-10　薄型四面扁平封装

4.2.3　四面扁平封装与其他几种封装的比较

四面扁平封装是在小引出线封装的基础上发展而来的，它的出现大大提高了芯片的封装效率。下面是四面扁平封装和其他多种芯片封装技术的比较。

（1）封装效率。双列直插封装最低（2%～7%），四面扁平封装次之（10%～30%），球阵列封装较高（20%～80%），芯片尺寸封装最高（70%～85%）。

（2）封装厚度。塑料四面扁平封装和塑料双列直插封装的封装厚度为2.0～3.6mm，薄型四面扁平封装和薄型小引出线封装的厚度可减小到1.0～1.4mm，超薄型四面扁平封装和超薄型小引出线封装的厚度可进一步减小到0.5～0.8mm。

（3）引脚间距。双列直插封装和插针阵列封装的典型引脚间距为2.54mm，收缩型双列直插封装的塑料有引线芯片载体的为1.27mm，四面扁平封装的可缩小到0.63mm和0.33mm，球阵列封装的最小引脚间距可缩小到0.5mm，芯片尺寸封装的可进一步缩小到0.33mm和0.15mm。

（4）引脚数。小引出线封装的最大引脚数可达40，双列直插封装的可达60，四面扁平封装的为500，插针阵列封装和球阵列封装中的塑料封装的达500，而陶瓷封装的则可达1000，带式自动键合的和芯片尺寸封装的也可达1000。

除上述指标外，还有封装成本问题。一般来讲，双列直插封装、小引出线封装的价格十分低，四面扁平封装的价格较高，因而对于低、中引脚数的封装，双列直插封装和小引出线封装是优先考虑的形式，当然它们的封装成本也还取决于引脚数。带式自动键合的成本较塑料四面扁平封装高，但相对插针阵列封装而言还是低很多。对于高引脚数的封装，插针阵列封装和球阵列封装将是优先选择的对象，与四面扁平封装相比，插针阵列封装和球阵列封装能在保持较大间距的条件下得到高得多的引脚数。

4.3 球阵列封装

4.3.1 球阵列封装的基本概念和特点

球阵列封装

多年以来，四面扁平封装技术一直因成本低、效率高的优点被广泛应用于半导体元器件与电路的封装，但四面扁平封装等技术仅适用于引脚数不超过200的元器件与电路。进入20世纪90年代以后，由于微电子技术的飞速发展，元器件与电路的引脚数不断增加，因此四面有引脚的表面封装技术面临着性能与组装的巨大障碍。为了适应I/O引脚数不断增长的趋势，封装人员不得不将四面扁平封装的体积做得很大或者缩小引脚间距，但这会造成封装性能的降低并使制造成本越来越高。在这种进退两难的情形下，球阵列封装技术迅速崛起。球阵列封装意为球形触点阵列，也有人译为“焊球阵列”“网格球阵列”和“球面阵”等。球阵列如图4-11所示，它在基板的背面按阵列方式制出球形触点作为引脚，在基板正面装配IC芯片（有的球阵列封装芯片与引脚端在基板的同一面），是多引脚大规模集成电路芯片封装常用的一种表面安装型技术。

图4-11 球阵列

球阵列封装的优点包括由于互连长度缩短使封装性能得到进一步提高，互连所占的板面积较小，通常I/O间距要求不太严格，可高效地进行功率分配和信号屏蔽等。因此，球阵列互连从20世纪90年代开始逐渐得到广泛应用。早期的插针阵列一直用于先进的多I/O元器件封装，如80486微处理器等，但目前球阵列封装已逐渐成为这类元器件的常用封装技术。

目前，许多芯片尺寸封装都为球阵列封装型，这类封装的优点就是可最大限度地节约基板上的空间。球阵列封装可使用多种材料，结构形式多种多样，常见的是芯片向上结构，而对热处理要求较高的元器件通常使用芯片向下结构，一级互连多采用传统芯片键合，一些较先进的元器件则采用倒装芯片互连。有多种不同的封装基板材料可用于一级互连（芯片-基板）和二级互连（封装-电路板），多芯片模块（MCM）都采用球阵列封装形式。

栅格阵列和焊柱阵列（Column Grid Array，CGA）等封装也与球阵列封装有着密切的关系。在球阵列封装中，焊球在基板组装以前就要与封装体连接起来，而在栅格阵列中则需要在基板上涂敷焊料。焊柱是由焊球互连发展而来的，焊柱的典型特点是使用陶瓷基板以提高连接的可靠性。

球阵列封装具有以下特点。

（1）提高了成品率。

（2）球阵列封装焊点的中心距一般为1.27mm，可以利用现有的表面安装技术（Surface Mounting Technology，SMT）工艺设备，而四面扁平封装的引脚中心距如果小到0.3mm，则引脚间距只有0.15mm，这样就需要很精密的安放设备及完全不同的焊接工艺，实现起来极为困难。

（3）改进了元器件引脚数和封装体尺寸。例如，边长为31mm的球阵列封装载体，当引脚间距为1.5mm时有400个引脚，而当引脚间距为1mm时有900个引脚。相比之下，边长为32mm、引脚间距为0.5mm的四面扁平封装载体只有208个引脚。

（4）明显改善了共面性问题，极大地减少了共面损坏。

（5）引脚牢固，不像四面扁平封装那样存在引脚变形现象。

（6）引脚短，使信号路径短，减小了引线电感和电容，增强了节点性能。

（7）球形触点阵列有助于散热。

（8）满足MCM的封装需要，有利于实现MCM的高密度、高性能。

4.3.2 球阵列封装的类型和结构

对在组件的底部有大量球阵列的球阵列封装元器件而言，有4种主要的类型。这些组件的焊球间距一般为1.27～2.54mm，对安装精度没有特别的要求。另外，由于球阵列封装元器件具有自动排列对准的特点，如果任何元器件的焊球间距发生大约50%的失调现象，那么再流焊元器件将会自动纠正。当焊点发生再流时，元器件会“浮动”进入自动校准状态，这是因为熔化的焊料在表面张力的作用下，将表面缩小。

球阵列封装的4种主要形式为塑料球阵列、陶瓷球阵列、陶瓷圆柱栅格阵列和载带球阵列，下面分别进行介绍。

1. 塑料球阵列

塑料球阵列元器件也被称为整体模塑阵列载体。塑料球阵列是常用的球阵列封装形式。塑料球阵列如图4-12所示。塑料球阵列载体所采用的制造材料是PCB上所用的材料，管芯通过引线键合技术连接到PCB载体的顶部表面上，并采用塑料进行整体塑模处理。采用阵列形式的低共熔点合金（37% Pb-63% Sn）焊料被安置到PCB载体的底部位置上。这种阵列可以采用全部配置形式，也可以采用局部配置形式，焊球的直径大约为1mm，间距范围为1.27～2.54mm。

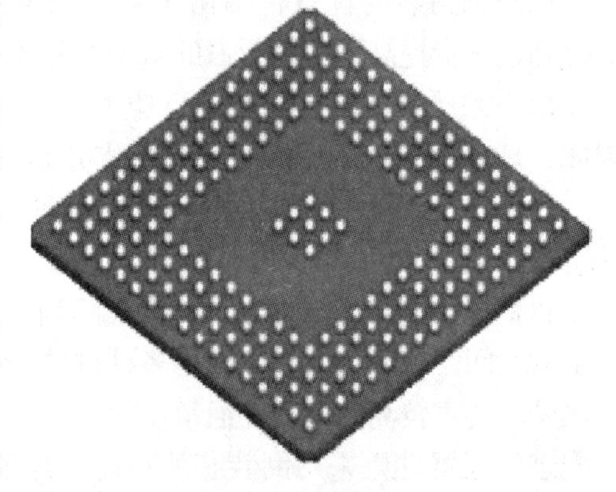

图4-12 塑料球阵列

塑料球阵列元器件可以通过使用标准的表面安装装配工艺进行装配，低共熔点合金钎焊膏可以通过模板印制到PCB的焊盘上面，载体组件上的焊球被安置在钎焊膏上面，接着装配工作进入再流焊阶段。由于电路板上的钎焊膏和载体组件上的焊球都是低共熔点焊料，在采用再流焊工艺连接元器件时，所有这些焊料均发生熔化现象。在表面张力的作用下，焊料在元器件和电路板之间的焊点重新凝固，因此它们呈现桶状。

塑料球阵列元器件的优点如下。

（1）制造商完全可以利用现有的装配技术和廉价的材料，确保封装元器件具有较低廉的价格。

（2）与四面扁平封装元器件相比，球阵列封装元器件很少会产生机械损伤现象。

（3）装配到PCB上可以具有非常高的质量。

采用塑料球阵列技术所面临的挑战是保持封装元器件平面化或扁平化，将对潮湿气体的吸收降到最低，防止“爆玉米花”现象的产生，以及解决涉及较大管芯尺寸的可靠性问题。这些问题对于具有大量I/O引脚的封装元器件更加严重。在装配好以后关于焊点的可靠性问题很少，这和绝大多数的表面安装元器件不同。另外，增加的一项挑战是要求持续降低塑料球阵列的成本价格。经过不断努力，塑料球阵列元器件将会成为具有良好性价比的替换四面扁平封装元器件的选择，甚至在I/O引脚数量少于200时也是如此。

2. 陶瓷球阵列

陶瓷球阵列元器件也被称为焊球载体（Solder Ball Carrier，SBC）。陶瓷球阵列如图4-13所示，陶瓷球阵列元器件是将管芯连接到陶瓷多层载体的顶部表面所组成的。在连接好了以后，管芯经过气密性处理以提高其可靠性和物理保护强度。在陶瓷载体的底部表面上，安置有采用90% Pb-10% Sn合金的焊球，底部阵列可以采用全部填满形式，也可以采用局部填满形式，所采用的焊球直径为1mm，间距为1.27mm。

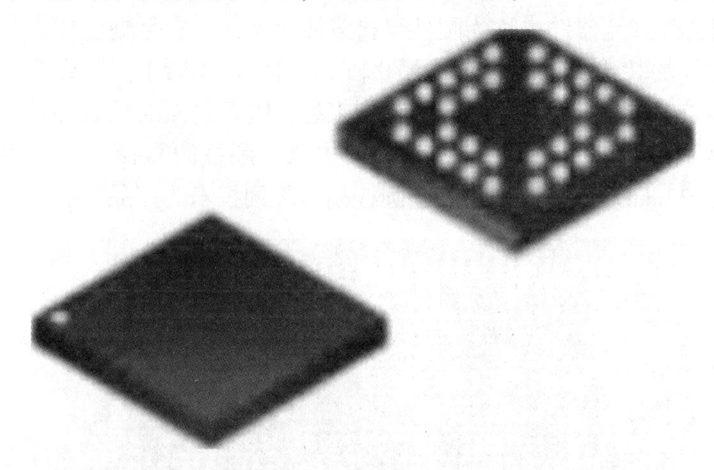

图4-13　陶瓷球阵列

陶瓷球阵列元器件能够使用标准的表面安装和再流焊工艺进行装配。这里的再流焊工艺不同于在塑料球阵列装配中所采用的再流焊工艺，这是焊球结构变化的结果。塑料球阵列工艺中的低共熔点合金钎焊膏（37% Pb-63% Sn）在183℃时发生熔化现象，而陶瓷球阵列焊球（90% Pb-10% Sn）大约在300℃时发生熔化现象。一般标准的表面安装再流焊所采用的220℃温度仅能够熔化钎焊膏，不能熔化陶瓷球阵列焊球。所以为了能够形成良好的焊点，陶瓷球阵列元器件与塑料球阵列元器件相比，在模板印制期间，必须有更多的钎焊膏能被加到电路板上面。在再流焊过程中，焊料被填充在焊球的周围，焊球起到刚性支座的作用。因为是在两种不同的Pb/Sn焊料结构之间形成互连，钎焊膏和焊球之间的界面实际上不复存在，所形成的扩散区域具有从90% Pb-10% Sn到37% Pb-63% Sn的光滑斜度。

陶瓷球阵列元器件不像塑料球阵列元器件那样在电路板和陶瓷封装之间存在热膨胀系数不匹配的问题，这类问题会在热循环元器件中造成较大封装元器件焊点失效的现象。当焊球的间距为1.27mm时，I/O引脚数量限定值为625。当陶瓷封装体的面积大于23mm^{2}时，应该考虑其他可以替换的方式。

陶瓷球阵列的优点主要有如下3点。

（1）拥有优良的热性能和电性能。

（2）与 QFP 相比，很少会受到机械损坏的影响。

（3）当陶瓷球阵列元器件被装配到具有大量 I/O 引脚（高于250）的 PCB 上时，可以具有非常高的封装效率。另外，这种封装可以利用管芯连接到倒装芯片上，相较于引线键合技术形式具有更高密度的互连配置。在许多场合，具有特殊应用的集成电路的管芯尺寸会受到焊盘的限制，尤其是在具有大量 I/O 引脚的应用场合。通过使用高密度的管芯互连配置，管芯的尺寸可以被缩小，而不会对功能产生任何影响。这样可以允许在每个晶圆上拥有更多的管芯并降低每个管芯的成本费用。要想成功地实施陶瓷球阵列，不存在很重大的技术难题，需要关注的问题是与现有贴装设备的兼容性。因为存在着价格和复杂性的问题，对陶瓷球阵列元器件来说其所占的市场份额将是高性能、多 I/O 引脚的应用领域。另外，这种封装元器件的质量相当大，不太适用于便携式电子产品。

3. 陶瓷圆柱栅格阵列

陶瓷圆柱栅格阵列元器件也称为圆柱焊料载体元器件，它是陶瓷体直径大于 32mm 的陶瓷球阵列元器件的替代品。陶瓷圆柱栅格阵列如图 4-14 所示。陶瓷圆柱栅格阵列元器件中采用了 90% Pb-10% Sn 合金焊料圆柱阵列来替代陶瓷底面的贴装焊球。这种阵列可以采用全部填充的方法，也可以采用局部填充的方法，圆柱的直径为 0.508mm，高度约为 18mm，间距为 1.27mm。目前，采用陶瓷圆柱栅格阵列技术的产品很少。

图 4-14　陶瓷圆柱栅格阵列

与陶瓷球阵列元器件的焊球不同，陶瓷圆柱栅格阵列元器件上的焊柱能够承受由于电路板和陶瓷封装之间的热膨胀系数不匹配而产生的应力作用。大量的可靠性测试证明，对陶瓷圆柱栅格阵列元器件而言，在装配时其优缺点非常类似于陶瓷球阵列元器件的优缺点，仅有一个很大的区别，那就是焊柱比起焊球更容易受到机械损伤。陶瓷圆柱栅格阵列与陶瓷球阵列的区别如图 4-15 所示。

4. 载带球阵列

载带球阵列是一种相对新颖的球阵列封装形式。引线键合、再流焊或者热压/热声波的内部引线连接等方法可以用来将管芯与铜线连接，当连接成功后，对管芯采用密封处理以提供有效的防护，焊球通过类似于引线键合的微焊工艺被逐一地连接到铜线的另外一端。

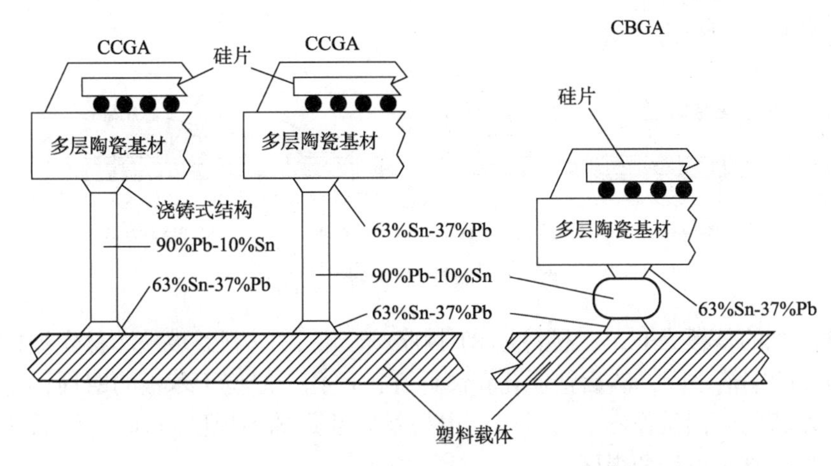

图 4-15　陶瓷圆柱栅格阵列与陶瓷球阵列的区别

载带球阵列如图 4-16 所示，焊球采用 90% Pb–10% Sn 制造，直径为 0.9mm，一般用间距为 1.27mm 的阵列配置形式。这种阵列配置总是采用局部配置的形式，因为没有焊球可以连接到安置着管芯的组件中心位置。当焊球和管芯被装配好后，一个镀锡的铜加强肋被安置在载带的顶部表面上，通过它提供刚性效果并且确保组件的可平面化。载带球阵列元器件也可以通过用于陶瓷球阵列元器件的标准表面安装工艺来进行装配。

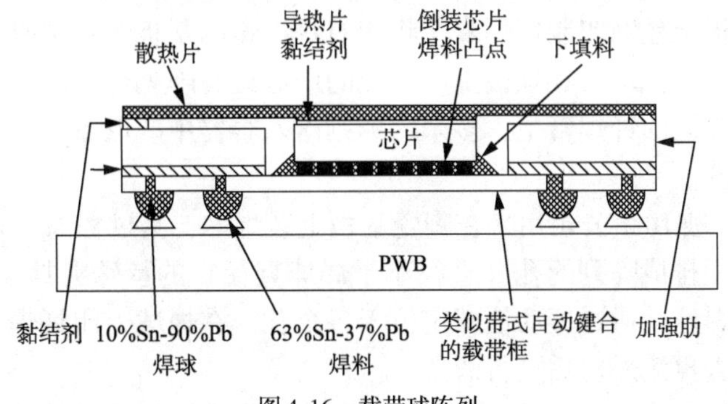

图 4-16　载带球阵列

载带球阵列具有下述优点。

（1）载带球阵列元器件比绝大多数的球阵列封装元器件（特别是具有大量 I/O 引脚的）要轻、要小；

（2）比四面扁平封装和绝大多数其他球阵列封装形式的电性能要好；

（3）载带球阵列元器件被装配到 PCB 上时具有非常高的封装效率。

另外，这种封装利用比引线键合密度高的管芯互连方案，具有与陶瓷球阵列相同的其他优点。

成功地实施载带球阵列在技术方面的挑战很少，吸湿是其中之一。与塑料球阵列元器件一样，在装配好以后，载带球阵列元器件涉及的焊点的可靠性问题很少。电路板的热膨胀系数是与加强肋相匹配的。

4.3.3　球阵列封装的制作及安装

1. 球阵列封装的制作过程

下面以塑料球阵列为例简要介绍球阵列封装的制作过程，图 4-17 所示为摩托罗拉公司生产的塑料球阵列结构示意。

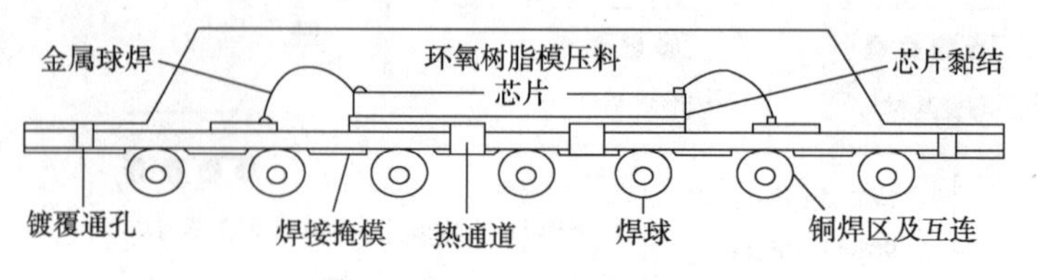

图 4-17　塑料球阵列结构示意

塑料球阵列的基板为 PCB，材料是 BT 树脂/玻璃。BT 树脂/玻璃芯材先被层压在两层厚度为 18μm 的铜箔之间，然后钻通孔和镀通孔，通孔一般位于基板的四周；先用常规的 PCB 工艺在基板的两面制作图形（导带、电极及安装焊球的焊区阵列），然后加上焊接掩模并制作图形，露出电极和焊区。

基板制备好之后，首先用填银环氧树脂将硅芯片粘到镀有 Ni/Au 的薄层上，黏结固化后用标准的热声金丝球焊接将 IC 芯片上的铝焊区与基板上的镀 Ni/Au 的电路相连，之后用填有石灰粉的环氧树脂模压料进行模压密封。固化之后，使用焊球自动捡放机械手系统将浸有钎焊膏的焊球（预先制好）安放到各个焊区上，用常规表面安装再流焊的工艺在氮气保护下进行再流焊，焊球与镀 Ni/Au 的焊区焊接形成焊料凸点。

在基板上装焊球有两种方法："球在上"和"球在下"。摩托罗拉公司的塑料球阵列采用前者。先在基板上丝网印制钎焊膏，将印有钎焊膏的基板装在夹具上，用定位销将带筛孔顶板与基板对准，把球放在顶板上，筛孔的中心距与阵列焊点的中心距相同，焊球通过孔阵列落到基板焊区的钎焊膏上，多余的球则落入容器中。取下顶板后先将部件送去再流焊，然后进行清洗。

"球在下"方法被 IBM 公司用来在陶瓷基板上装焊球，其过程与"球在上"相反。先将带有以所需中心距排成阵列的孔（直径小于焊球直径）的特殊夹具（小舟）放在振动/摇动装置上，放入焊球，通过振动使球定位于各个孔，在焊球上印钎焊膏；再将基板对准印好的钎焊膏，送去再流焊之后进行清洗。

焊球的直径一般是 0.76mm 或 0.89mm，塑料球阵列焊球的成分为低熔点的 63% Sn-37% Pb 合金（或 62% Sn-36% Pb-2% Ag 合金），陶瓷球阵列焊球的成分为高熔点的 10% Sn-90% Pb 合金。上述两种焊球的引出端有全阵列和部分阵列两种排法，全阵列是指焊球均匀分布在基板整个底面，部分阵列是指焊球分布在基板的靠外部分。对于芯片与焊球位于基板的同一面的情况，只能采用部分阵列。有时可以在采用全阵列的同时采用部分阵列，基板中心部位不设计焊区，这样做是为了增强电路板的布线能力、减少 PCB 的层数。

2. 安装与再流焊

安装前需检查球阵列封装焊球的共面性及有无脱落，球阵列封装在 PCB 上的安装与目前的表面安装设备和工艺几乎完全兼容。先将低熔点钎焊膏丝网印制到 PCB 上的焊盘阵列上，用拾放设备将球阵列封装对准放在印有钎焊膏的焊盘上，然后进行标准的表面安装再流焊。对塑料球阵列而言，因其焊球合金的熔点较低，进行再流焊时焊球部分熔化，与钎焊膏一起形成 C4 焊点，焊点的高度比原来的焊球低；而陶瓷球阵列的焊球是高熔点合金，进行再流焊时不熔化，焊点的高度不降低。球阵列进行再流焊时，由于参与焊接的焊料较多，熔融焊料的表面张力有一种独特的"自对准效应"。因此，球阵列封装的组装成品率

很高，而对球阵列的安放精度允许有一定的偏差。由于安放时看不见焊球的位置，因此一般要在 PCB 上做标记，安放时使球阵列封装元器件的外轮廓线与标记对准。

3. 焊点的质量检测

对球阵列封装而言，检测焊点质量是比较困难的。由于焊点被隐藏在装配的球阵列封装下面，因此，通常的目检和光学自动检测不能检测焊点质量，目前，国外采用 X 射线断面自动工艺检测设备进行球阵列封装焊点的质量检测。

X 射线断面自动工艺检测设备能用 X 射线切片技术分清球阵列封装焊点的边界，因而可以对每一个焊点区域进行精确检测。这种检测设备能用很小的视场景深产生 X 射线焦面，并且将球阵列封装焊点的每个边界区域移到焦面上分别照相。对于每一幅图像，采取特征值算法规则读出铜焊区及互连 X 射线图像关键点的灰度级，并将灰度级读数转换成与安装设备时校准对应的物理尺寸，尺寸数据被自动送入可自动生成工程控制图的统计过程控制装置，并存储起来作为统计过程控制分析的资料。为了正确做出允许/拒绝接收焊点的判断，按照缺陷检测算法规则，自动处理检测数据，并做出允许或拒绝接收焊点的结论。

4. 返工

球阵列封装的返工是人们普遍关心的问题，也是球阵列封装技术中相对复杂的问题。国外通用的球阵列封装返工工艺流程如下。

确认缺陷球阵列封装组件→拆卸球阵列封装→焊盘预处理→检测钎焊膏涂敷→重新安放组件并进行再流焊→检测。

目前，世界上许多公司都对球阵列封装返工进行了成功的研究。IBM 下属公司研究了陶瓷球阵列、塑料球阵列和载带球阵列的返工工艺。关键工艺在于掌握 PCB/BGA 焊位的热分布，并采用图 4-18 所示的面加热再流喷嘴。AT&T 公司研究了用于 MCM 组装的球阵列封装返工工艺。图 4-19 所示为球阵列封装返修台。

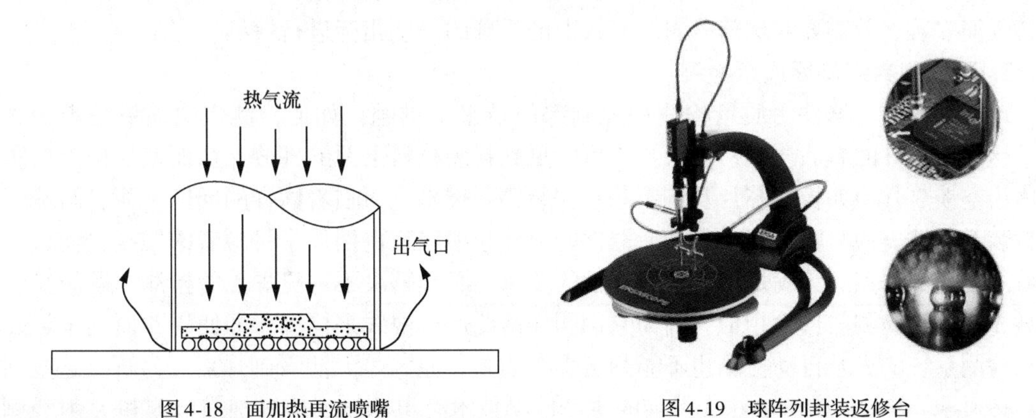

图 4-18　面加热再流喷嘴　　　　图 4-19　球阵列封装返修台

4.3.4　球阵列封装检测技术与质量控制

采用球阵列封装技术的元器件的性能优于常规的元器件，但是许多生产厂家仍然不愿意投资大批量生产球阵列封装元器件，究其原因主要是球阵列封装元器件焊点的测试相当困难，不容易保证元器件的质量和可靠性。

1. 元器件焊点检测中存在的问题

目前，中等规模到大规模采用球阵列封装的厂商，主要采用电子检测的方式来发现球阵列封装元器件的焊接缺陷。在球阵列封装元器件装配工艺过程中控制质量和鉴别缺陷的方法包括在助焊剂漏印上取样测试和使用 X 射线进行装配后的最终检验，以及对电子检测结果进行分析等。

球阵列封装元器件的电子检测是一项极具挑战性的技术，因为在球阵列封装元器件下面确定测试点是很困难的。在检查和鉴别球阵列封装元器件的缺陷方面，电子检测通常是无能为力的，这在很大程度上增加了用于弥补缺陷和返修的费用支出。

根据经验，采用电子检测方式对球阵列封装元器件进行测试时，从 PCB 装配线上剔除的所有球阵列封装元器件当中，50% 以上的元器件实际上并不存在缺陷，因而也就不应该被剔除。对球阵列封装元器件相关界面的仔细研究能够减少测试点和提高测试的准确性，但是这要求增加管芯级电路以提供所需要的测试电路。在检测球阵列封装元器件缺陷的过程中，电子检测仅能确定在球阵列封装连接时导电电流的通、断，如果辅以非物理焊点测试，将有助于封装工艺过程的改善和进行统计过程控制。

球阵列封装是一种基本的物理连接工艺过程。为了能够确定和控制工艺过程的质量，要求了解和测试影响可靠性的物理因素，如焊料量、导线和焊盘的定位情况以及润湿性，不能仅基于电子检测结果进行修改。

2. 球阵列封装焊前检测与质量控制

生产中的质量控制非常重要，尤其是在球阵列封装中，任何缺陷都会导致球阵列封装元器件在 PCB 焊装过程中出现差错，将在以后的工艺中引发质量问题。封装工艺中所要求的主要性能有：封装组件的可靠性、与 PCB 的热匹配性、焊球的共面性、对热/湿气的敏感性、封装体边缘对准性，以及加工的经济性等。需要指出的是，球阵列封装基板上的焊球无论是通过高温焊球（90% Pb-10% Sn）转换得到的，还是采用球射工艺形成的，都可能掉下丢失或者形状过大、过小，或者发生焊料桥接、缺损等情况，因此在对球阵列封装进行表面安装之前需要对球阵列封装基板上的焊球的一些指标进行检测、控制。

3. 球阵列封装焊后质量检测

球阵列封装元器件给质量检测和控制部门带来了难题，如何检测焊后质量是难题之一。这类元器件的焊后质量检测人员不可能见到封装材料下面的部分，从而使目检焊后质量成为空谈。其他如板载芯片及倒装芯片安装等新技术也面临着同样的问题，而且与球阵列封装元器件类似，四面扁平封装元器件的电磁频率屏蔽也挡住了目检者的视线，使目检者看不见全部焊点。为满足用户对可靠性的要求，必须解决不可见焊点的检测问题。光学与激光系统的检测与目检相似，因为它们同样需要通过视线来检测，即使用四面扁平封装自动检测系统的光学自动检测也不能判定焊接质量，原因是无法看到焊点。为解决这些问题，必须寻求其他的检测办法。目前的生产检测技术有电测试、边界扫描检测和 X 射线测试等。

（1）电测试。传统的电测试是查找开路与断路缺陷的主要办法，唯一的目的是在基板的预置点进行实际的电连接，这样便可以提供信号流入测试板、数据流入自动检测设备的接口。如果 PCB 有足够的空间设定测试点，系统就能快速、有效地查找到断路、短路和故障元器件。系统也可检查元器件的功能，测试仪器一般由计算机控制。在检测每块 PCB 时，需要相应的探针台和软件，对于不同的测试功能，该仪器可提供相应工作单元来进行

检测。例如，测试二极管、晶体管时用直流电平单元；测试电容、电感时用交流单元；测试低数值电容、电感及高阻值电阻时用高频信号单元。但当封装密度与不可见焊点的数量大量增加时，寻找线路节点则变得费用昂贵、不可靠。

（2）边界扫描检测。边界扫描技术解决了一些与复杂元器件及封装密度有关的问题。采用边界扫描技术，每一个 IC 元器件设计有一系列寄存器，将功能线路与检测线路分离，并记录通过元器件的检测数据，通过测试通路检查 IC 元器件上每一个焊点的断路、短路情况。基于边界扫描设计的检测端口，通过边缘连接器给每一个焊点提供一条通路，从而免除全节点查找的必要。电测试与边界扫描检测主要用于测试电性能，却不能较好地检测焊接的质量，为提高并保证生产过程的质量，必须寻找其他方法来检测焊接质量，尤其是不可见焊点的质量。

（3）X 射线测试。X 射线透视图可显示焊接厚度、形状及质量的密度分布等。厚度与形状不仅是反映长期结构质量的指标，在测定断路、短路缺陷和焊接不足等方面，也是较好的衡量指标，此技术有助于收集量化的过程参数并检测缺陷。

① X 射线图像检测原理。X 射线由一个微焦点 X 射线管产生，穿过管壳内的一个玻璃管，并投射到实验样品上。样品对 X 射线的吸收率或透射率取决于样品所包含材料的成分与比例。X 射线穿过样品的敏感板上的磷涂层，并激发出光子，这些光子随后被摄像机探测到并转化为信号。最后，该信号经放大处理后，在计算机中进一步分析和观察。不同的样品材料对 X 射线具有不同的透明系数，处理后的灰度图像显示被检测的物体密度或材料厚度的差异。

② 人工 X 射线检测。使用人工 X 射线检测设备，需要逐个检查焊点并确定焊点是否合格。该设备配有手动或电动辅助装置使组件倾斜，以便更好地进行检测和摄像。通常的目视检测要求培训操作人员并且易出错。此外，人工设备并不适合对全部焊点进行检测，只适合做工艺鉴定和工艺故障分析。

③ 自动检测系统。自动检测系统能对全部焊点进行检测。虽然已定义了人工检测标准，但自动检测系统的检测准确度比人工 X 射线检测方法高得多。自动检测系统通常用于产量高且品种少的生产设备，具有高价值或要求高可靠性的产品需要进行自动检测，检测结果会与需要返修的电路板一起送给返修人员。

自动 X 射线分层系统使用 3D 剖面技术，该系统能检测单面或双面表面安装电路板，克服传统 X 射线系统的局限性。该系统通过软件定义了所要检查焊点的面积和高度，把焊点削成不同的截面，从而为全部检测建立完整的剖面图。目前，主要有以下两种检测焊接质量的自动检测系统。①传输 X 射线测试系统基于 X 射线束沿通路复合吸收的特性设计，对 SMT 封装，如单面 PCB 上的 J 形引线与微间距四面扁平封装，采用传输 X 射线测试系统是测定焊接质量的常用办法，但它不能区分垂直重叠的特征。因此，在传输 X 射线透视图中，球阵列封装元器件的焊缝被引线的焊球遮蔽，对于 RF 屏蔽之下的双面密集型 PCB 及元器件的不可见焊接，也存在这类问题。②断面 X 射线自动测试系统克服了传输 X 射线测试系统的众多问题，它设计了聚焦点，并通过上、下平面散焦的方法，将 PCB 的水平区域分开。该系统的成功之处在于只需要较短的测试开发时间，就能准确检查焊点。断面 X 射线自动测试系统提供了一种非破坏性的测试方法，可检测所有类型焊接的质量，可获得有价值的调整装配工艺的信息。

4. 球阵列封装的返修

球阵列封装的返修工艺主要包括以下几步。

① 加热电路板，芯片预热。其主要目的是将潮气去除，如果电路板和芯片的潮气很少（如芯片刚拆封），这一步可以免除。

② 拆除芯片。如果拆除的芯片不打算重新使用，而且电路板可承受高温，拆除芯片可采用较高温度（较短的加热周期）。

③ 清洁焊盘。这一步主要将拆除后留在 PCB 表面的助焊剂、钎焊膏清理掉。必须使用符合要求的洗涤剂。为了保证球阵列封装的焊接可靠性。一般不能使用焊盘上旧的残留钎焊膏，必须将旧的钎焊膏清除掉，除非芯片上重新形成球阵列封装焊球。由于球阵列封装体积小，特别是芯片尺寸封装体积更小，清洁比较困难，因此在返修芯片尺寸封装时就需使用免清洗焊剂。

④ 涂钎焊膏、助焊剂。在 PCB 上涂钎焊膏对于球阵列封装的返修结果有重要影响。通过选用与芯片相符的模板，可以很方便地将钎焊膏涂在芯片上。选择模板时，应注意球阵列封装芯片的模板厚度会比陶瓷球阵列芯片薄，使用水剂钎焊膏，回流时间可略长些；使用中度活性松香钎焊膏，再流时间可略长些；使用免清洗钎焊膏，再流温度应选得低些。

⑤ 贴片。贴片的主要目的是将球阵列封装上的每一个焊球与 PCB 上每一个对应的焊点对正。由于球阵列封装芯片的焊点位于肉眼不能观测到的部位，因此必须使用专门的设备来对正。

4.3.5 球阵列封装基板

球阵列封装基板应具有：完成信号与功率分配、进行导热并与电路板的热膨胀系数相匹配等功能。在许多情况下，采用叠层基板、增加功率面有助于屏蔽信号并提高导热性能。

热膨胀系数是选择基板时需要考虑的重要因素，Si 的热膨胀系数约为 $2.8\times10^{-6}/℃$，而常见的层压 PCB 材料的热膨胀系数一般为 $18\times10^{-6}/℃$，热膨胀系数约为 $7\times10^{-6}/℃$ 的陶瓷基板与 Si 的匹配不太理想。如果热膨胀系数不能很好地匹配，就必须使用包封材料、填料、芯片键合材料或其他特殊方法来弥补不足。

多数情况下都采用层压板以简化二级互连，采用填料或芯片键合材料来解决一级直连的热膨胀系数不匹配问题。绝大多数有机材料是由 BT 或包含 BT 的玻璃织物制成的。奔腾处理器芯片就采用在有机基板上使用填料的倒装芯片互连技术。

许多球阵列封装芯片常采用载带基板或柔性基板。多数情况下，这类基板是一种带有一层金属的双层载带。联合信号研究所目前正在生产一种载带基板，其尺寸（厚度）为 100μm，金属线条尺寸（厚度）为 25μm。

陶瓷材料常用于一级互连，以提高可靠性。为了实现用铜制作图形并集成无源元器件的目的，目前常采用低温共烧陶瓷。

通常，尺寸（厚度）在 35mm 以上的陶瓷基板会出现一些可靠性方面的问题，这是与电路板的热膨胀系数不匹配造成的。在某些情况下要使用特殊的电路板，在有机电路板上连接较大的陶瓷封装时，可用焊柱取代焊球以便形成陶瓷圆柱栅格阵列，有助于改善互连的疲劳寿命。

一些业内人士认为，陶瓷材料可以最大限度地提高芯片与基板的可靠性，而有机基板可以最大限度地提高表面安装可靠性，芯片尺寸和互连能力决定基板的选择。

IBM 公司成功地开发了一种名为高性能芯片载体的有机基板。这是目前与 Si 的热膨胀系数最匹配的有机基板材料。另一家美国公司 W. L. Gore 开发了一种名为 Micro Lam 的基板材料，这是一种由聚四氟乙烯构成的材料，其外部覆有胶和增强型填充材料。这种新型基板材料在 3 个方向上都与铜的热膨胀系数相匹配，因此可以避免应力在基板中形成。W. L. Core 公司已可以在这种材料制成的基板上制作宽度为 20μm 的线条、50μm 的间距和直径为 110μm 的焊点。

西门子公司提出了一种类似于球阵列封装的塑料柱形网格阵列封装。将基板和互连柱放在同一块塑料片上之后，在基板上镀铜并用激光制作锡图形，使锡图形可用作铜的腐蚀掩模，在柱上敷铜实现与电路板的电连接。用激光制作图形的速度很快，也容易。

美国 X-LAM 公司开发了一种薄膜基板工艺，目前可实现直径约 54μm 的通孔焊点的设计。由于该工艺采用平板显示制造设备并对基板进行了处理，基板的直径可降至 16μm。

4.3.6　球阵列封装的封装设计

封装设计已成为实现高性能球阵列封装的一个重要因素。目前不仅可选择的封装材料越来越多，要封装的元器件也日益复杂，因此越来越多的设计人员开始意识到将芯片和封装结合起来设计的重要性，甚至有些公司在设计芯片时就考虑了电路板。

目前已出现了专门提供球阵列封装设计软件的公司，如美国 CAD Design 公司设计了一种封装设计软件，它将计算机辅助设计应用于包括球阵列封装在内的各种封装设计中。PAD 公司开发了一种用于球阵列封装设计的 Power BGA 产品，Fishers 公司的 Encore BGA 和 Encore PQ 软件可使芯片设计人员尽快地验证一种新的封装构思的可行性。

球阵列封装设计中的热增强原则包括使用散热片和导热管。多层基板内的铜电源面和接地面对封装的热导率有一定的影响，因此，如果与之相连的 PCB 不能处理热负载，使用增强型球阵列封装就无任何意义了。在板上增加层数就意味着复杂程度的提高，但也会大大提高热性能，用四层板取代二层板可使板的热导率提高约 4 倍。设计中要考虑的基本电性能包括基板的介电常数、控制阻抗等。与在基板中使用铜电源面和接地面的作用相同，在周围加上一些接地和电源环有助于减小电感，这些结构都可以避免接地振动及一系列相关的问题，通常整个封装中的信号图形的特征阻抗约为 50Ω。

在需要镀金的导体设计中还必须考虑到电镀尾端的电特性，电镀尾端就像天线一样会在高速线路中产生额外电容，造成布线面的浪费，并有可能对电性能产生一定的消极影响。目前，国际上有一些公司正在采用一种镀金图形的相减技术来避免这种电镀尾端产生的问题。具体工艺步骤如下：在制作图形之前，在铜上面镀金，其后在金上布线，实际上在工艺过程中金只相当于铜的一层腐蚀掩模。

4.3.7　球阵列封装的生产、应用及典型实例

目前，世界上许多国家都生产球阵列封装，并对外销售。IBM、Motorola、Citizen、LSI Logic、Cassia、SAT、AT&T、National Semiconductor 和 ASE、Ball 等公司都生产球阵列封装产品。

美国两家电子封装商 Alpha Tech 和 IPAC 建立了塑料球阵列的生产线，其生产认证范围，从 I/O 引脚数看，已达到 352～700。日本 NEC 公司已批量生产球阵列封装多引脚专用集成电路（Application Specific Integrated Circuit，ASIC），月产量达 5 万件。欧洲的 Blaupunkt 公司已研制出汽车娱乐产品的 MCM BGA。

目前，球阵列封装已被广泛应用到计算机领域（便携式计算机、巨型计算机、军用计算机、远程通信用计算机）、通信领域（寻呼机、调制解调器）、汽车领域（汽车发动机的各种控制器、汽车娱乐产品）等。下面介绍球阵列封装应用的典型实例。

（1）美国 Pacific Micro electric Corp（PMC）研制并生产了一种用于 AMC 微处理器和其他高性能 IC 的 MCM BGA。

PMC 采用低温共烧陶瓷导带 MCM 技术，制造带有传输线、埋置电阻和电容的陶瓷球阵列。

在完成基板组装时，采用四面扁平封装，I/O 引脚数约为 1225，引线间距约为 0.5mm，约占基板面积 161cm^2；而采用 Micro BGA 封装，只占基板面积 13cm^2。

（2）Micro BGA 封装（微型球阵列封装）最早由 Tessera 公司开发，其结构如图 4-20 所示。它有可以表面安装到 PCB 上的柔性引线，柔性引线可避免焊点和芯片之间出现较大的应力，从而消除芯片和基板之间的热膨胀。由于 Micro BGA 封装的尺寸比通常的球阵列封装更小，因此相应的寄生电感和电容更小。例如，由于引线短，功率/接地层电感典型值可达到 0.5nH 的数量级。

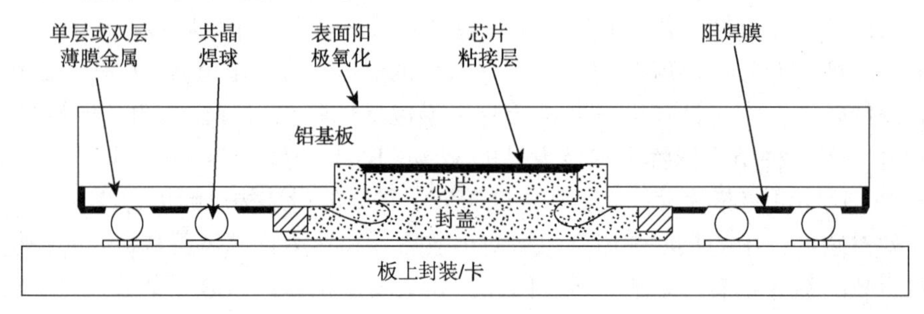

图 4-20　Micro BGA 封装结构

总之，Micro BGA 封装提供 x、y、z 三维柔性引线，通过标准表面安装可将这些引线和任何基板相连。封装件可以进行测试，经包封后的封装件还可用拾放机处理。Micro BGA 封装的尺寸可以减小到芯片本身的尺寸。通过对标准周边焊台的应用，Micro BGA 封装可以扩展到更小焊台间距和芯片 I/O 引脚数为 1000～1400 的应用范围；对于面阵列焊台，I/O 引脚可以扩展到 4000 个。目前，Micro BGA 封装已被用于磁盘驱动器、调制解调器、蜂窝式电话等的制造中。

4.4　芯片封装技术

4.4.1　芯片尺寸封装

芯片封装技术

1994 年，日本三菱电机公司研究出一种芯片面积∶封装面积 = 1∶1.1 的封装结构，其封装外形尺寸只比裸芯片大一点儿。也就是说，单个集成电路芯片有多大，封装尺寸就有多大，从而诞生了一种新的封装形式，命名为芯片尺寸封装。

1. 芯片尺寸封装的特点

（1）满足了 LSI 芯片引脚不断增加的需要。

（2）解决了集成电路裸芯片不能进行交流参数测试和老化筛选的问题。

（3）封装面积缩小到球阵列封装的 1/10～1/4，延迟时间极短。

芯片尺寸封装是一种封装外形尺寸非常接近晶粒尺寸的小型封装，它有多种封装形式，减小了芯片封装外形的尺寸，做到裸芯片尺寸有多大，封装尺寸就有多大。即封装后的集成电路芯片边长不大于裸芯片的 1.2 倍。集成电路面积只比晶粒大一点儿，不超过晶粒面积的 1.4 倍。芯片尺寸封装适用于引脚数少的集成电路，如内存条和便携电子产品。

2. 芯片尺寸封装的分类

芯片尺寸封装有两种基本类型：一种是封装在固定的标准压点轨迹内的，另一种则是封装外形尺寸随芯片尺寸变化的。常见的芯片尺寸封装是根据封装外形本身的结构来分类的，分为引线框架芯片尺寸封装、柔性芯片尺寸封装、刚性芯片尺寸封装和硅片级封装。引线框架芯片尺寸封装和刚性芯片尺寸封装外形尺寸则受标准压点位置和大小的制约，柔性芯片尺寸封装和硅片级封装的外形尺寸因芯片尺寸的不同而不同。

（1）引线框架芯片尺寸封装：代表厂商有富士通、日立、罗姆、高士达等。

（2）柔性芯片尺寸封装：十分有名的是 Tessera 公司的 Micro BGA 封装，CTS 公司的 Sim BGA 封装也采用相同的原理。其他代表厂商包括通用电气和 NEC。

（3）刚性芯片尺寸封装：代表厂商有摩托罗拉、索尼、东芝、松下等。

（4）硅片级封装：有别于传统的单一芯片封装方式，它将硅片切割为一颗颗的单一芯片，号称是封装技术的未来主流，已投入研发的厂商包括 FCT、卡西欧、EPIC、富士通、三菱等。

3. 芯片尺寸封装基板上凸点倒装芯片与引线键合芯片的比较

（1）凸点倒装芯片与引线键合芯片的优缺点

高速自动引线键合机能够满足半导体元器件与下一级封装互连的大部分要求，如今全球超过 90% 的集成电路芯片都使用引线键合技术。

近几年，凸点倒装芯片技术的研发迅速发展，这是因为它具有更小的形状因子、更大的封装密度、更好的性能、更能满足互连要求等优势，也是引线键合芯片技术本身局限性的直接结果。与通行的引线键合芯片技术相比，凸点倒装芯片技术可以提供更高的封装密度（更多的 I/O 引脚数）、更好的性能（尽可能短的引线、更小的电感和更好的噪声控制）、更小的元器件占用 PCB 面积和更薄的封装外形。

（2）凸点倒装芯片与引线键合芯片工艺比较

图 4-21 所示为有机基板上凸点倒装芯片和引线键合芯片的简化组装工艺。

凸点倒装芯片的筛选测试有两种方法：一种在硅片凸点制作前进行，这时在焊盘上将留下探针触痕（损伤），这些触痕会影响焊点下金属的完整性并对长期可靠性有潜在的影响；另一种在硅片凸点制作后进行，测试会污损探针头，导致短路，也会损坏凸点。但探针头和凸点间有更好的电接触，可以保证更高的成品率。对于成熟的硅片凸点制作工艺，焊凸点的成品率通常很高。

从成本角度看，凸点倒装芯片和引线键合芯片的重要区别在于凸点倒装芯片技术需要在硅片上制作凸点，引线键合芯片技术使用金引线。两种技术另一个重要的区别在于 1MHz 筛选测试和速度/老化系统测试对 IC 芯片成品率的影响。

图 4-21　凸点倒装芯片与引线键合芯片的简化组装工艺

（3）凸点倒装芯片与引线键合芯片设备比较

凸点倒装芯片技术要采用昂贵的拾效设备和助焊剂涂敷设备。尽管引线键合机比较便宜，但因为它的产量比拾放机要低得多，就需要更多的引线键合机。因此，凸点倒装芯片的主要设备成本要比引线键合芯片的低，而且凸点倒装芯片生产线所占的空间也较小。

4. 引线框架的芯片尺寸封装

Micro BGA 封装和方形扁平无引脚封装的主要特征是它们的引线框架在模塑包封后被蚀刻掉。除引线图形外，两者的区别是 Micro BGA 封装在引线框架的顶部有一层额外的叠加树脂层。虽然两种封装有相同的引线节距，但它们用于不同引出端数的元器件。富士通公司的 Micro BGA 封装与著名的 Tessera 公司的 μ-BGA 有很大区别，Tessera 公司的 μ-BGA 有柔性中间支撑层。另外，方形扁平无引脚封装与其他的引线框架类芯片尺寸封装相似，目的是同传统的 SSOP 竞争。

（1）封装结构

用蚀刻法形成引出端是 Micro BGA 封装和方形扁平无引脚封装共用的核心技术。设计理念是低成本的引线框架和传统的引线键合相结合以降低芯片尺寸封装的成本。蚀刻法形成引出端如图 4-22 所示，首先在引线框架两面半蚀刻出引线图形，接着在上部用树脂进

行模塑包封，最后对引线框架下部进行进一步蚀刻，得到分离的引出端。使用这种技术，能同时在封装底部表面形成面阵列或周边分布引线。

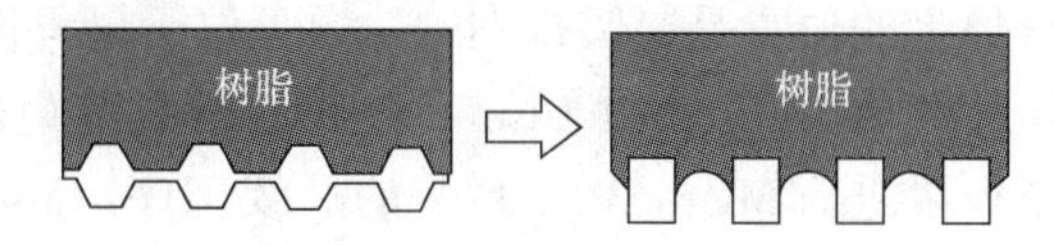

图 4-22　蚀刻法形成引出端

与其他类型的球阵列封装不同，富士通的 Micro BGA 封装利用金属引线框架作为封装基板，管芯与引线框架之间的互连采用金丝键合，键合焊盘是交错排列的，节距为 140μm。

板级互连使用黏附在蚀刻后的引线框架上形成的短柱头上的共晶焊凸点，焊凸点的直径是0.5mm，节距为0.8mm。一层带有镀铜通孔和印制线的叠加树脂层被加在引线框架的上面，目的是把外围的引线键合焊盘再分布到面阵列的焊凸点上。

Micro BGA 封装和方形扁平无引脚封装有许多共同的特征。除 Micro BGA 有额外的叠加层外，它们之间的主要差别是底部引出端的数量和分布图形的不同，这两种封装针对不同引出端数的 IC。

（2）封装材料

Micro BGA 封装和方形扁平无引脚封装都是基于引线框架的塑料封装。除了硅芯片，封装由键合、管芯黏结剂、金属引线框架和环氧模塑料（Epoxy Molding Compound，EMC）等组成。另外，Micro BGA 封装还包括引线框架上面的叠加层和引线框架下面的焊球。

实现 Micro BGA 封装和方形扁平无引脚封装的关键技术是形成引出端的蚀刻法。它的主要特征是在模塑包封后通过蚀刻形成底部引出端。引线框架由厚度为 200μm 的两面镀镍的铜合金制造，镀镍的作用是形成蚀刻时的表面抗蚀层，以便得到所需的引出端图形。

在 Micro BGA 封装中形成叠加层的基本材料是环氧树脂。为了把四周的键合焊盘再分布成面阵列的底部引出端，必须在树脂叠加层的上部镀敷铜印制线。铜印制线的表面电镀 Ni/Au。

Micro BGA 封装的互连使用共晶焊球。一方面，这些焊球由底部引出端涂敷上钎焊膏后回流形成。另一方面，方形扁平无引脚封装的底部引出端是平坦的焊盘，焊盘是通过引线框架背面蚀刻形成的，为了得到焊料浸润表面以用于板级组装，焊盘表面涂敷焊料。

（3）制造工艺

Micro BGA 封装和方形扁平无引脚封装通常的制造过程包括引线框架制备、管芯黏结、引线键合、模塑包封、引出端形成和底部引线涂敷等。Micro BGA 封装和方形扁平无引脚封装同其他引线键合的塑料封装在管芯黏结、引线键合和模塑包封等操作方面基本上没有什么差别，不过其他的制造步骤是不同的。对于 Micro BGA 封装，在制造方面非常重要的一步是引线框架的制备。Micro BGA 封装引线框架的制备如图 4-23 所示。

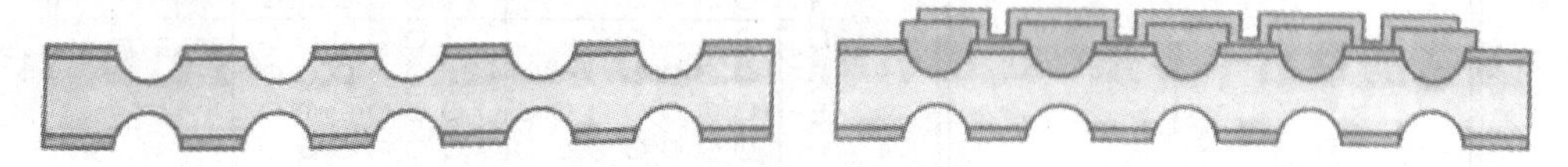

图 4-23　Micro BGA 封装引线框架的制备

引线框架是厚度为 200μm 的两面镀镍的铜合金薄片。镀镍层是为了形成面阵列排列图形的底部引出端并作为蚀刻的抗蚀层，蚀刻法形成 Micro BGA 封装时在引线框架两边半蚀刻产生短柱。下一步建立叠加层。首先在引线框架上表面涂敷一层树脂，接着在每一个引出端的上部用光刻法制造小孔。先在叠加树脂层的上表面通过电镀淀积一层铜，然后蚀刻出图形。最后，在铜印制线和焊盘上通过电镀 Ni/Au 形成能用金丝键合的表面涂敷层。需要注意的是，引线键合焊盘的位置是交错排列的，焊盘位于最外面一排和第二排引出端之间。这些焊盘形状是尺寸约为 100μm × 200μm 的矩形，焊盘节距是 140μm。

做好引线框架后，就可以进行 Micro BGA 封装的后续工序。Micro BGA 封装的组装过程如图 4-24 所示。因为焊盘是交错的，所以有两种拱高，较低引线拱高和较高引线拱高的最大拱高分别是 150μm 和 250μm。两种引线的拱高最小距离为 40μm，Micro BGA 封装的引线键合速度能达到每秒 6 根线。引线键合后下一步就是塑料包封（又称模塑包封），模塑包封的环氧树脂厚度是 0. 8mm。接下来就是背面刻蚀分离出的引出端。需要注意的是，引出端下表面的镀镍层在背面蚀刻时起抗蚀的作用。

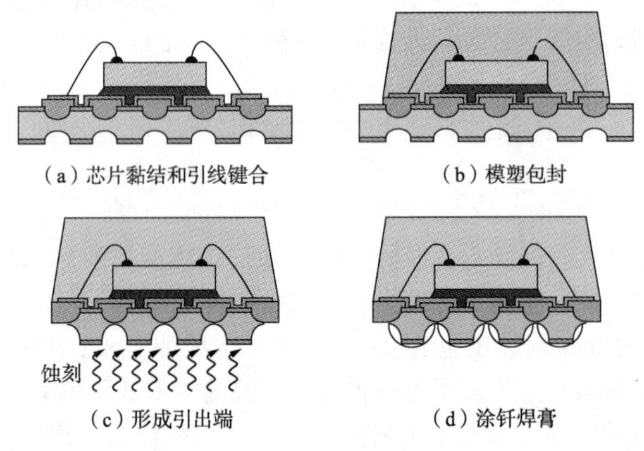

图 4-24　Micro BGA 封装的组装过程

Micro BGA 封装制造的最后一步是在底部引出端上制作焊凸点。先要做一个同 Micro BGA 封装面阵列图形匹配的带凹坑的模板，然后把共晶钎焊膏涂布在模板上以填满凹坑。用合适的对准方式把 Micro BGA 封装的底部引出端放入填了钎焊膏的凹坑里浸渍。回流加热后，形成焊凸点并黏附在 Micro BGA 封装的底部引出端上。Micro BGA 封装的外形如图 4-25 所示。

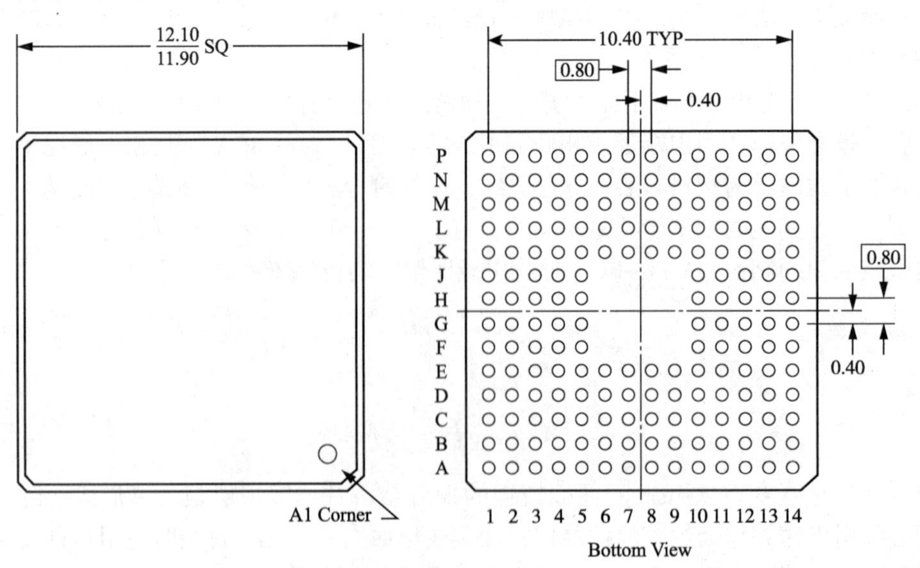

图 4-25　Micro BGA 封装的外形

富士通的Micro BGA封装和方形扁平无引脚封装是基于引线框架的无外部引线的芯片尺寸封装。这两种封装都采用金丝键合作为一级内部互连，对于板级互连，Micro BGA封装采用全排列的球阵列，而方形扁平无引脚封装则使用四周排列的镀焊料平坦焊盘。除了在引出端图形方面的差异，Micro BGA封装在引线框架顶部有一层附加的叠加树脂层，用于对四周引线键合焊盘进行线路再分布，连接到面阵列底部的引出端。虽然这两种封装具有同样的引线节距，但它们的引出端数并不相同。

蚀刻法形成引出端是实现这两种封装的核心技术。这项技术需要一种镀镍的铜引线框架，该技术的特征是在模塑包封后进行背面蚀刻。蚀刻引线框架能产生精确的引出端图形，因此可得到小于0.8mm的窄引线节距。

5. 柔性板上的芯片尺寸封装

柔性板上的芯片尺寸封装（COF-CSP）是由通用电气公司在柔性薄膜模块技术的基础上开发出来的。这种封装利用一种单面或双面铜印制线的聚酰亚胺薄膜作为中间支撑层。这种封装的特点是在柔性基板上钻通孔，中间支撑层和芯片间的互连线通过在通孔内用溅射或电镀工艺制备并金属化，通常的板级互连采用球阵列焊球，标准的焊球节距为0.5mm。硅芯片背面进行减薄后，这种封装最薄只有0.25mm。

（1）封装材料

通用电气公司的COF-CSP是一种带有柔性中间支撑层和BGA互连的封装。封装的主要组成部分除硅芯片外，还包括带有金属印制线的柔性基板、管芯黏结剂、包封料、键合焊盘、金属化和球阵列焊球等。COF-CSP用的基板是预制的聚酰亚胺载带，基板厚度是25μm，根据电路的复杂程度和I/O引脚数，柔性载带通常单面或双面有铜印制线，通常铜印制线的厚度为4～10μm。然而，对于较大功率的应用，应该增加铜印制线厚度以承载更大的电流。尽管现有技术可做到更小的尺寸，但为了提高成品率和降低成本，铜印制线的宽度和间距使用2/2（50μm/50μm）设计规则。管芯黏结剂使用热塑材料，黏结剂用喷涂或旋转涂敷的方法淀积在聚酰亚胺载带上，厚度是10～15μm。COF-CSP的包封料是符合工业标准的含70%二氧化硅粉填充剂的环氧树脂，采用如此高的二氧化硅含量主要是为了减小内应力。因为柔性基板呈平板状态，包封除起保护IC的作用外，另一个作用是作为载体，以便于后续工艺处理。

芯片键合焊盘和中间支撑层之间进行互连的金属化是用溅射或电镀淀积的，聚酰亚胺载带上的键合焊盘的最后表面涂敷层可以是Au、Ni、Cu或软焊料。

需要指出的是，管芯上的键合焊盘可能保留原有的金属如Al或Au，在前述的金属化过程中不需要对管芯焊盘进行改动。COF-CSP的球阵列焊球是传统的共晶焊球，焊球不是呈球形被淀积在柔性基板上的，而是先以焊膏的形式被印制在焊盘上，然后进行回流，由表面张力形成焊球。焊球的直径是0.25～0.3mm，高度是0.15～0.18mm。

（2）制造工艺

COF-CSP的制造工艺是通用电气公司和Lockheed Martin公司为MCM开发的技术的简化。制造工艺由单层厚度为25μm的聚酰亚胺载带开始，这种柔性载带可以从杜邦和霍尼韦尔等供应商处得到，或由通用电气公司生产。目前，通用电气公司把卷带裁切成尺寸约为12in×12in（1in≈25.4mm）的方片，以便于后续工艺处理。由于聚酰亚胺载带是柔性基板，它需要用黏结剂或用夹具固定到刚性引线框架上，以便后续工艺处理和提高加工时的尺寸稳定性。通用电气公司现在采用的结构是直径为8in的环形引线框架，然而，COF-

CSP 的实际加工面积是环形引线框架内 6in × 6in 的方形区。

一旦载带被安装到引线框架上，就可在柔性材料上制作金属印制线和焊盘的图形。金属化采用的是一层厚度为 4 ～10μm 的 Cu，对于大功率应用，应该增加 Cu 厚度以承载较大的电流。

目前铜印制线的图形线宽和间距使用 2/2（50μm/50μm）设计规则，根据 I/O 引脚数和电路图形的复杂程度，柔性基板可以在单面或双面有铜印制线。如果采用双面都有铜印制线的柔性电路，需在载带的外侧加一层薄聚合物钝化层，以作为后续工艺中表面金属化的绝缘层。

下一步是在柔性基板的内表面上用喷涂或旋转涂敷的方法淀积管芯黏结剂，这层黏结剂的厚度是 10 ～15μm。然后，管芯用倒装芯片拾放机固定在预制有图形的柔性基板上，安放的精确度应为 10 ～20μm。芯片键合过程会承受高温和压力。接下来，芯片和柔性基板的背面由含有大量填充剂的环氧树脂包封，并在 100 ～150℃下固化。这种包封有两个作用，一个作用是为 IC 芯片提供密封保护，另一个作用是形成一种尺寸稳定和均匀、平坦的载体。包封被固化之后，在中间支撑层的硅片上用冲制或激光打孔机制作通孔。应该指出，这些通孔包括经过柔性基板和管芯黏结剂层到达芯片键合焊盘上的孔，以及经过柔性基板（如果使用双面柔性基板的话，还经过钝化层）到达聚酰亚胺载带上金属化焊盘的通孔。经过等离子清洗，在露出的焊盘、通孔侧壁和柔性基板的表面上用溅射或电镀的方法淀积一层金属。利用光刻技术，刻蚀出新的金属层以形成所需要的图形，以连接管芯上的键合焊盘和中间支撑层上的阵列焊盘。

目前，键合焊盘阵列的标准节距是 0.5mm，其他结构形式也可以毫无困难地制作，中间支撑层上的金属可以是 Au、Ni、Cu 或焊料。对具有球阵列结构的 COF-CSP，为了提供可浸润的表面，焊接键合焊盘的标准涂敷层是 Cu/Ni/Au 多层金属层。如果采用单面柔性基板，柔性迷你型球阵列芯片级封装的焊球排列不应超过 6 排，里面的 4 排焊盘应该布置通过聚酰亚胺载带的铜印制线预制的图形，外面的两排由后续的带有扇入印制线的表面金属化层连接到激光打孔机打好的孔上。

光刻形成图形的阻焊膜被涂敷在基板的最上层表面来钝化金属印制线和通孔。随后进行钝化层图形化以暴露焊料键合焊盘。键合焊盘可以由阻焊膜限定或不用阻焊膜限定。对于前者，焊盘直径是 0.355mm，但它的部分区域将被开孔直径为 0.25mm 的阻焊膜覆盖。对于后者，焊盘的直径和阻焊膜的开孔直径分别是 0.25mm 和 0.355mm。阻焊膜钝化图形完成后，先将钎焊膏用厚度为 0.15 ～0.2mm 的网板印制到焊盘上，然后回流形成球阵列焊球。焊球的直径和高度分别是 0.25 ～0.3mm 和 0.15 ～0.18mm。

制造工艺的最后一步是从载体上切割分离 COF-CSP。在分离之前，把尺寸为 6in × 6in 的包含所有封装的载体板从环形框上切下，载体随后被切割成最终的封装外形。

（3）应用和优点

这种封装有较好的散热性能。由于外形薄且尺寸紧凑，COF-CSP 可用于便携式装置用的存储元器件和 ASIC 封装。如硅芯片可以在包封前或后进行机械减薄，因此，这种封装的外形可以很薄，最小的封装厚度只有 0.25mm。柔性迷你型球阵列芯片级封装的封装尺寸只比芯片尺寸大 0.5mm。加上很窄的焊球节距（标准为 0.5mm），这些优良的形状因子使 COF-CSP 非常适合便携式电子装置的高密度组装。而且，COF 技术可利用电子封装工艺现有的设施实现高度自动化。因此，COF-CSP 的生产成本相对较低。最重要的是，

当 COF 还在平板载体上时，就可检测其电性能。

COF-CSP 主要用于封装从低等到中等引出端数的 IC 芯片，潜在的应用包括便携式电子装置中的存储元器件和 ASIC 的封装，封装尺寸非常紧凑并符合芯片尺寸封装的定义。

6. 刚性基板芯片尺寸封装

此封装类型由日本 Toshiba 公司首创，它与柔性基板封装的不同之处在于刚性基板是通过多层陶瓷叠加或经通孔与外层焊球相连的，采用的连接方式为倒装式和引线键合。这里介绍 EPS 公司低成本刚性基板芯片尺寸封装 NuCSP。NuCSP 的设计特点如下。

① 这是一种栅格阵列封装，用厚度为 0.15mm 的钎焊膏焊接在 PCB 上，形成的焊点高度为 0.08mm。

② 使用单芯双面布线板。

③ 从管芯下的基板上的周边焊盘引出的印制线在基板上向中间进行再分布。

④ 再分布印制线通过通孔与封装基板底层上的铜焊盘相连。

⑤ 封装铜焊盘是面阵列分布的，节距为 0.5mm、0.75mm、0.8mm 和 1mm。

⑥ 它和表面安装技术兼容。

⑦ 它具有自对准特性。

⑧ 采用下填料，倒装芯片上的焊凸点是可靠的。

NuCSP 的封装工艺流程如图 4-26 所示，它是一种非常简单和低成本的封装。

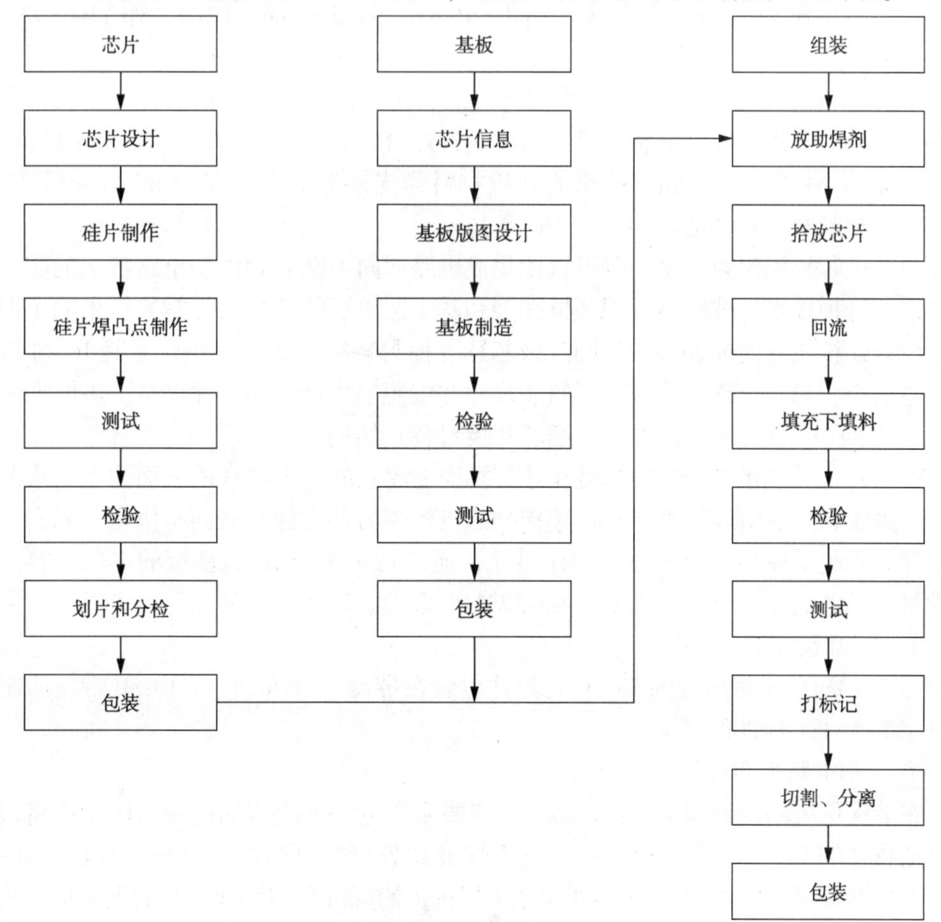

图 4-26　NuCSP 的封装工艺流程

7. 硅片级芯片尺寸封装

一般，芯片尺寸封装都是将硅片切割成单个 IC 芯片后再执行后道封装工艺的，而硅片级芯片封装则不同，它的全部或大部分工艺步骤都是在已完成前道工序的硅片上完成的，最后将硅片直接切割成分离的独立元器件。因此，除芯片尺寸封装的优点外，它还具有以下独特的优点。

① 封装加工效率高，可以多个硅片同时加工。

② 具有倒装芯片封装的优点，即轻、薄、短、小。

③ 与前道工序相比，只是增加了引脚重布线层（Redistribution Layer，RDL）和凸点制作两个工序，其余全部是传统工序。

④ 减少了传统封装中的多次测试。

因此，世界上各大型 IC 封装公司纷纷投入晶圆片级芯片规模封装的研究、开发和生产。晶圆片级芯片规模封装的不足是目前引脚数较少、还没有标准化和成本较高。

晶圆片级芯片规模封装所涉及的关键技术除前道工序所必需的金属淀积技术、光刻技术、蚀刻技术等以外，还包括重新布线技术和凸点制作技术。通常，芯片上的引出端焊盘是排列在管芯周边的方形铝层，为了使晶圆片级芯片规模封装适应表面安装技术二级封装较宽的焊盘节距，需将这些焊盘重新分布，使这些焊盘由芯片周边排列改为芯片有源面上阵列排布，这就需要重新布线技术。另外，将方形铝焊盘改为容易与焊料黏结的圆形铜焊盘，重新布线中溅射的凸点下金属（Under Bump Metallization，UBM，如 TI-Cu-Ni 中的 Cu）应有足够的厚度（如数百微米），以便使焊料凸点连接时有足够的强度，也可以用电镀加厚 Cu 层。焊料凸点制作技术可采用电镀法、化学镀法、蒸发法、置球法和钎焊膏印制法等。目前，电镀法应用非常广泛，其次是钎焊膏印制法。重新布线中 UBM 材料为 Al/Ni/Cu、Ti/Cu/Ni 或 Ti/W/Au。所用的介质材料为光敏苯并环丁烯（BCB）或聚酰亚胺（PI），凸点材料有 Au、PbSn、AuSn、In 等。

晶圆片级芯片规模封装是一种可以使集成电路面向下贴装到印制电路板上的芯片尺寸封装技术。这种技术与球阵列、引线框架型和基于层压板的芯片尺寸封装技术的不同之处在于它没有连接线或内插连接。晶圆片级芯片规模封装技术的第一个优点是 IC 到 PCB 之间的电感很小，第二个优点是缩小了封装尺寸并缩短了生产周期，并提高了热传导性能。

（1）美国 Maxim 公司的 UCSP（超芯片级封装）结构

美国 Maxim 公司的 UCSP 结构是在硅片衬底上建立的，在硅片的表面附上一层苯并环丁烯树脂薄膜，这层薄膜降低了焊球连接处的机械压力并在裸片表面提供电气隔离。在苯并环丁烯树脂膜上使用照相的方法制作过孔，通过它实现与 IC 与基板的电气连接。标准的焊球材料是共晶锡铅合金，即 63% Sn-37% Pb 合金。

（2）UCSP 包装带

美国 Maxim 公司将所有的 UCSP 元器件包装在带盘（T&R）中。UCSP 带盘的制作要求是基于 EIA-481 标准的。

（3）印制电路板布局设计

要在装配中成功地使用 UCSP 元器件，需要注意电路板的布局问题。印制电路板的布局与制造将影响 UCSP 装配的产出率、设备性能和焊点的可靠性。UCSP 焊盘结构的设计原则和 PCB 制造规范与引线型元器件和基于层压板的球阵列封装元器件有所不同。用于表面安装封装元器件的焊盘结构有两种。

阻焊层限定（Solder Mask Defined，SMD）焊盘：阻焊层开口小于金属焊盘；电路板设计者定义形状代码、位置和焊盘的额定尺寸；焊盘开口的实际尺寸是由阻焊层制作者控制的。阻焊层材料一般为可成像液体感光胶（LPI）。

非阻焊层限定（Non-Solder Mask Defined，NSMD）焊盘：金属焊盘小于阻焊层开口。在表层布线电路板的NSMD焊盘上，印制电路导线的一部分残留焊锡。

电路板设计者必须考虑功率、接地和信号走向的要求来选择使用哪种焊盘。一旦选定，UCSP的焊盘类型就不能混合使用。焊盘和与其连接的导线的布局应该对称，以防止产生偏离中心的浸润力。

选择UCSP焊盘类型时需要考虑的因素如下。

① 蚀刻铜导线的过程能够得到更好的控制，与SMD焊盘的阻焊层蚀刻相比，NSMD焊盘是更好的选择。

② SMD焊盘可能使阻焊层交叠的地方产生压力的集中，这将导致压力过大时焊点破裂。

③ 根据PCB上铜导线及其他空位的制作规则，NSMD焊盘可以给PCB上的布线提供更多的空间。

④ 与SMD焊盘相比，NSMD焊盘更大的阻焊层开口为UCSP元器件的贴放提供了更大的工作窗口。

⑤ SMD焊盘能够使用更宽的铜导线，在与电源和底层的连接中具有更低的电感。

假设NSMD PCB设计中的基底铜箔厚度为1/2。为了防止焊料流失，信号导线在与NSMD焊盘的连接处应该具有瓶颈形状，其宽度不超过与之连接的NSMD焊盘半径的1/2。使用最小的4～5mil（1mil≈0.0254mm）导线宽度就能实现这一目标。这种颈状导线与元器件焊盘的连接应该是对称的，以防止再流焊时不平衡的浸润力造成元器件的位移。为防止焊接短路，邻近焊盘之间的铜导线都必须被阻焊层覆盖。阻焊层开口的公差和对表面铜层的对准是十分关键的，不同的商家提供的电路板在这些方面有所不同。阻焊层细条（开口之间的窄带）的宽度应满足PCB制造规则，以避免阻焊层断裂。

对于SMD PCB布局设计，表层铜箔的厚度并不重要。为防止焊点塌裂导致UCSP焊点的可靠性降低，SMD阻焊层开口最大应为12mil。铜焊盘宽度应满足PCB制作规则中对最小间距和与阻焊层最小交叠的要求。当改换一家新的PCB制造商时，应对阻焊层的制作是否合格进行检测，保证阻焊层的质量和焊点的可靠性满足用户的最低要求。

为了使阻焊层稳定附着在基材上并使阻焊层下面靠近焊盘的边沿处对焊锡的毛细吸引作用最小，在电路板规范中需要使用一种裸铜覆盖阻焊层工艺。不要在电镀金属上覆盖阻焊层，因为这会产生阻焊层对电镀金属不可预知的附着效果，导致在表面装配回流的过程中焊锡软化，损坏阻焊层边沿。

PCB焊盘的金属涂敷层会影响装配产出率和可靠性。关于焊盘涂敷层，需要注意以下几点。

① 铜焊盘应该涂上有机可焊防腐层。使用有机可焊防腐层一般比镀金要便宜，而且焊点更可靠。

② 如果不使用铜焊盘有机可焊防腐层，无镀镍或沉金是另一种可接受的选择，因为这样做可以把镀金层的厚度限制在20mil以内。镀金层的厚度必须小于0.5μm，否则将造成焊点的脆弱，降低焊点的可靠性。

③ 即使镀金比铜焊盘有机可焊防腐层的涂层或沉金处理更便宜、更容易实现，也不要使用这种方法，因为在处理过程中镀金层的厚度很难保持一致。

④ 热风焊锡整平涂敷层技术不能用于 UCSP 元器件，因为无法控制焊料的用量和外层形状。

Maxim 公司建议在 UCSP 装配中使用钎焊膏。在大多数 PCB 设计资料库中，设计者会提供 GERBER 图形文件用于制作钎焊膏模板。此时，应该请表面安装工程师复查钎焊膏开孔布局设计，确保与钎焊膏印制工艺的兼容性，PCB 设计者能够通过关注钎焊膏沉积开孔的布局帮助提高装配的产出率。对于某些具有有限的球阵列规格的小型 UCSP 元器件，即球阵列为 2×2、3×2 和 3×3，为了尽量减少钎焊膏的短路，比较好的方法是将钎焊膏沉积的位置从 UCSP 焊球的位置偏移 0.05mm，将模板开孔的间距从 0.50mm 增加到 0.55mm，对于 2×2 阵列要增加到 0.60mm。焊盘和阻焊层开口不需要任何变动。对于较大的球阵列规格（4×3、4×4、5×4 及更大的尺寸），外围行、列的钎焊膏沉积开孔需要偏移。可能的话，内部（非最外围）的钎焊膏沉积开孔要向球阵列节点密度较小的方向偏移。

（4）典型的 UCSP 表面安装工艺流程。

典型的 UCSP 表面安装工艺给出了对钎焊膏印制、元器件贴放、再流焊、UCSP 返修和封装运输等的一些指导性原则。

① 钎焊膏印制是与 PCB 装配产出率相关的重要的工艺。检查钎焊膏厚度、钎焊膏覆盖率和钎焊膏与焊盘的对准精度是必须进行的工作。

选择钎焊膏：应使用 60% Sn-37% Pb 共晶合金第三类（焊球尺寸为 25～45pm）或第四类（焊球尺寸为 20～38μm）的锡膏，选择哪一类取决于模板开孔的尺寸。建议使用低卤化物含量（$<100\times10^{-6}$）和免清洗的 J-STD-00 指定的 ROLO/RELO 树脂助焊剂，可以省去回流装配后的清洗工作。

制作模板：使用激光切割不锈钢箔片加电抛光技术或镍金属电铸成型的制作工艺。镍电铸成型工艺虽然比较昂贵，但是对于从超小的开孔进行钎焊膏沉积的过程具备可重复性。这种方法还有一个优点，就是几乎可以形成用户所需要的任何厚度。具有梯形截面的模板开孔有助于钎焊膏的释放。

模板开孔设计：将开孔偏移焊盘，使锡膏沉积位置的间距最大，这可以把焊球小于 10 个时 UCSP 元器件桥接的可能性降到最低。

开孔面积比的定义为开孔的面积除以开孔侧壁的表面积。为了锡膏印制过程的可重复性，使用开孔面积比大于 0.66 的正方形（角径为 25μm）开孔比矩形开孔的效果要好，使用更大的开孔或更薄的模板可以提高开孔面积比。

② 元器件贴放是指将 UCSP 元器件从带有凹槽的包装袋中取出并贴放到 PCB 上，这一过程使用标准的自动精确定位集成电路拾取/贴放机。拾取/贴放机需要固定的带盘送料器。使用机械中心定位方案的系统是不可取的，因为它极有可能伤害到元器件。

拾取/贴放系统的贴放精度依赖它使用的是封装轮廓中心对准还是球阵列中心对准的视觉定位技术。对准精度要求较低时，封装轮廓中心对准可以用于高速贴放；球阵列中心对准则用于在贴放速度较低时实现最大的对准精度。封装轮廓中心对准与球阵列中心对准的中心位置坐标 x、y 的最大偏差为 ±0.035mm。

焊球贴放位置与 PCB 焊盘中心在 x 轴、y 轴方向的最大允许偏移均为 ±0.150mm，这

样可以保证回流过程中的浸润力使锡球自动对准中心。

所有 UCSP 元器件的接触力应该小于 5N，建议元器件锡球高度不要超过钎焊膏高度的 50%，最后需要使用 2DX 射线测量并验证贴放精度。

为了一致、可靠地从包装袋拾取裸片，同时把它放在 PCB 上，拾取和贴放操作可能也要求对吸嘴/吸头进行足够的清理。为实现这一目的，建议使用下面的方法。

a. 在拾取和贴放过程中，频繁地用异丙醇或甲醇清理裸片吸头。在合适的拾放间隔中，通过几次拾放之后检查吸头的杂质来决定清理的频率。

b. 使用一个不接触光刻区的吸头。

c. 使用一个较大的吸头可使放置裸片时间的一致性更好，同时可避免放置后裸片位置没被对准的情况。

③ 钎焊膏回流要在氮气惰性氛围下进行。推荐使用压力对流气体回流炉，这样可以控制整个过程中的热导率。

额定峰值温度是（220±15）℃，高于锡球熔点的温度持续（60±15）s，使用机器装置内部的热电偶测量和证实这一温度曲线。UCSP 元器件能够经受住 3 次再流焊循环（峰值温度为 235℃）。推荐使用 2DX 射线分层摄影法作为再流焊之后取样检查焊接短路、焊锡不足、漏焊和潜在开路等问题的方法。

④ UCSP 的返修工艺与一般的球阵列返修工艺相同。

a. 使用局部加热取走 UCSP 元器件，加热的温度曲线与最初的再流温度曲线类似，使用对流热气体喷嘴和底部预热的方法。

b. 当喷嘴温度达到 190℃时，使用塑料镊子或者真空工具取走有缺陷的 UCSP 元器件。

c. 必须使用温度可控的电烙铁除去焊盘上的残留焊料。

d. 将凝胶状助焊剂添加到焊盘上。

e. 用真空拾取工具拾取新元器件并利用视觉定位贴放夹具，将其精确地放置。

f. 用相同的对流热气体喷嘴和底部预热的方法对元器件进行再流焊，使用最初的回流温度曲线。

g. 为了防止损坏 UCSP 元器件，包装与运输 UCSP 元器件时必须小心。尤其是在不使用底层填料安装 UCSP 元器件的情况下，必须严格遵守装有 UCSP 元器件的 PCB 的包装规范。

4.4.2　倒装芯片技术

众所周知，常规芯片封装流程中包括粘装、引线键合这两个关键的工序，而倒装芯片则合二为一，它直接通过芯片上呈阵列排布的凸点来实现芯片与封装衬底（或电路板）的互连。由于芯片是倒扣在封装衬底上的，与常规封装芯片放置方向相反，故称为倒装芯片。

与常规的引线键合相比，倒装芯片由于采用凸点结构，互连长度更短，互连线电阻值、电感值更小，封装的电性能明显改善。此外，芯片中产生的热量还可以通过焊料凸点直接传输至封装衬底。

倒装芯片技术主要的优点是拥有高密度的 I/O 引脚，这是其他两种芯片互连技术（带式自动键合和引线键合）无法比拟的，这要归功于倒装芯片的焊盘阵列排布，它是将芯片上原本是周边排布的焊盘进行再布局，最终以阵列方式引出。与球阵列封装一样，它要求多层布线封装衬底（或电路板）与之匹配。

倒装芯片的组装工艺与球阵列封装类似，其关键是芯片凸点与衬底焊盘的对位。凸点越小、间距越密则对位越困难，通常需要借助专用设备来精确定位。但对焊料凸点而言，由于焊料表面张力的存在，焊料在回流过程中会出现一种自对准现象，使凸点和衬底焊盘自对准，即使两者之间位置有较大的偏差，通常也不会影响倒装芯片的对位。这也是倒装芯片封装备受欢迎的一个重要原因。

倒装芯片技术既是一种高密度芯片互连技术，又是一种理想的芯片贴装技术。正因为如此，它在芯片尺寸封装及常规封装（球阵列封装、插针阵列封装）中都得到了广泛的应用。例如，Intel 公司的 PⅡ及 PⅢ芯片就是采用倒装芯片技术互连方式组装到 FC-PGA 中的。

严格地讲，倒装芯片技术由来已久，并不是一项新技术。早在 1964 年，为克服手工键合可靠性差和生产率低的缺点，IBM 公司在其 360 系统中的 SLT 混合组件中就首次使用了该项技术。但从 20 世纪 60 年代直至 80 年代，倒装芯片技术一直都未能取得重大的突破，直到近年随着材料、设备及加工工艺等各方面的不断发展，同时随着电子产品小型化、高速化、多功能趋势的日益增强，倒装芯片技术再次得到了人们的广泛关注。

1. 倒装芯片的连接方式

与传统的表面安装元器件不同，倒装芯片元器件没有封装外壳，横穿整个管芯表面的互连阵列替代了周边线焊的焊盘，管芯以翻转的形式直接安置在板上或者向下安置在有源电路上面。由于没有了对周边 I/O 焊盘的需要，互连线的长度被缩短了，这样就可以在没有改善元器件速度的情况下，减少 RC 延迟时间。

倒装芯片有 3 种主要的连接形式：控制塌陷芯片连接（Controlled Collapse Chip Connection，C4）、直接芯片连接（Direct Chip Attach，DCA）和黏结剂连接。

（1）控制塌陷芯片连接

控制塌陷芯片连接技术是一种超细节距的球阵列封装形式。管芯具有 97% Pb-3% Sn 合金球阵列，在 0.2～0.25mm 的节距上，一般所采用的焊球直径为 0.1～0.127mm，焊球可以安装在管芯的四周，也可以采用全部或者局部的阵列配置形式。使用 C4 技术的倒装芯片，通常被连接到具有金或者锡连接焊盘的陶瓷基片上面，这主要是因为陶瓷能够承受较高的再流焊温度。

这些元器件不能使用标准的装配工艺进行装配操作，因为 97% Pb-3% Sn 合金再流焊温度为 320℃，对 C4 而言，尚没有其他的焊料可以用。代替钎焊膏的高温助焊剂被涂敷在基片的焊盘上面或者焊球上面，元器件的焊球被安置在具有助焊剂的基片上，元器件不发生移动现象。装配时的再流焊温度大约为 360℃，此刻焊球发生熔化从而形成互连。当焊料发生熔化时，管芯利用其自身拥有的易于自动对准的能力与焊盘连接，这种方式与球阵列封装组件相似。焊料“塌陷”到所控制的高度时，形成了桶形互连形式。

对 C4 元器件而言，主要被应用于陶瓷球阵列和陶瓷圆柱栅格阵列组件的装配。另外，有些组装厂商在陶瓷多芯片模块应用中也使用这项技术。

C4 元器件的主要优点如下。

① 具有优异的热性能和电性能。

② 在中等焊球节距的情况下，能够支持极大的 I/O 引脚数量。

③ 不存在 I/O 焊盘尺寸的限制。

④ 可通过使用群焊技术，进行大批量可靠的装配。

⑤ 可以实现相当小的元器件尺寸和质量。

另外，C4 元器件在管芯和基片之间能够采用单一互连，从而提供非常短的、非常简单的信号通路。降低界面的数量，可以降低结构的复杂程度，提高可靠性。

（2）直接芯片连接（DCA）

直接芯片连接技术像 C4 技术一样，是一种超微细节距的球阵列封装形式，管芯与在 C4 中所描述的几乎完全一样，DCA 和 C4 的不同之处在于所选择的基片不同。DCA 基片所采用的一般为用于 PCB 的典型材料，所采用的焊球材料是 97% Pb-3% Sn 合金，与之相连的焊盘采用的是低共熔焊料（37% Pb-63% Sn 合金）。为了能够满足 DCA 的应用需要，低共熔焊料不能通过模板印制施加到焊盘上面，这是因为它们的节距极细（0.2～0.254mm/8～10mil）。作为一种替代方式，PCB 上的焊盘必须在装配以前涂覆上焊料，在焊盘上的焊料容量大小是非常关键的，与其他超细节距的元器件相比，DCA 所施加的焊料显得略多，节距 0.05～0.127mm 焊料被释放在焊盘上面，使之呈现出半球形的形状，在元器件贴装以前必须使之平整，否则焊球无法可靠地安置在半球形的表面上。为了能够满足标准的再流焊工艺流程，DCA 技术混合采用具有低共熔钎焊膏的高锡含量凸点。

这时，元器件能够使用标准的表面安装工艺进行装配，被施加到管芯上的助焊剂与在 C4 中采用的相同，在 DCA 装配时所采用的再流焊温度大约为 220℃，低于焊球的熔化温度而高于连接焊盘上的焊料熔化温度。在管芯上的焊球起到了刚性支撑作用，焊料被填充在焊球的周围，因为这是在两个不同的 Pb/Sn 焊料组合之间形成的互连，在该处焊盘和焊球之间的界面将消失，在互相扩散的区域具有从 97% Pb 到 67% Sn 形成的光滑的梯度。通过刚性的支撑，管芯不会像在 C4 中那样发生“塌陷”现象，但是特有的自我校准的能力仍然保持不变。大规模生产应用 DCA 元器件的目的，不在于它所具有的较大的 I/O 引脚数量，而主要在于它的尺寸、质量和价格。

DCA 元器件的优点与 C4 元器件相似。由于它们能够在标准的表面安装工艺处理下被安置到 PCB 上面，能够适合这项技术的潜在应用场合数不胜数，尤其在便携式电子产品中更适宜采用该技术。

然而，关于 DCA 技术的优点也不能过于夸大，要实现它仍存在一些技术方面的挑战。有经验的封装厂商在生产过程中使用这项技术时，会继续重新处理和改善相关的工艺流程。业界实际上对此项技术的工艺处理经验还不够丰富，因为 DCA 消除了围绕在管芯周围的封装，所以复杂的高密度连接直接进入 PCB 内，形成了复杂的表面安装技术。

（3）黏结剂连接

黏结剂连接的倒装芯片（Flip Chip Adhesive Attachment，FCAA）可以具有很多形式，它用黏结剂来代替焊料，将管芯与下面的有源电路连接在一起。黏结剂可以采用各向同性导电材料、各向异性导电材料，或者采用根据贴装情况使用非导电材料。另外，采用黏结剂可以贴装陶瓷、PCB 基板、柔性电路板和玻璃材料等，这项技术的应用非常广泛。

2. 倒装芯片的凸点技术

倒装芯片基本上可分为焊料凸点倒装芯片和非焊料凸点倒装芯片两大类。尽管如此，它们的基本结构是一样的，即每一个 FC 都是由 IC、UBM 和凸点组成的。UBM 是在芯片焊盘与凸点之间的金属过渡层，主要起黏附和扩散阻挡的作用，它通常由黏附层、扩散阻挡层和浸润层等多层金属膜组成，现在采用溅射、蒸发、化学镀、电镀等方法来形成 UBM。凸点则是倒装芯片与 PCB 电连接的唯一通道，也是倒装芯片技术中非常有吸引力的地方。

（1）UBM的制作

能用来制作UBM的材料是很多的，主要有Cr、Ni、V、Ti、W、Cu和Au等。同样，制作UBM的方法也不少，常用的有溅射、蒸发、电镀和化学镀等几种，其中采用溅射、蒸发、电镀工艺制作UBM需要较大的设备投入，成本高，但其生产效率相当高，而采用化学镀方法的成本则低得多。目前使用较广泛的Ni/Au UBM采用化学镀方法。

（2）凸点分类

由于制作方法不同，凸点大致可分为焊料凸点、金凸点及聚合物凸点三大类。

① 焊料凸点。凸点材料为含Pb的焊料，一般有高Pb（90% Pb-10% Sn）和共晶（37% Pb-63% Sn）两种。

② 金凸点。凸点材料可以是Au和Cu，通常是采用电镀方法形成厚度约为20μm的Au或Cu凸点。Au凸点还可以采用金丝球焊的方法形成。

③ 聚合物凸点。聚合物倒装芯片是采用导电聚合物制作的凸点，设备和工艺相对简单，是一种高效、低成本的凸点。

由于组装工艺简单，焊料凸点技术应用广泛；金凸点虽然制作工艺比焊料凸点技术简单，但组装中需要专门的定位设备和专用黏结材料，如各向异性导电薄膜，因此多用于产品开发阶段；而PFC作为一种新兴起的凸点，具有很好的应用前景。

（3）焊料凸点的制作

焊料凸点FC因其优良的电、热性能及组装简便等诸多优点，得到业界的广泛关注。人们在不断地开发各种各样的凸点制造技术。

① 电镀凸点。这是常用的凸点制造技术。

② 印刷凸点。这种技术实际上就是表面安装工艺中的丝网印刷技术。众所周知，精密丝网印刷的分辨率一般都在0.3～0.4mm，低于0.3mm时会带来许多缺陷，而采用该方法印刷焊料凸点，间距通常为0.254mm和0.304mm。这就对丝网、刮刀及印刷机等提出了更高的要求。

③ 喷射凸点。喷射凸点又称MJT（Metal Jetting Technology），是一种创新的焊料凸点形成技术，它借鉴打印机技术中广泛使用的喷墨技术，熔融的焊料在一定压力的作用下，形成连续的焊料滴，通过静电控制，可以使焊料滴精确地滴落在所需位置。该技术制作焊料凸点具有极高的效率，喷射速度可高达44000滴/秒。

4.4.3 MCM封装与3D封装技术

便携式电子系统复杂性的增加对超大规模集成电路（Very Large Scale Integration Circuit,VLSI）常用的低功率、轻型及小型封装的生产技术提出了越来越高的要求。同样，许多航空和军事应用也正在朝该方向发展。为满足这些要求，人们在MCM x、y平面内的二维封装基础上，将裸芯片沿z轴叠层放在一起，这样，在小型化方面就取得了极大的改进。同时，由于z平面技术的总互连长度更短，降低了寄生性的电容、电感，因而系统功耗可降低约30%。以上是MCM封装产生的背景及由来，也体现了3D封装的必要性。

1. MCM封装

MCM封装先使用多层连线基板，再以引线键合、带式自动键合或C4键合方法将一个以上的IC芯片与基板连接，使MCM封装成为具有特定功能的组件。多芯片模块实例如

图 4-27 所示。它主要的优点包括：

（1）可大幅提高电路连线密度，提高封装的效率；

（2）可完成“轻、薄、短、小”的封装设计；

（3）封装的可靠度可获得提升。

与表面安装技术相比，采用 MCM 封装时两个相邻 IC 元器件之间的信号传输仅经过 3 根导线，而使用表面安装则需经过 9 根导线，减少信号经过的导线数可以降低封装连线缺陷发生的概率，可靠度因此获得提升。MCM 封装通常使用裸芯片键合，因此比表面安装元器件的高度低，在基板上占用的面积亦可同时降低，因此可提高封装的效率，为近年来高密度、高性能电子封装重要的技术之一。

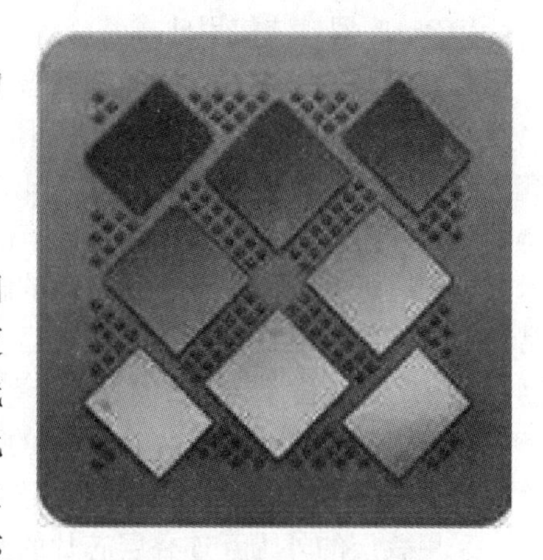

图 4-27　多芯片模块实例

MCM 封装技术的思想源自混合集成电路封装，这一技术在先进电子封装技术的应用以美国 IBM 公司在 1980 年初期开发的热传导组件为著名的例子。它利用 C4 将约 100 枚 IC 芯片组合在具有多层传导电路的陶瓷基板上，被应用在大型高速处理器的封装中。之后美国、日本等国的主要电子公司，如 AT&T、Honeywell、Rockwell、GE、Tektronix、DEC、Hitachi、NTT、NEC、Mitsubishi 等公司相继开发了 MCM 封装技术，制作出体积更小、质量更小且功能与可靠度更优良的电子产品，如 NEC 公司当时推出的 SX 型超级计算机。目前，许多使用厚膜混合技术的封装产品逐渐被 MCM 封装产品取代，在小型计算机工作站、通信产品里都可见到 MCM 封装技术的应用，MCM 封装几乎已被视为电子封装进入芯片整合型（Wafer Scale Integration，WSI）封装技术之前的主流。

2. MCM 封装的分类

MCM 封装技术可分为多层互连基板的制作与芯片连接技术两大部分。芯片连接可以用引线键合、带式自动键合或 C4 等技术完成；基板可以陶瓷、金属及高分子材料为基材，利用厚膜、薄膜或多层陶瓷共烧等技术制成多层互连结构。按工艺方法及基板使用材料的不同，MCM 封装可分为下列 3 种。

（1）MCW-C 型：基板为绝缘层陶瓷材料，导体电路则以厚膜印制技术制成，再以共烧的方法制成基板。

（2）MCM-D 型：以淀积薄膜的方法将导体与绝缘层材料交替叠成多层连线基板，MCM-D 型封装可视为薄膜封装技术的应用。它使用低相对介电常数的高分子材料制作绝缘层，故可以做成体积小但具有极高电路密度的基板，它也是目前电子封装行业极力研究开发的技术。

（3）MCM-L 型：多层互连基板以 PCB 叠合的方法制成。共烧型多层陶瓷基板技术为目前 MCM 封装中相当成熟的基板技术，可制备多达数十层的陶瓷基板以供 IC 芯片与信号端点连接。陶瓷基板使用的氧化铝材料具有较高的相对介电常数（通常约为 10），对基板的电气特性（尤其高频电路）有不良的影响；氧化铝烧结过程中的收缩对成品率的影响及基板材料准备过程复杂，使得这一技术有较高的成本；某些陶瓷材料的低热导率与低挠曲性也是影响该技术应用的原因之一；厚膜网印技术使得电路至少具有 100μm 的线宽，同时，使用的钨或钼导体膏材料具有的电阻率较高而易导致信号漏失。

MCM-D 型封装使用硅或陶瓷等材料为基板，以低相对介电常数（约为 3.5）的高分子绝缘材料与铝、铜等导体薄膜交替叠成传导基板，MCM-D 型封装能提供相当高的连线密度，以及优良的信号传输特性，但目前在成本与产品合格率方面仍然有待更进一步的研究改善，有许多开发研究的空间。MCM-L 型封装使用 PCB 叠合的方法制成传导基板，所得的结构尺寸规格在 100μm 以上，MCM-L 型封装的成本低且 PCB 制作也是极成熟的技术，但它有低热导率与低热稳定性的缺点。MCM-C、MCM-D、MCM-L 这 3 种不同的技术常被混合使用以制成高性能、高可靠度且能符合经济效益要求的 MCM 封装。

3. 3D 封装技术

3D 封装模块是指芯片在 z 方向的垂直互连结构。

(1) 叠层集成电路间的外围互连

采用叠层的外围互连叠层芯片的互连技术主要有以下几种。

① 叠加带载体法。叠加带载体法是一种采用带式自动键合技术互连 IC 芯片的方法，这种方法可进一步分为 PCB 上的叠层和带式自动键合两种方法。叠加带载体垂直互连的两种形式如图 4-28 所示。第一种方法［见图 4-28（a）］被松下公司用来设计高密度存储器，第二种方法［见图 4-28（b）］被富士通公司用来设计动态随机存储器（Dynamic Random Access Memory，DRAM）芯片。

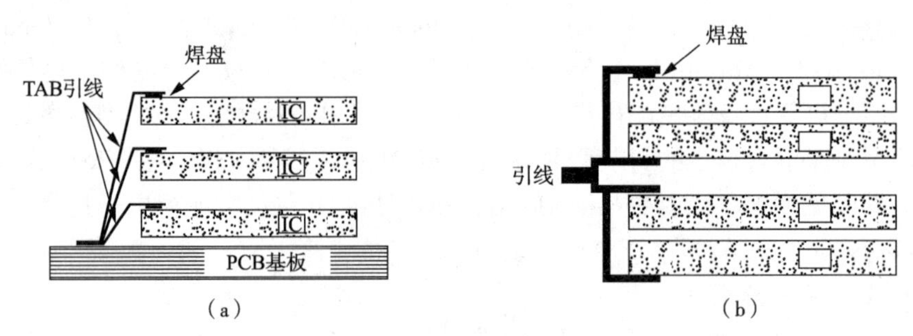

图 4-28　叠加带载体垂直互连的两种形式

② 焊接边缘导带法。焊接边缘导带法是一种通过焊接边缘导带来实现 IC 间垂直互连的工艺，这种方法有 3 种形式。

a. 边缘上形成垂直导带的焊料浸渍叠层法。这种方法用被静电熔化了的焊料槽对叠层 IC 引线进行同时连接，如图 4-29(a) 所示。Dense-Pac 公司就采用此种方法设计高密度存储器模块。

b. 芯片载体和垫片上的焊料填充通孔法，如图 4-29(b) 所示。这种方法用一种导电材料对载体和垫片上的通孔进行填充互连叠层。Micron Technology 公司用这种方法设计动态随机存储器和静态随机存储器（Static Random Access Memory，SRAM）芯片，休斯电子公司也研发了类似的技术并申报了专利。

c. 镀通孔之间的焊料连接法。这种方法先用带式自动键合引出 IC 引线，然后用内有通孔的 PCB 引线框架的小 PCB 互连 IC 引线，如图 4-29(c) 所示，利用这些通孔并采用焊接键合技术来重叠引线框架就能实现垂直互连。Hitachi 公司研发了这种技术并将该技术用于高密度动态随机存储器的设计。

③ 边缘球阵列法。这种方法将焊球沿芯片边缘分布，通过再流焊将芯片装在基板的边缘。

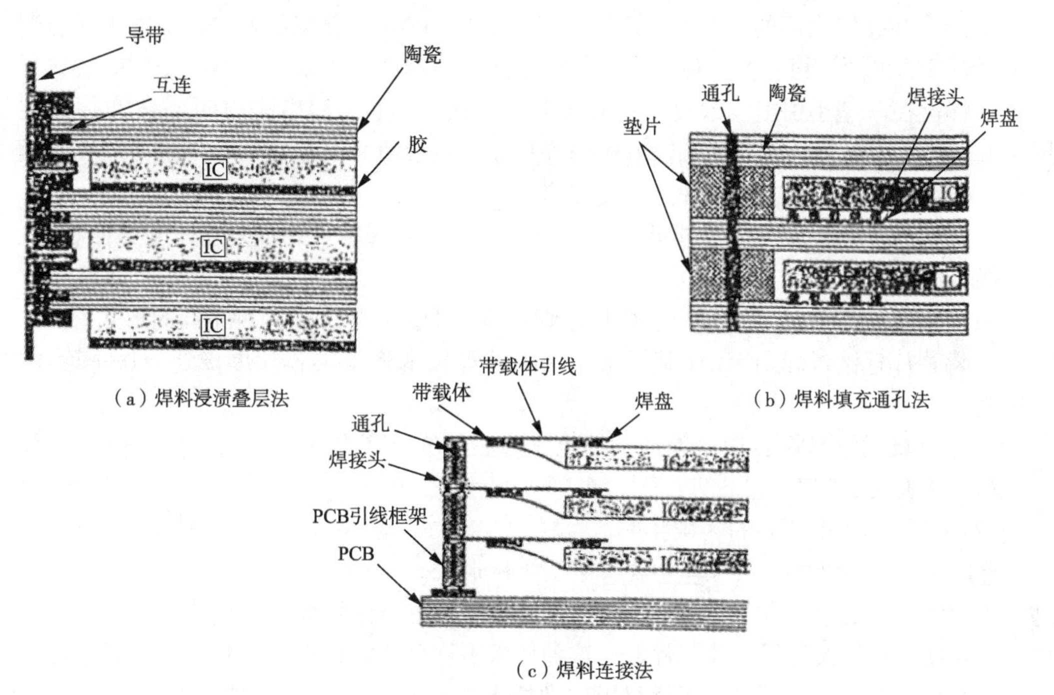

图 4-29 焊接边缘导带法的 3 种形式

④ 立方体表面上的薄膜导带法。薄膜是一层在真空中蒸发或溅射在基板上的导电材料，立方体表面上的薄膜导带法如图 4-30 所示。立方体表面的薄膜导带法是一种在立方体表面形成垂直互连的方法，这种方法有以下两种形式。

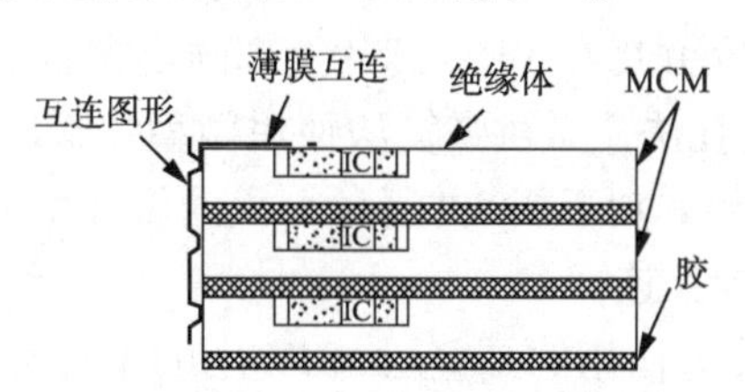

图 4-30 立方体表面上的薄膜导带法

a. 薄膜 T 形连接和溅射金属导带法。首先，将 I/O 引脚重新布线到芯片的一侧，并在叠层芯片的表面形成薄膜金属层的图形，然后，在叠层的表面进行剥离式光刻和溅射淀积两种工艺形成焊盘和总线，形成 T 形连接。

b. 环氧树脂立方体表面的直接激光描入导线法。这种方法用激光调阻在立方体的侧面形成互连图形，互连图形和集成电路导带截面交叉在立方体的表面上。

⑤ 立方体表面的互连线基板法。这种方法将一块分离的基板焊接在立方体的表面，具体有下列 3 种形式。

a. 焊接在硅基板凸点上的带式自动键合阵列法。TI 公司研制了这种方法并将其用于超高密度存储器的设计中，通过重新布线带式自动键合的存储器芯片上的 I/O 引脚就可以实现垂直互连：首先将一组（4 ～16 个）芯片进行叠层以形成 3D 叠层，再将这些叠层贴放在硅基板上并排成一行，使叠层底部的带式自动键合引线与基板上焊料凸点焊盘连接在一起。

b. 键合在叠层表面的倒装芯片法。这种方法在对 MCM 叠层前就先将互连引线引到各个金属焊盘的侧面，再用倒装焊技术将集成电路键合到金属焊盘上。

c. 焊盘在薄型小引出线封装外壳两侧的 PCB 法。这种方法首先将两个 PCB 焊接在叠层薄型小引出线封装外壳的两侧以形成垂直互连，然后使 PCB 引线成型以形成双列直插式组件。三菱公司用这种方法设计高密度存储器。

⑥ 折叠式柔性电路法。在折叠式柔性电路中，先将裸芯片安装并互连到柔性材料上，再将裸芯片折叠起来以形成 3D 叠层。

⑦ 丝焊叠层芯片法。这种方法使用丝焊技术以形成互连，有两种不同的形式。

a. 将芯片直接丝焊到 MCM 基板上，采用丝焊技术将叠层芯片焊接到一块平面 MCM 基板上。

b. 通过集成电路将芯片丝焊到基板上，母芯片充当子芯片的基板，互连由子芯片接到母芯片基板表面的焊盘上。

（2）叠层集成电路间的区域互连

叠层集成电路间的区域互连主要有下面 3 种形式。

① 倒装芯片焊接叠层芯片法（不带有垫片）。这种方法用焊接凸点技术将叠层集成电路倒装并互连到基板或另一片芯片上。这种技术被许多公司采用，如 IBM 公司用这种技术来设计超高密度元器件，富士通公司用这种技术来将 GaAs 芯片叠加到 CMOS 芯片上，松下公司研制出一种新的"微凸点键合法"，被日本大阪半导体研究中心用来设计热敏头和发光二极管打印头。

② 倒装芯片焊接叠层芯片法（带有垫片）。这种方法与倒装芯片焊接叠层芯片法（不带有垫片）相似，它只是用垫片来控制叠层芯片间的距离。这种技术是由美国科罗拉多大学、美国加利福尼亚大学研究并用在 VLSI 芯片上部固定含有铁电液晶显示的玻璃板上的。

③ 微桥弹簧和热迁移通孔法。微桥弹簧法使用微型弹簧以实现叠层 IC 间的垂直互连。休斯公司研制了这种方法并将其用于 3D 并行计算机的设计中的实时数据及图像的处理。

（3）叠层 MCM 间的外围互连

叠层 MCM 间的外围互连方法指的是叠层 MCM 间的垂直互连在叠层的外围实现，主要有下面 4 种形式。

① 焊接边缘导带法。这种方法与叠层集成电路间的外围互连中的焊接边缘导带法相似，不同的是，它的垂直互连是在 MCM 间而不是在 IC 间实现的。

② 立方体表面的薄膜导带法。叠层边的高密度互连器薄膜互连法是指在基板上先采用的同样高密度互连器工艺沿叠层的两边实现垂直互连，将两边叠层，再用"电镀光刻胶"的化学工艺形成图形。

③ 齿形盲孔互连法。这种方法在半圆形或皇冠形金属化表面（齿形）制造 MCM 间的垂直互连，Harris 和 CTS 微电子公司用这种方法设计高密度存储器模块。

④ 弹性连接器法。这种方法使用弹性连接器来实现叠层 MCM 的垂直互连，JET Pro pulsion 实验室用这种方法实现了一种太空立方体。

（4）叠层 MCM 间的区域互连

采用叠层 MCM 间的区域互连方法，叠层元器件间的互连密度更高，叠层 MCM 之间的互连没有键合在叠层周围，MCM 通孔连接法是区域互连的一种具体方法，这种方法主要有以下 4 种不同形式。

① 塑料垫片上的模糊按钮和基板上的填充通孔法。这种方法用一层被称为垫片或模糊按钮的过渡层将 MCM 叠层加起来，它由一个精确的塑料垫片让出芯片和键合的缝隙，模糊按钮通过叠层 MCM 上的接合力实现互连。模糊按钮的材料是优良的金导线棉，两个丝棉区结合非常牢固。这种方法由 E-Systems 公司研制，该公司和 Norton 金刚石膜公司采用该方法将 MCM 和金刚石基板叠层放在一起，Irvine Sensors 公司还将这种技术用在小型、低成本的 DSP 中。

② 带有电气馈通线的弹性连接器法。这种方法通过连接电气馈通线和弹性连接器来实现垂直互连，电气馈通线预加工过的元器件，用一种埋置技术安装在激光结构的基板上，这种方法由柏林理工大学技术研究中心研制。

③ 柔性各向异性导电材料法。各向异性导电材料沿厚度方向导电，但沿长度方向和宽度方向不导电，用垫片进行更多互连，让出键合环高度和冷却通道高度。AT&T 公司使用 3D MCM 技术设计每秒浮点操作数十亿的多处理器阵列。

④ 基板层上下部分球阵列法。这种方法采用基板上下部分的球阵列实现垂直互连，通过给叠层施加压力，利用下部焊球将叠层 MCM 互连到 PCB 上，而上部焊点用于叠层 MCM 间的互连。该技术已被 Motorola 公司申请专利。

4. 3D 封装技术的优点和局限性

（1）3D 封装技术的优点

① 在尺寸和质量方面，3D 封装替代单芯片封装缩小了元器件尺寸、减小了质量。尺寸缩小及质量减小多少取决于垂直互连的密度。与传统的封装相比，使用 3D 封装技术可缩小尺寸、减小质量到$\frac{1}{50}$～$\frac{1}{40}$。与 MCM 技术相比，3D 封装技术可将体积缩小$\frac{1}{6}$～$\frac{1}{5}$，并可将质量减小$\frac{1}{19}$～$\frac{1}{3}$。

② 在硅片效率方面，封装技术的一个主要问题是 PCB 芯片焊区，MCM 封装和 3D 封装技术的硅片效率比较如图 4-31 所示，MCM 由于使用裸芯片，焊盘面积减小了 20%～90%，而 3D 封装则更有效地使用了硅片的有效区域。硅片效率是指叠层中总的基板面积与焊区面积之比，因此与其他 2D 封装技术相比，3D 封装技术的硅片效率超过 100%。

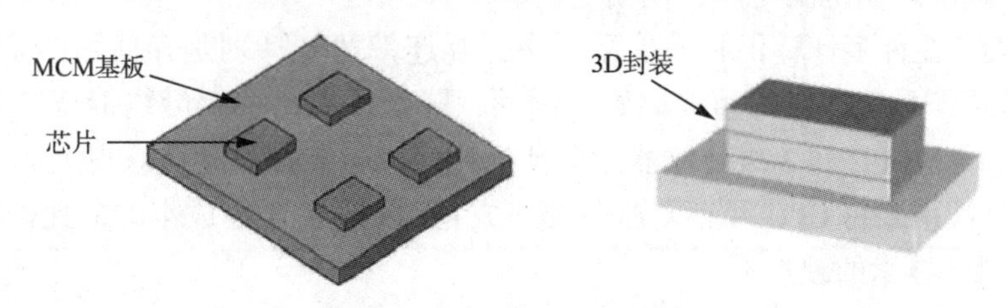

图 4-31　MCM 封装和 3D 封装技术的硅片效率比较

③ 延迟时间短。延迟时间指的是信号在系统功能电路之间传输所需要的时间。在高速系统中，总延迟时间主要受传输时间限制，传输时间是指信号沿互连线传输的时间，传输时间与互连长度成正比，因此缩短延迟时间就需要用 3D 封装缩短互连长度。缩短互连长度降低了互连伴随的寄生电容和电感，因而缩短了信号传输延迟时间。例如，使用 MCM 技术的信号延迟时间缩短了约 300%，而使用 3D 封装技术由于电子元器件间非常接近，延迟时间则更短。2D 和 3D 结构的导线长度比较如图 4-32 所示。

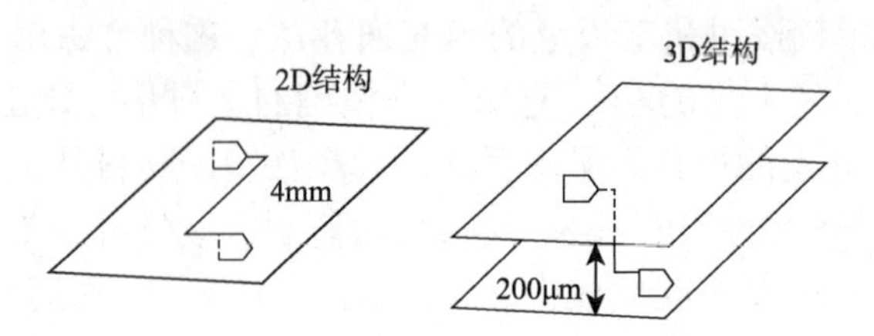

图 4-32　2D 和 3D 结构的导线长度比较

④ 在数字系统中存在4 种主要噪声源：反射噪声、串扰噪声、同步转换噪声、电磁干扰（Electro Magnetic Radio interteraction，EMR）。所有这些噪声源的幅度取决于信号通过互连的上升时间，上升时间越快，噪声越大。3D 封装技术在降低噪声中起着缩短互连长度的作用，因而也降低了互连伴随的寄生性。另外，如果使用 3D 封装技术没考虑噪声因素，那么噪声在系统中会成为问题。如果互连沿导线的阻抗不均匀或阻抗不能匹配源阻抗和目标阻抗，那么就存在出现反射噪声的风险；如果互连间距不够大，也会存在串扰噪声。由于缩短互连、降低互连伴随的寄生性，同步噪声也被减小，因此对于同等数量的互连，3D 封装技术产生的同步噪声更小。

⑤ 对功耗而言，由于寄生电容和互连长度成比例，因此，由于寄生性的降低，总功耗也降了下来。例如，10% 的系统功耗散失在 PCB 上的互连中，如果采用 MCM 技术，产品的功耗减小 8%。如果采用 3D 封装技术制造产品，由于缩短了互连长度，降低了互连伴随的寄生性，功耗则会更低。

⑥ 从速度方面，3D 封装技术节约的功率可以使 3D 元器件以更快的转换速度（更高的频率）运行而不增加功耗，此外，寄生性电容和电感的降低、3D 元器件尺寸和噪声的减小使每秒的转换率更高，这使总的系统性能得以提高。

⑦ 互连适用性和可接入性好。叠层互连长度的缩短降低了芯片间的传输延迟时间，垂直互连可最大限度地使用有效互连，传统的封装技术则受诸如通孔或预先设计好的互连限制。由于可接入性和垂直互连的密度（平均导线间距的信号层数）成比例，因此，3D 封装技术的可接入性依赖垂直互连的类型。外围互连受叠层元器件外围长度的限制，与之相比，内部互连的适用范围更广、使用更便利。

⑧ 带宽大。在许多计算机和通信系统中，互连带宽（特别是存储器的带宽）往往是影响计算机和通信系统性能的重要因素。因而，降低延迟、增大母线带宽是有效的措施。例如，Intel 公司将 CPU 和 2 级存储器用多孔插针阵列封装在一起以获得大的存储器带宽。3D 封装技术可被用来将 CPU 和存储器芯片集成起来，避免了高成本的多孔插针阵列封装。

（2）3D 封装技术的缺点

3D 封装技术的缺点主要有以下几点。

① 散热系统复杂。随着高性能系统建设要求的提高，电子封装设计正朝向芯片更大、I/O 端口更多的方向发展，这就要求提高电路密度和可靠性。提高电路密度意味着提高功率密度，功率密度在过去的数年内已呈指数级增长，在将来仍将持续增长。

采用 3D 封装技术制造元器件，功率密度高，因此，就要认真考虑热处理问题。3D 封装技术需要在两个层次进行热处理：第一层次是系统设计级，将热能均匀地分布在 3D 元器件表面；第二层次是封装级，可用以下一种或多种方法解决。其一，可采用诸如金刚石或化学气相沉积金刚石的低热阻基板；其二，采用强制风冷或水冷来降低 3D

元器件的温度；其三，采用一种导热胶并在叠层元器件间形成热通孔来将热量从叠层内部排到叠层表面。随着电路密度的增加，热处理器将会遇到更多的问题。

② 设计复杂。在持续提高集成电路的密度、性能和降低成本方面，互连技术的发展起着重要作用。在过去的 20 年内，电路密度提高了约 10 000 倍，据 Intel 创始人说，IC 的集成度将每年翻一番，后来修改为 IC 的集成度每 1.5 年翻一番。所以，芯片的特征尺寸、几何图形分辨率也向着不断缩小的方向发展。同时，功能集成度的提高使芯片尺寸更大，这就要求增大硅片尺寸的材料，研制处理更大的硅片制造设备。

采用 2D 封装技术已实现了许多系统，然而，采用 3D 封装技术只完成了少量复杂的系统及元器件，还要采取设计和研制软件的方法解决系统复杂性不断增加的问题。

③ 成本高。任何一种新技术的出现，其使用都存在着预期成本高问题。此外，高成本也是元器件复杂性的要求。影响叠层成本的因素有以下 6 个。

a. 层高度及复杂性。

b. 每层的加工工序数（例如，对于裸芯片叠层，目前生产厂家的工序数为 5～50）。

c. 叠层前在每块芯片上采用的测试方法。

d. 块芯片是否老化（漏电流测试通常是一种低成本的替代方法）。

e. 片后处理（例如，焊盘走线、硅片修磨、通过基板通孔等处理是非常昂贵的）。

f. 每个叠层要求的好芯片的数量（在 3～20 个不等，如果修磨硅片，3D 生产厂家可能要求每个叠层两块硅片，这使成本过高）。

此外，非重复性工程（Non Recurring Engineering，NRE）的成本也很高，这使采用 3D 封装技术的难度更大。严重影响 NRE 的因素有以下 3 个。

a. 批量叠层试验品的测试范围（例如，热测试、应力表测试及电测试等）。

b. 要求的样品叠层数。

c. 单个裸芯片系统级设计的 3D 生产厂家应用水平（例如，不同的 3D 生产厂家在模拟热处理和抗串扰方面的能力大大不同）。

④ 交货时间长。交货时间指的是生产一个产品所需要的时间，它受系统复杂性和要求的影响。3D 封装技术比 2D 封装技术的交货时间要长，调查表明，根据 3D 元器件的尺寸和复杂性，3D 封装厂家的交货时间为 6 到 10 个月，这比采用 MCM-D 封装技术所需的时间要长 2～4 倍。

5. 3D 封装技术的前景

3D 封装技术改善了电子系统的许多方面，例如，尺寸、质量、速度、产量及耗能。此外，由于在 3D 元器件的组装过程中系统消除了有故障的集成电路，终端元器件的成品率、可靠性及牢固性比分立形式的元器件要高。当前，3D 封装受若干因素的限制，其中诸如热处理等限制是密度高的原因，其余的则是技术限制，如通孔直径、通孔间距等。预计随着封装技术的进步，这些限制的影响将会降低。

3D 封装的主要问题有质量、垂直互连的密度、电特性、机械特性、热特性、设计工具的可利用性、可靠性、测试性、返工、NER 成本、封装成本、KCD 的可利用性及生产时间等。这些因素决定着 3D 封装的选用，在许多情况下，这些因素是相互关联的，至于应用，则要综合考虑上述因素，选择适合使用的技术。另外，3D 封装技术厂家的能力也是需要考虑的因素，尽管许多公司在 3D 封装技术的研究方面都很积极，但真正有标准的 3D 产品的公司很少。

1+X 技能训练任务

4.5 塑封机的日常维护与常见故障

塑封机的日常维护与常见故障

4.5.1 任务描述

（1）完成塑封机的日常维护与保养。

（2）判别塑封机运行过程中发生的故障类型。

4.5.2 塑封机的日常维护

塑封机的日常维护需要定期进行，包含以下内容。

（1）检查上料框架活动是否顺畅，上料是否到位，若存在问题则需重新调整上料框架。

（2）检查挤胶环磨损状况，看挤胶头是否偏单边磨损，若发现问题则及时更换挤胶环，并重新对模，调整挤胶头和料筒中心位置。

（3）检查模具表面、齿、模腔表面是否有损伤，模具维护要小心谨慎，不得用硬物刮或敲打模具，有磨损需及时更换。

（4）检查模具定位块有无磨损，是否偏单边，若存在问题需将上、下模具定位块调整方向，重新对模。

（5）检查模具定位针有无损伤，及时更换损伤的定位针。

（6）检查顶针深度是否正常、复位是否良好，及时调整，若发现顶针磨损需进行更换。

（7）检查浇口镶件有无磨损，对后道工序有无影响，及时更换新的浇口镶件。

（8）检查挤胶头和料筒磨损情况，及时更换挤胶头或料筒。

（9）检查上料框架压板有无缺损、螺钉是否松动、定位块有无磨损，若发现问题要及时更换压板，对螺钉进行点胶锁紧，及时更换定位块。

4.5.3 塑封机常见故障

塑封机在运行过程中发生一些故障会影响生产，操作员在操作时需留意设备的运行情况，及时发现故障并做出相应处理，减少损失。塑封机运行时的常见故障如下。

（1）设备运行噪声大。

（2）上、下模具错位或合模不均。

（3）溢胶。

（4）引线框架压痕过深。

（5）粘模。

（6）顶杆磨损或断裂。

（7）浇口堵塞。

（8）开合模异常。

（9）无法注进。

（10）模具未加热。

项目小结

本项目主要讲述了常见的封装技术，详细分析了双列直插封装、四面扁平封装、球阵列封装、芯片尺寸封装、倒装芯片技术、MCM 封装及 3D 封装技术等，并对每一种封装技术进行了详细的分析，主要包括工艺技术、常见类型、主要特点等内容，使学生能掌握各种封装过程中设备容易出现的问题及解决方法。

习　题

思考题

1. 双列直插封装和表面安装技术分别是什么？
2. 陶瓷双列直插封装和塑料双列直插封装各自的特点是什么？
3. 四面扁平封装是什么，它有什么优势？
4. 球阵列封装有哪些分类，各种类别的优点是什么？
5. 简述球阵列封装的返修工艺流程。
6. 芯片尺寸封装的定义是什么？其特点有哪些？
7. 倒装芯片有几种连接方式？FC 芯片的凸点结构是怎样的？
8. WLP 芯片的两种基本工艺是什么？WLP 有什么优缺点？
9. 列举 3D 封装垂直互连技术的种类和特点。

项目五　芯片测试工艺

项目导读

本项目讲述芯片测试的工艺技术，首先介绍如何根据芯片的类型选择合适的分选机，以及重力式、平移式、转塔式这3种不同类型分选机的特点；然后介绍DUT板卡设计原则，数字芯片常见参数的测试（包括开短路测试、输出高低电平测试和电源电流测试等）、模拟芯片常见参数（包括输入失调电压、共模抑制比和最大不失真输出电压等）测试；最后介绍1+X技能训练任务实操部分相关内容。

能力目标

知识目标	1. 了解芯片测试的工艺流程 2. 了解分选机的种类及特点 3. 了解DUT板卡设计的原则 4. 掌握数字芯片常见参数测试 5. 掌握模拟芯片常见参数测试
技能目标	1. 掌握重力式分选机使用方法 2. 掌握常见数字芯片测试方法 3. 掌握常见模拟芯片测试方法
素质目标	1. 培养求真的科研精神 2. 培养吃苦耐劳的优秀品质 3. 养成良好的职业习惯
教学重点	1. 数字芯片常见参数测试的原理 2. 数字芯片常见参数测试 3. 模拟芯片常见参数测试
教学难点	数字芯片常见参数测试及其原理
推荐教学方法	通过虚拟仿真、动画、实物、图片等形式让学生巩固所学知识
推荐学习方法	通过网页搜索最新相关知识、课程补充资源等进行辅助学习，达到学习的目的

项目知识

集成电路测试是确保产品良率和成本控制的重要环节，在集成电路生产过程中起着举足轻重的作用。集成电路测试是集成电路生产过程中的重要环节，测试的主要目的是保证芯片在恶劣环境下能完全达到设计规格书所规定的功能及性能指标，每一项测试都会产生一系列的测试数据。测试程序通常是由一系列测试项目组成的，从各个方面对芯片进行充

分检测，不仅可以判断芯片性能是否符合标准、芯片是否可以进入市场，而且能够从测试结果的详细数据中充分、定量地获知每颗芯片从结构、功能到电气特性的各种指标。因此，对集成电路进行测试可有效提高芯片的成品率及生产效率。

5.1 芯片测试工艺流程

待测芯片的封装形式决定了测试、分选和包装的类型，而不同的性能指标又需要对应的测试方案进行配套完成测试，测试完成后，芯片经人工目检和包装即可进入市场。

芯片测试工艺流程

芯片测试，即芯片成品测试，是芯片测试工艺流程中的重要一环。集成电路后道工序的划片、键合、封装及老化过程都可能损坏部分电路，所以在封装工艺完成后，要按照测试规范对成品芯片进行全面性电测试，如测试消耗功率、运行速度、耐压度等，目的是挑出合格的成品，根据元器件性能的参数指标分类，同时记录测试结果。各类芯片封装形式、性能指标差异决定芯片检测复杂的工作流程。

进行芯片检测，首先需要确定产品等级为消费级、工业级还是汽车级，等级不同，测试需求不同；测试需求的基础，由芯片的数据手册（芯片产品规格书，又称技术手册）资料决定，因此，研读芯片数据手册是后续正确完成测试的基础，需从芯片数据手册中获得芯片的工作电压和电流范围、频率范围、输入输出信号类型、工作温度及客户应用环境模拟条件、扫描链等参数信息；相关信息汇总后即可确定测试平台的类型，比如选择数字或模拟测试平台等；而芯片的封装类型决定机械手的选择，即选择重力式、平移式还是转塔式；DUT 板卡是芯片与测试平台之间的硬件联系，不同芯片需要根据待测参数的要求设计对应的 DUT 板卡；板卡设计完成，再根据测试方案进行编程调试和批量验证。

5.1.1 芯片检测工艺操作基础知识

为确保芯片的功能，要对每一个被封装的集成电路进行测试，从而满足制造商的电学和环境的特性参数要求。首先要根据芯片类型，比如双列直插封装、小引出线封装、方形扁平无引脚封装等不同封装类型，选择合适的分选机。在此基础上，根据芯片的测试需求，设计外围电路，以连接分选机与芯片引脚，然后给予特定的测试条件，去捕捉芯片引脚的反应。根据测试结果，判断一个测试项是否通过。在得到一系列的测试结果以后，就可以判断芯片的好坏了。通常情况下，分选机检测芯片的工艺流程如图 5-1 所示。

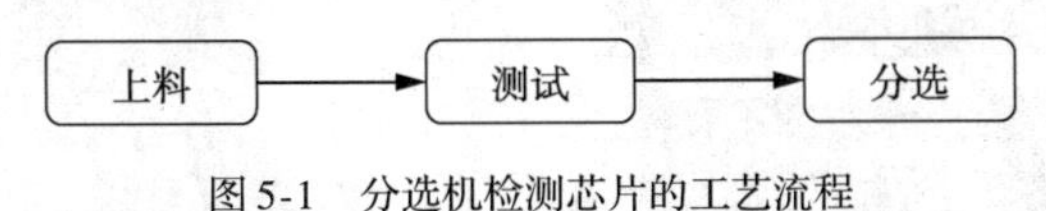

图 5-1　分选机检测芯片的工艺流程

5.1.2 分选机

根据机械手类型的不同，分选机有重力式、平移式、转塔式 3 种类型。

1. 重力式分选机

重力式分选机（见图 5-2）为斜背式双工位或多工位自动测试分选机。设备单槽自动上料，斜轨道下料，测试方式为夹测，管装自动装料。测试结果自动组合分档，测试效率较高。通常，重力式分选机的上料机构主要由上料槽、上料夹具和送料轨组成。

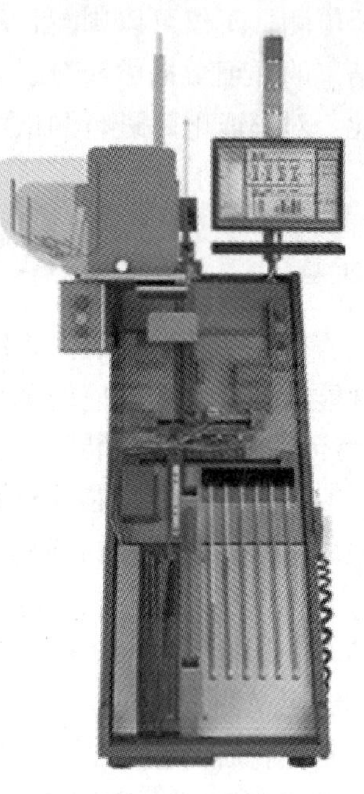

图 5-2 重力式分选机

2. 平移式分选机

平移式分选机（见图 5-3）是在水平面上完成芯片的转移、测试与分选的设备。平移式分选机的转移方式是真空吸嘴吸取，测试方式是测压手臂进行压测，最后将芯片根据测试结果转移到分选机。平移式分选机一般采用料盘收料，平移式分选机的上料机构主要由上料架、料盘传输装置和吸嘴组成。

3. 转塔式分选机

转塔式分选机的分选工序依靠主转盘执行，上料后主转盘每转动一格，都会将产品送到各个工位，每个工位对应不同的作用，包括上料位、光检位、旋转纠姿位、功能测试位等，从而实现芯片的测试与分选。一般转塔式分选机都是测编一体的，芯片测试完成后会进入编带区。

转塔式分选机的上料机构是一种能够将芯片全自动整齐排列并输送至指定位置的机构，它主要由振动料斗和气轨组成。转塔式分选机及其上料机构如图 5-4 所示。

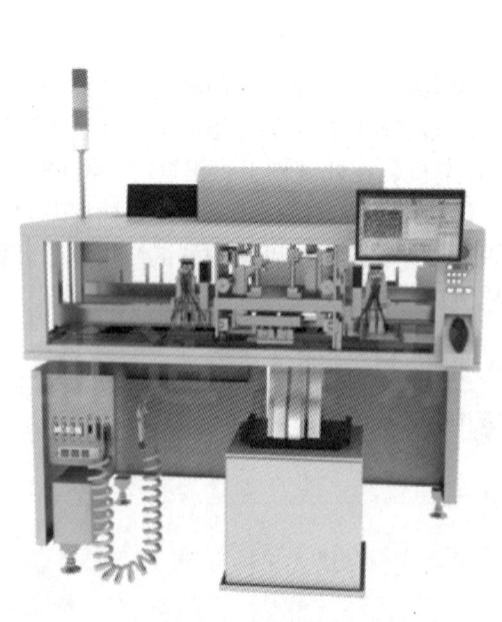

图 5-3 平移式分选机

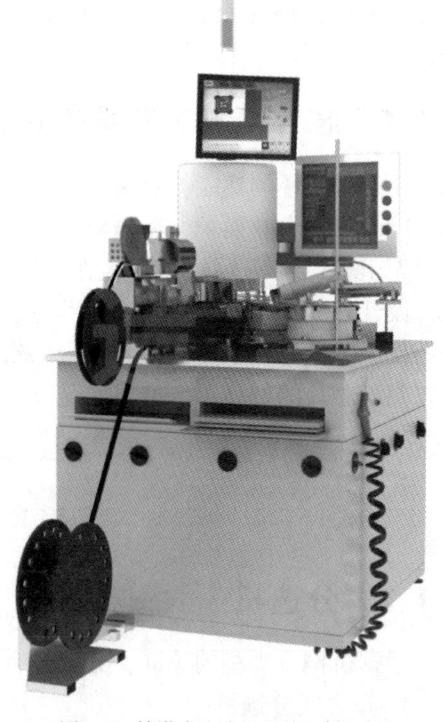

图 5-4 转塔式分选机及其上料机构

5.2　DUT 板卡设计原则

DUT 板卡设计原则

DUT 板卡的设计是在认真研习芯片数据手册的前提下进行的，数字芯片和模拟芯片的测试需求和测试方法各不相同，但设计时都需关注以下细节。

（1）确定测试平台资源的接口形式，如图 5-5 所示为 LK8820 测试接口。

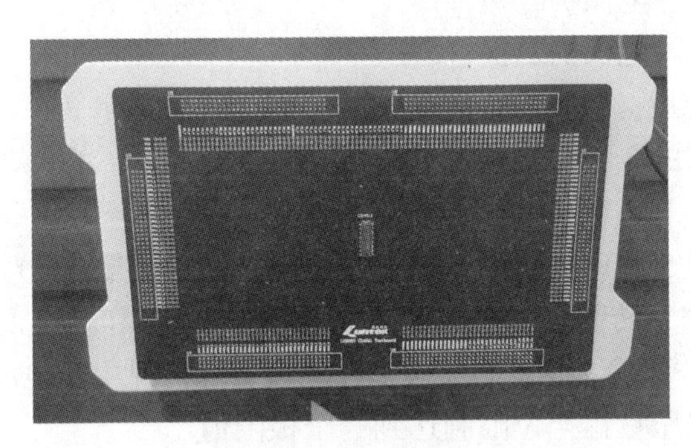

图 5-5　LK8820 测试接口

（2）确定芯片测试接口：野口座［见图 5-6(a)］、双排针、转接块［见图 5-6(b) 所示为通用转接块，集成电路测试的转接块则需针对实际测试接口不一致的情况定制设计，图 5-6(c) 所示为插老化座的转接块］等。

(a) 野口座

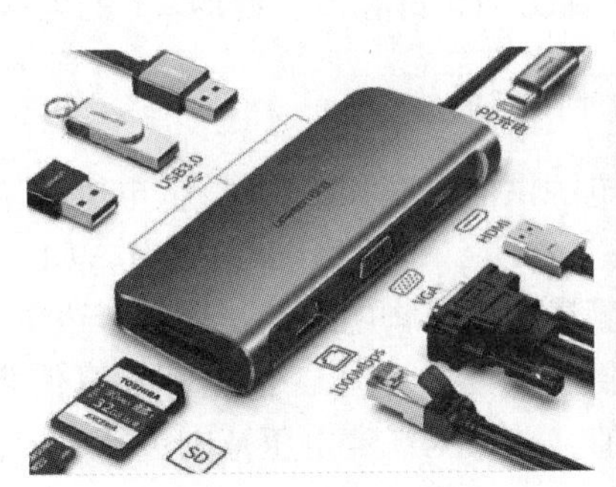

(b) 通用转接块

(c) 插老化座的转接块

图 5-6　芯片测试常见接口形式

（3）根据不同芯片需求设计测试外围：滤波电容位置、元器件合理排布等。

5.3　数字芯片常见参数测试

5.3.1　开短路测试

开短路测试是针对芯片引脚内部对地端（GND 端）或对电源端（VDD 端）是否出现开路或短路进行的一种测试。

开短路测试的本质是基于产品本身引脚防静电保护（ESD）二极管的正向导通电压降的原理进行测试。通常可以进行开短路测试的元器件引脚及 GND 端或者 VDD 端都有防静电保护二极管，利用二极管正向导通的特性，就可以判别该引脚的通断情况，如图 5-7 所示。

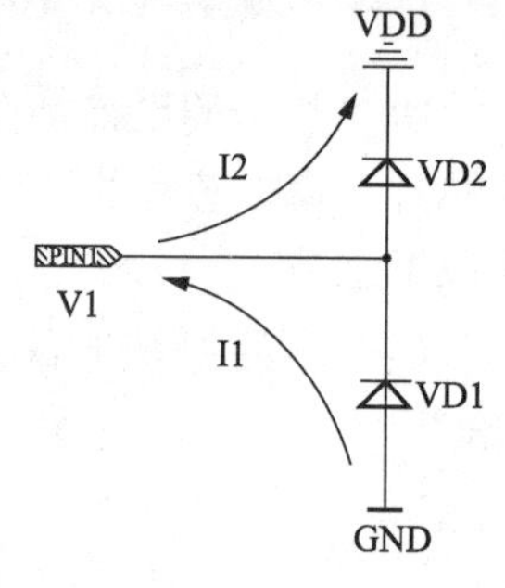

图 5-7　芯片引脚内部原理

图 5-7 中各符号定义如下。

PIN1：芯片 PIN1 引脚口。

I1：外界施加 GND 端的电流。

I2：外界施加 VDD 端的电流。

VD1：GND 端的防静电保护二极管。

VD2：VDD 端的防静电保护二极管。

V1：外界施加电流后，引脚产生的电压。

进行开短路测试时的 3 种不同情况如下。

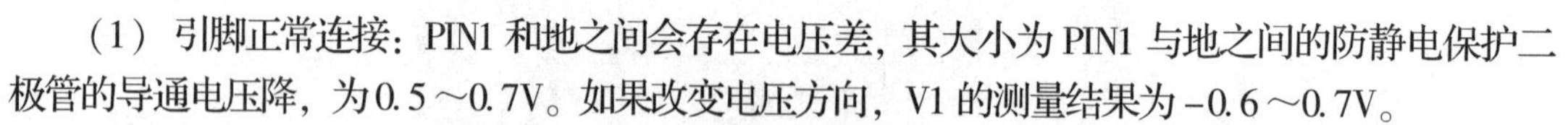

（1）引脚正常连接：PIN1 和地之间会存在电压差，其大小为 PIN1 与地之间的防静电保护二极管的导通电压降，为 0.5～0.7V。如果改变电压方向，V1 的测量结果为 -0.6～0.7V。

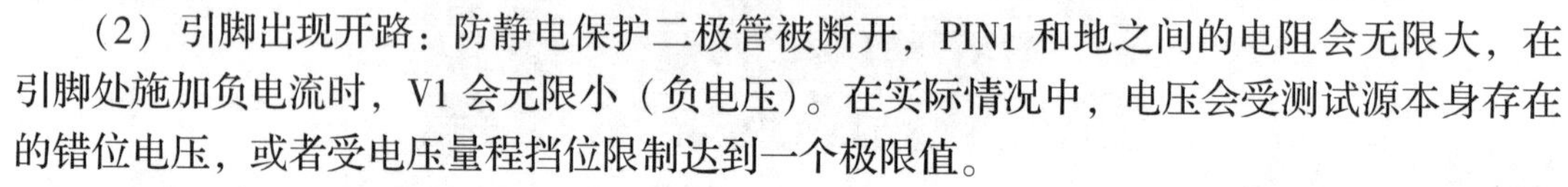

（2）引脚出现开路：防静电保护二极管被断开，PIN1 和地之间的电阻会无限大，在引脚处施加负电流时，V1 会无限小（负电压）。在实际情况中，电压会受测试源本身存在的错位电压，或者受电压量程挡位限制达到一个极限值。

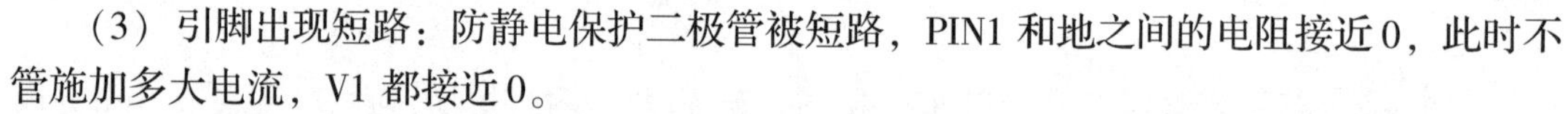

（3）引脚出现短路：防静电保护二极管被短路，PIN1 和地之间的电阻接近 0，此时不管施加多大电流，V1 都接近 0。

同理，如果要测量 PIN1 和 VDD 端之间的通断情况，则可以将 VDD 端的电压通过测试源加到 0，利用电流 I2 和二极管 VD2 的正向导通电压降进行测量和判断。此时，要注意 I2 的电流方向和 I1 的电流方向正好相反，此时 V1 的电压为正电压。

5.3.2　输出高低电平测试

输出高低电平是根据电源供电电压和输出高/低电压的值来判断的，输出高/低电压通常被称为 Output High/Low Voltage，一般用缩写 VOH/VOL 来表示。通过输入端施加的电平实现芯片的逻辑功能，测量输出引脚电压值是否符合逻辑电平范围。

通常用信号源给芯片供正常工作电压，根据芯片真值表来给输入引脚施加相应的电压，测试输出引脚的电压值，并根据规定电压范围进行比较，判断是否符合要求。输出高低电平测试需要结合芯片本身的功能来实现。

5.3.3　电源电流测试

电源电流是芯片常见的直流参数。通过信号源给芯片供电，使芯片处于正常工作状态时测量得到的电源端的电流即电源电流。电源电流是个非常微小的参数，通常以 μA 为单位来进行测量。

通常利用外接信号源给芯片电源端施加规定电压，并使芯片输入引脚的电压都为 0V，输出引脚都悬空，测量流经电源端的电流，并根据参数表所示的范围判断电流是否符合规范。电源电流测试电路原理如图 5-8 所示。

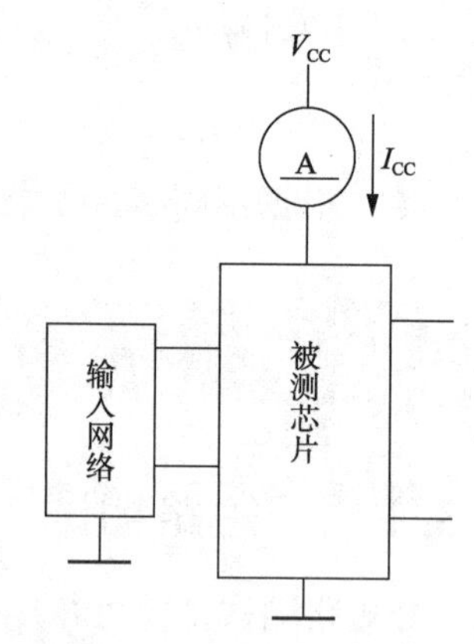

图 5-8　电源电流测试电路原理

5.4　模拟芯片常见参数测试

5.4.1　输入失调电压

模拟芯片常见参数测试

输入失调电压是指在差分放大器或差分输入的运算放大器（简称运放）中，为了在输出端获得恒定的零电压输出，而在两个输入端所加的直流电压之差。此参数表征差分放大器的本级匹配程度，越小越好。输入失调电压的单位为伏特（V），其测试方法有辅助运放测试和简易测试两种。

辅助运放测试法的输入失调电压测试电路如图5-9所示。U1为辅助运放，U2为被测运放。被测运放与辅助运放被配置为负反馈。辅助运放与R3、C1所组成的积分电路带宽被R3、C1限制为几赫兹，即辅助运放把被测芯片的输出电压以最高增益放大。辅助运放的输出电压经过R4和R2组成的衰减器衰减后输入被测电路同向端。负反馈将被测运放输出驱动至零电位。测量辅助运放的输出端电压 V_{TP}，输入失调电压 $V_{OS}=V_{TP}R2/(R2+R4)$。

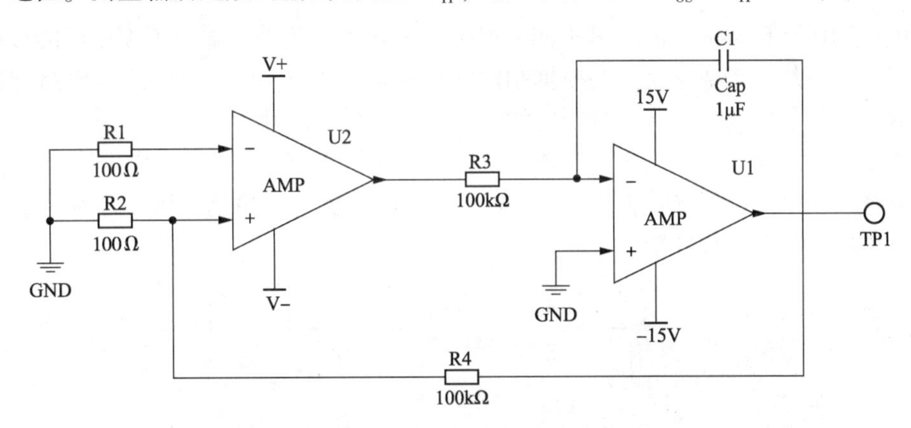

图5-9　辅助运放测试法的输入失调电压测试电路

辅助运放测试法的注意事项如下。

① 测量时被测运放应在指定条件下（依据芯片数据手册要求）工作。

② 如果待测芯片的失调电压可能超过几毫伏，则辅助运放的供电电压应当用±15V。

③ 如果待测芯片的失调电压超过10mV，则通过适当调整R4的电阻值使辅助运放工作在线性状态。

④ R1为R2的平衡电阻（减小输入电流对测量的影响），所以R1和R2需精密配对。

⑤ R2与R4的精度决定测试精度。

简易测试法的输入失调电压测试电路如图5-10所示。U1为被测运放，失调电压由被测运放自身以噪声增益放大，输入失调电压等于测试端TP1电压 V_{TP} 除以噪声增益，即 $V_{OS}=V_{TP}/(R4/R3)$。其中，同向端接两个平衡电阻是为了减小连接处节点的热电效应所引起的误差。

简易测试法的注意事项如下。

① 待测芯片的失调电压不应超过几毫伏。

② R1和R2的精度决定测试精度。

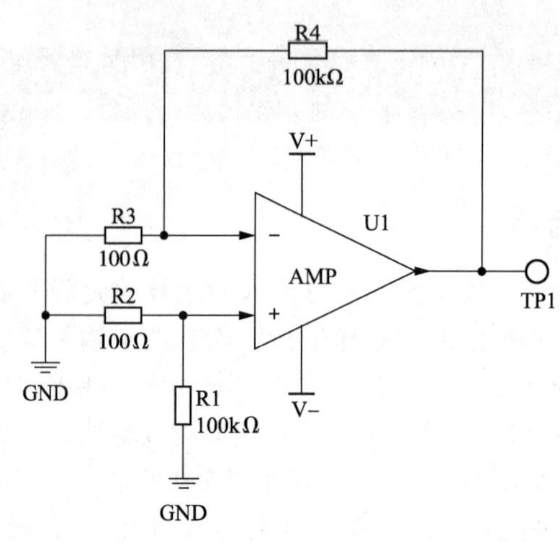

图 5-10　简易测试法的输入失调电压测试电路

5.4.2　共模抑制比

共模抑制比（Common Mode Rejection Ratio，CMRR）为放大器对差模电压的放大倍数与对共模电压的放大倍数之比。共模抑制比的单位是分贝（dB），表征差分电路抑制共模信号及放大差模信号能力。共模抑制比的测试方法同样有两种。

带辅助运放测试法的共模抑制比测试电路如图 5-11 所示，U1 为被测运放，U2 为辅助运放，通过改变电源电压（电源电压加 1V）的方式改变输入共模电压，分别测量变化前后的失调电压，计算共模抑制比。

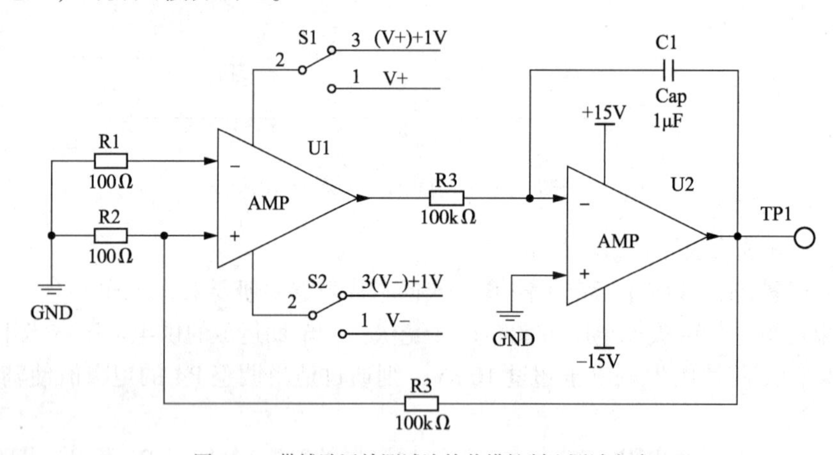

图 5-11　带辅助运放测试法的共模抑制比测试电路

共模抑制比的实质为共模电压的变化引起的输入失调电压的变化与所施加的共模电压之比。带辅助运放测试法的注意事项如下。

① 测量时被测运放应在指定条件下工作。

② R1 为 R2 的平衡电阻（减小输入电流对测量的影响），所以 R1 和 R2 需精密配对。

③ 如果待测芯片的失调电压可能超过几毫伏，则辅助运放的供电电压应当用 ±15V。如果待测芯片的失调电压超过 10mV，则应通过适当调整 R1 的电阻值使辅助运放工作在线性区。

④ 若两次测得的失调电压变化较小，可通过增大共模输入电压（符合芯片共模输入电压范围）改善。

不带辅助运放测试法的共模抑制比测试电路如图 5-12 所示，该电路将被测运放配置为差分放大电路，信号施加于两输入端，测量输出端电压。具有无限共模抑制比的放大器输出电压不会产生变化。

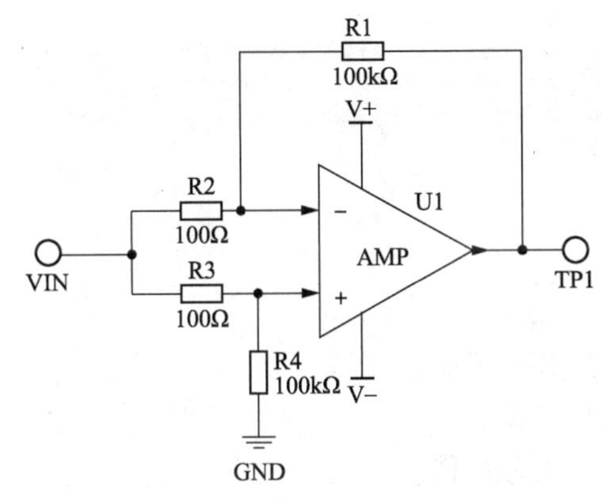

图 5-12　不带辅助运放测试法的共模抑制比测试电路

不带辅助运放测试法的注意事项如下。

① 电阻的比率匹配极为重要，电阻对之间 0.1% 的不匹配就会导致共模抑制比仅为 66dB。

② 如果被测运放的共模抑制比 >100dB，电阻的温漂系数必须匹配在 0.0001%。

5.4.3　最大不失真输出电压

最大不失真输出电压为运放在额定电源电压和额定负载下，不出现明显削波失真时所得到的最大峰值输出电压（也称为最大输出电压、输出电压摆幅、输出电压动态范围等）。一般常规运放的最大不失真输出电压指标比正、负电源电压各小 2～3V。

最大不失真输出电压测试电路如图 5-13 所示，将被测运放配置为反向比例放大器，增益为 20dB。在输入端输入 1kHz 的正弦信号，改变输入信号幅度，同时测量信号失真度。当失真度达到阈值时测量输出端电压峰峰值，此电压即该运放的最大不失真输出电压。

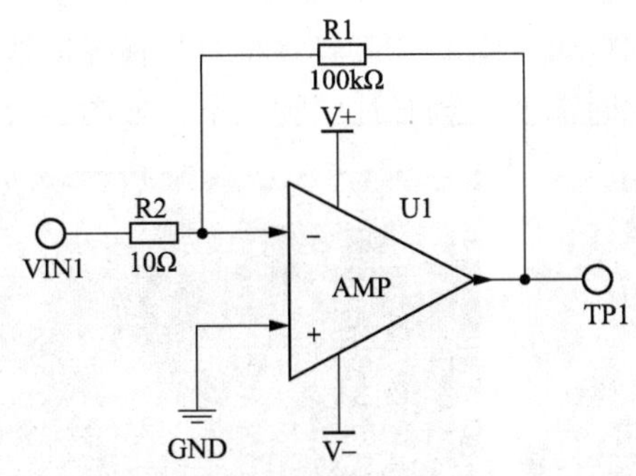

图 5-13　最大不失真输出电压测试电路

最大不失真输出电压测试的注意事项如下。

① 输入信号步进值越小越好，但测试时间会随输入信号步进值的减小而增加。实际测量时输入信号的起点、步进值、测试时间需综合考虑。

② 在输出端 TP1 的负载电阻应满足测试要求，即电阻值不会引起电压较大波动。

1+X 技能训练任务

5.5 重力式分选机工艺操作

5.5.1 任务描述

重力式分选机工艺操作

（1）进行自动装料工艺操作。
（2）根据工艺要求选择并行或串行测试。
（3）进行分选轨道类型设置。
（4）正确完成芯片分选工艺操作。

5.5.2 重力式分选机上料操作

上料分为两步，即装料和上料夹具夹持。重力式分选机上料机构如图 5-14 所示。

图 5-14 重力式分选机上料机构

1. 装料

装料是将待测料管放入上料槽内，一般情况下，装料方式有手动和自动两种。

（1）手动装料

操作人员首先取下待测料管一端的塞钉，并将料管整齐地摆放在操作台上；然后抓取料管放置到上料槽内，放置时需要注意芯片引脚朝下，如图 5-15 所示。

(a) 未拔塞钉的料管

(b) 把料管放置到上料槽内

图 5-15 手动装料

（2）自动装料

自动装料通过自动筛选机实现，与手动装料相比，自动装料可减少补料的次数，节省取塞钉与摆放料管的时间，降低人工成本。

自动装料的步骤如下。

① 将待测料管放在自动筛选机的上料区内，料管随传送带上升至激光检测区，如图 5-16（a）所示。

② 吸嘴吸取料管，同时感应器检验料管位置是否正确。若感应到芯片引脚朝上，则内部机械对料管进行固定并拔出塞钉；若感应到芯片引脚朝下，则将料管放回上料区，等待下次筛选。

③ 料管随着传送带水平到达指定位置后，被吸嘴吸取并放置到上料架［见图 5-16（b）］上，完成自动装料。

（a）激光检测区

（b）上料架

图 5-16　激光检测区与上料架

2. 上料夹具夹持

上料夹具夹持的步骤如下。

① 上料夹具将满料管夹起，使芯片随着送料轨滑下，等待测试，如图 5-17 所示。

图 5-17　芯片落入送料轨

② 当检测到料管内芯片全部滑下时，上料夹具将空料管放下（见图 5-18），空料管被推入空管槽中。同时，设备自动将上料槽底层的满料管推至上料架上，等待新一轮上料。

图 5-18　上料夹具将空料管放下

5.5.3　重力式分选机测试操作

根据产品参数特性，重力式分选机测试操作可分为并行测试和串行测试，如图 5-19 所示。并行测试一般进行单项测试（可根据测试卡的数量进行 1 site/2 sites/4 sites 测试），适用于普通双列直插封装、小引出线封装芯片；串行测试一般进行多项测试，适用于 DIP24、DIP27 等模块电路。

（a）并行测试

（b）串行测试

图 5-19　并行测试与串行测试

1. 并行测试

首先进行待测芯片分配，以 4 sites 并行测试为例，芯片到达送料轨道口后，通过分配梭依次将芯片分配到 A ～ D 共 4 个测试轨道中，其中一个分配梭中有两个芯片槽，可以提高芯片测试的效率。

当芯片落至测试轨道的指定位置时，测试夹具对芯片进行夹持，使芯片引脚和测试夹具贴合，同时将信号传输到测试平台上。此时，测试平台接收到测试夹具传来的信号，运行测试程序，测试平台判断芯片参数是否正常，并将芯片检测结果通过通用接口总线（General-Purpose Interface Bus，GPIB）传回分选机，如图 5-20 所示。

图 5-20　并行测试

2. 串行测试

和并行测试一样，串行测试也是由测试夹具（金手指）夹持固定芯片后再进行测试的，不同点在于串行测试区有 A、B、C 共 3 个测试轨道，每个测试轨道各自连接测试卡，测试卡之间互不干扰，模块电路依次进行不同电特性参数的测试。测试夹具和测试轨道如图 5-21 所示。

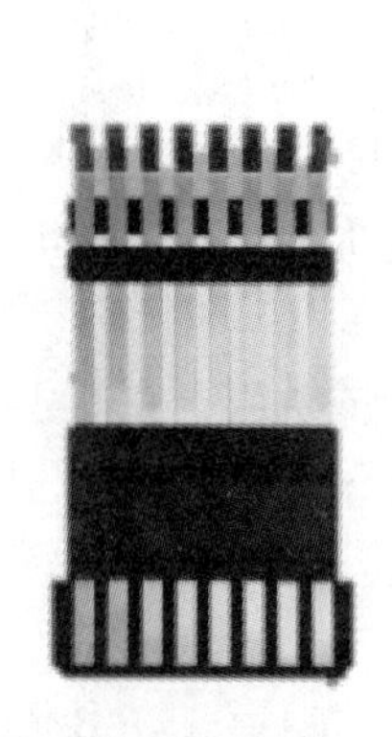

（a）测试夹具

（b）测试轨道

图 5-21　测试夹具与测试轨道

5.5.4　重力式分选机分选操作

测试完成后，测试的结果会从测试平台传到分选机内，分选机依据测试结果控制分选梭将芯片放入相应的位置。合格芯片由白色透明料管进行收料，而不合格芯片则由红色透明料管进行收料。根据产品需求，合格品还可以被进一步分档，分档标志要及时更换。

并行测试与串行测试的分选原理相同，串行测试分选方法如下。

如图 5-22 所示，分选机配有 A、B、C、D 共 4 个测试轨道，芯片需全部测试合格才能进入合格料管。芯片在任一级测试不合格，将立即进入不合格料管。

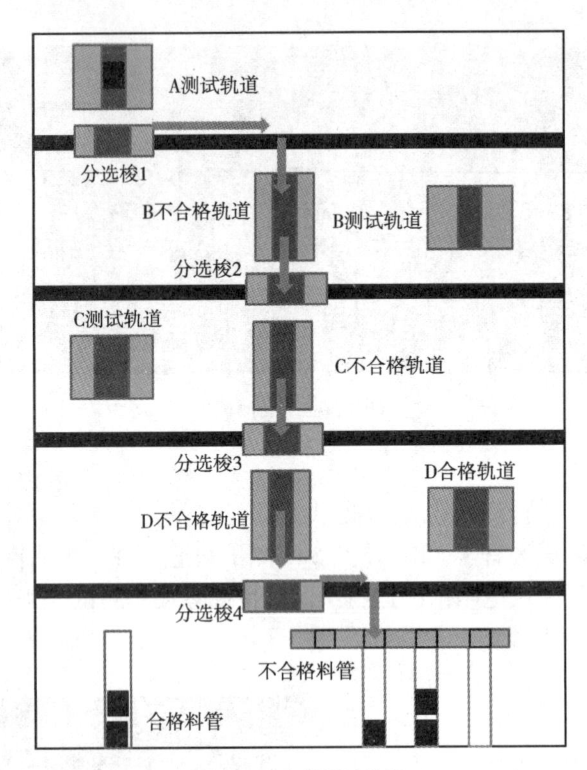

图 5-22　串行测试轨道

1. A 测试轨道测试不合格

芯片在 A 测试轨道测试不合格后，先直接由分选梭 1 将芯片送入 B 不合格轨道，再依次经过分选梭 2、C 不合格轨道、分选梭 3、D 不合格轨道、分选梭 4 落入不合格料管。

2. A、B 测试轨道测试合格，C 轨道测试不合格

分选梭 1 将 A 测试轨道测试合格的芯片送入 B 测试轨道，在 B 测试轨道测试合格后，分选梭 2 将芯片送入 C 测试轨道，在 C 测试轨道测试不合格后，分选梭 3 将芯片送入 D 不合格轨道，分选梭 4 将芯片放入不合格料管中。

3. A、B、C 测试轨道测试合格为合格品

分选梭 1 将 A 测试轨道测试合格的芯片送入 B 测试轨道，在 B 测试轨道测试合格后，分选梭 2 将芯片送入 C 测试轨道，在 C 测试轨道测试合格后，分选梭 3 将芯片送入 D 合格轨道，分选梭 4 将芯片放入合格料管中。

项目小结

集成电路测试是对集成电路或模块进行检测，通过测量对集成电路的实际输出和预期输出进行比较确定或评估集成电路元器件功能和性能的过程，是验证设计、监控生产、保证质量、分析失效，以及指导应用的重要手段。本项目主要介绍了集成电路测试的主要步骤，从芯片分选到 DUT 板卡设计，再到芯片常见参数测试的主要步骤，并着重介绍了重力式分选机的工艺操作。

习　　题

一、填空题

1. 集成电路后道工序的________、________、________及________过程都可能损坏部分电路，所以在封装工艺完成后，要按照测试规范对成品芯片进行全面性电测试，如测试________、________、________等。

2. 平移式分选机是在水平面上完成芯片的________、________与________的设备。

3. 转塔式分选机的上料机构是一种能够将芯片全自动、整齐排列并输送至指定位置的机构，它主要由________和________组成。

4. 平移式分选机的上料机构主要由________、________、________组成。

5. 进行芯片检测，首先需要确定产品等级为________、________还是________，等级不同，测试需求不同。

二、思考题

1. 开短路测试的原理是什么？

2. 共模抑制比带辅助运放测试法的注意事项有哪些？

3. 最大不失真输出电压测试的注意事项有哪些？

4. 简述重力分选机完成装料的步骤。

项目六　搭建集成电路测试平台

项目导读

在集成电路封装后或使用集成电路时，需要对集成电路芯片进行测试，把不合格的芯片筛选出来，这时就要使用集成电路测试平台来完成这项工作。

LK8820 集成电路测试平台由工控机、接口与通信模块、参考电压与电压测量模块、四象限电源模块、数字功能引脚模块、模拟功能模块、模拟开关与时间测量模块等组成，可实现集成电路芯片测试、板级电路测试、电子技术学习与电路辅助设计等。通过该平台可进行典型集成电路芯片测试及应用电路的设计、电路板的焊接和调试等，培养学生的实践应用能力。

能力目标

知识目标	1. 了解集成电路测试平台 2. 掌握 LK8820 集成电路测试平台的结构和功能 3. 掌握 LK230T 集成电路应用开发资源系统的组成和功能 4. 学会集成电路测试硬件和软件环境搭建
技能目标	能完成 LK8820 集成电路测试平台智能锁设置、常见故障判断与维护，能完成集成电路测试硬件环境搭建，能完成集成电路测试软件环境搭建，成功创建一个集成电路测试程序
素质目标	1. 培养工程实践能力 2. 培养不畏难、不怕苦、勇于创新的精神
教学重点	1. 集成电路测试硬件环境的两种搭建方式 2. 集成电路测试软件环境搭建及运行方法 3. 创建一个集成电路测试程序
教学难点	集成电路测试硬件和软件环境搭建
推荐教学方法	通过集成电路测试的硬件和软件环境搭建，让学生了解集成电路测试平台，进而通过创建一个集成电路测试程序熟悉 LK8820 集成电路测试平台的应用
推荐学习方法	勤学勤练、动手操作是学好集成电路测试的关键，动手完成集成电路测试的硬件和软件环境搭建，通过“边做边学”达到学习的目的

项目知识

6.1　认识集成电路测试平台

6.1.1　LK8820 集成电路测试平台

LK8820 集成电路测试平台整体采用智能化、模块化、工业化设

认识集成电路测试平台

计，主要由工控机、触控显示器、测试主机、专用电源、测试软件、测试终端接口等部分组成，实物如图6-1所示。该平台的主要特点如下。

① 测试主机通过通用串行总线（Universal Serial Bus，USB）接口与工控机进行数据交换。

② 采用双层机架，最多可以配12块测试模块。

③ 测试总线一体化设计，挂载测试模块更方便。

④ 高精度电源由软件控制，测试主机具有自我保护功能。

⑤ 最多可扩展到64个功能测试引脚、8个电压/电流源通道。

⑥ 最多可扩展到256个光继电器矩阵开关、32个用户继电器。

⑦ 配备晶体管-晶体管逻辑（Transistor-Transistor Logic，TTL）接口，可连接智能芯片分选机进行芯片测试。

⑧ 能测量数字芯片上升沿、下降沿、建立时间等参数。

⑨ 提供高精度的交流信号源，支持正弦波、三角波、锯齿波输出。

⑩ 提供低速/高速、高精度交流信号测量功能。

图6-1　LK8820集成电路测试平台实物

整个平台由不同的电源模块和信号模块等组成，结构如图6-2所示。可以根据用户产品的实际测试需求选择适合的模块及数量，各模块在机架内插入槽位不受限制，插入后软件自动识别并加以控制。

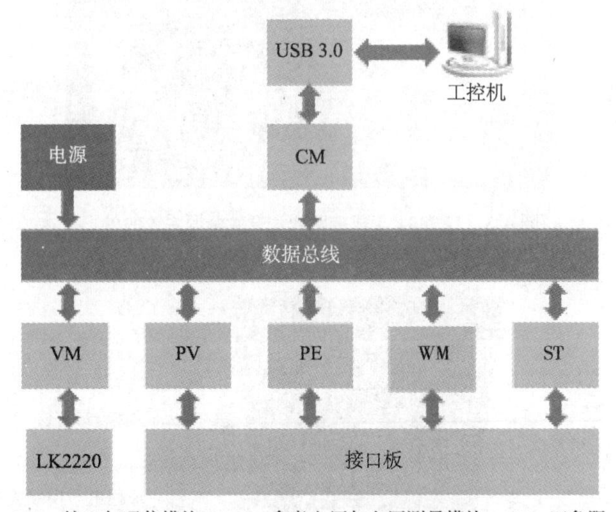

CM—接口与通信模块；VM—参考电压与电压测量模块；PV—四象限电源模块；PE—数字功能引脚模块；WM—模拟功能模块；ST—模拟开关与时间测量模块

图6-2　平台结构

平台规格如下。

① 供电电源：AC 220V/5A。

② 对外接口：USB 2.0/USB 3.0/AC 220V/测试接口。

③ 工控机：8GB 内存/500GB 硬盘/19 in 触控显示器/Windows 10 操作系统。

④ 工业级配置：工业机柜、触控显示屏、高精度电源、软启动装置、安全指纹门锁、人体工学模组、漏电保护装置、静音直流风扇、工作照明装置等。

⑤ 测试主机：接口与通信模块、参考电压与电压测量模块、四象限电源模块、数字功能引脚模块、模拟功能模块、模拟开关与时间测量模块等。

⑥ 配套资料：产品使用说明书、安装维护手册、实验指导书、实验例程等。

⑦ 配套软件：Luntek 集成电路测试软件。

6.1.2 LK230T 集成电路应用开发资源系统

LK230T 集成电路应用开发资源系统的外形为一个实训箱（见图 6-3），内部包括测试区、练习区、接口区、测试板放置区、手持式万用表、应用电子模块放置区以及耗材放置区等，内部实物如图 6-4 所示。该系统具备集成电路测试模块及电子产品应用模块，其丰富的配套实验案例为教学提供了良好的资源。同时，该系统扩展了电子产品应用模块，将集成电路测试和电子信息应用结合，具备虚拟仪器模块，可满足学生实验过程中的仪器需求。

图 6-3 LK230T 集成电路应用开发资源系统的外形

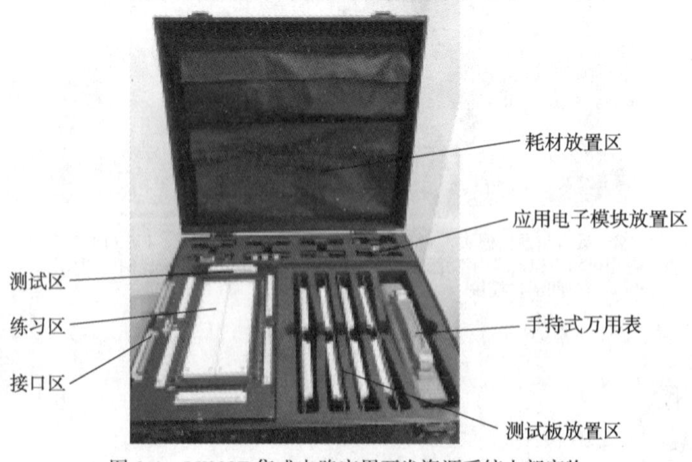

图 6-4 LK230T 集成电路应用开发资源系统内部实物

6.1.3　Luntek 集成电路测试软件

Luntek 集成电路测试软件是和 LK8820 集成电路测试平台配套的专用测试软件，其快捷方式如图 6-5 所示。通过该软件，用户可有效地组织系统构架，方便地进行多种芯片的参数测试。

Luntek 运行于 Windows 10 x64 环境，基于该软件，用户可方便地新建、打开、修改用户测试程序，并建立完全独立的 C/C++ 编程环境。用户通过使用测试平台专用函数，可以有效地使用和控制测试平台硬件资源，在 Visual Studio 2013 C/C++ 编程环境中编写出属于自己的测试程序。

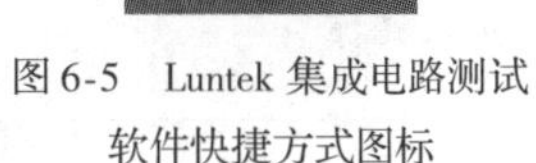

图 6-5　Luntek 集成电路测试软件快捷方式图标

Luntek 的主界面如图 6-6 所示，左侧为功能栏，6 个功能按钮分别对应设备设置、芯片测试、波形分析、分选测试、云平台、用户设置等功能。

图 6-6　Luntek 的主界面

6.1.4　LK8820 集成电路测试平台维护与故障

1. 系统维护

测试平台要求有较高的测量精度，为使系统有较稳定的测试效果，建议在电源接通约 30min 后开始正常测试和校验。用户必须制订计划，对设备进行定期校验和维护保养。为确保设备的测试精度和稳定性，建议用户每月自检一次（用自检盒，不用万用表），每 3 个月校准、校验一次（用自检盒，用万用表、频率计）。自检和校验的数据可以保存，便于设备的跟踪管理。如果设备更换或新增电源模块，建议重新进行校准和校验。

在设备移动和产品检测过程中应避免测试总线受到外部力，影响线的连接强度和接口的接触质量。长距离移动后应检查各模块及连接线插头连接状况，保证接触可靠。为保证测试系统的系统精度，应尽量避免不同测试平台间混用模块，禁止模块中的各类小板互换，如出现类似情况，需要用万用表重新校准和校验。

2. 设备常见故障及排除

设备常见故障及排除方法见表6-1。

表6-1 设备常见故障及排除方法

故障现象	可能原因	排除方法
打开上位机报错	外围设备互联（Peripheral Component Interconnect，PCI）卡松动或氧化	重新插拔主机箱中的PCI卡或取出PCI卡，用橡皮擦拭金手指后安装
上位机打不开	LK8820集成电路测试平台和计算机开机顺序错误	先打开计算机再打开LK8820集成电路测试平台
工控机无法开机	工控机的内存条松动或氧化	重新插拔主机箱中的内存条或取出内存条，用橡皮擦拭金手指后安装
无法进行测试	测试平台内部小计算机系统接口（Small Computer System Interface，SCSI）50PIN松动	将SCSI 50PIN重新插紧
已确定正常的测试电路测试错误	测试板插反	拆下测试板重新正确安装
工控机工作，但显示器不显示	视频图形阵列（Video Graphics Array，VGA）连接线没插紧	重新连接VGA线

3. 门锁常见故障及排除

门锁常见故障及排除方法见表6-2。

表6-2 门锁常见故障及排除方法

故障现象	可能原因	排除方法
门卡/指纹/密码开锁无反应	① 电池电量耗尽 ② 其他	① 更换电池或用应急电源开锁 ② 联系售后服务
开锁舌头不动	① 门未对齐 ② 电量不足	① 门对齐后再试一次 ② 用应急电源开锁
无法读取指纹	① 手指皮肤干燥起褶皱 ② 采集表面不清洁或有划痕 ③ 其他	① 使手指稍有湿润感，从而令指纹清晰 ② 使用不干胶布粘贴采集表面的脏污 ③ 联系供应商申请保修
不能自动锁门	① 电池电量耗尽 ② 未处于自动锁门模式	① 更换电池 ② 设置为自动锁门模式
不能设置开门锁门卡/指纹/密码	① 没有得到授权 ② 没有按步骤进行授权 ③ 门卡个数加上密码个数总数超过2000个	① 得到授权（输入管理指纹/卡/密码） ② 参照开门锁设置的步骤进行操作 ③ 删除不需要的门卡/指纹/密码
屏不显示/白屏/花屏	屏坏	更换显示屏

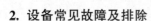

1+X 技能训练任务

6.2　集成电路测试硬件环境搭建

6.2.1　任务描述

集成电路测试
硬件环境搭建

利用 LK8820 集成电路测试平台进行测试有两种方式：一种是通过 LK8820 集成电路测试平台进行测试；另一种是通过 LK230T 集成电路应用开发资源系统进行测试。第二种方式又可分为“测试区测试”和“练习区测试”两种模式。采用“测试区测试”，与使用 LK8820 集成电路测试平台进行测试的方法一致；采用“练习区测试”，使用者可以通过 LK230T 集成电路应用开发资源系统所提供的杜邦线连接测试接口与面包板来搭建测试电路，该测试方法无须进行额外的制板和焊接工作。

6.2.2　集成电路测试硬件环境实现分析

1. 插入插件箱模块

在系统断电的状态下插入插件箱模块。模块顺槽位导轨向内推入时，应令模块上、下两个拔耳卡住插件箱，方可确保模块插紧。

2. 连接平台地线

平台运行时需要接入状态良好的地线，以确保系统运行的精度和稳定性，地线应接到插件箱背板上的地线汇流条上。

3. DUT 接口定义

DUT 板卡是 LK8820 集成电路测试平台设备中的测试板，起到人机交互的作用。图6-7（a）所示为 DUT 接口示意。U1、U2、U3、U4、U5 及 U6 是 DUT 板卡的 6 个接口，DUT 板卡主要通过这些接口卡扣在测试设备上进行测试。用户通用 DUT 板卡布置如图 6-7(b) 所示，板卡尺寸为 280mm×170mm。U1、U2、U3、U4、U5 及 U6 为 3 排 96 直针的欧式插座。用户可按此要求设计芯片测试的 DUT 板卡，可直接用 DUT 板卡进行飞线焊接，中间可焊接芯片底座或连接线的插座。

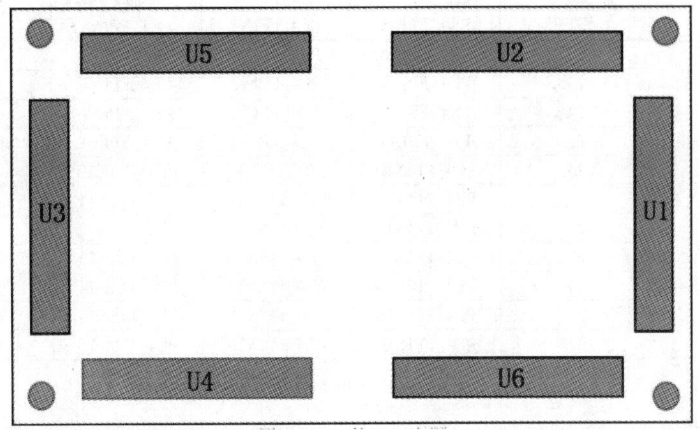

(a) DUT 接口示意

图 6-7　DUT 接口示意及用户通用 DUT 板卡布置

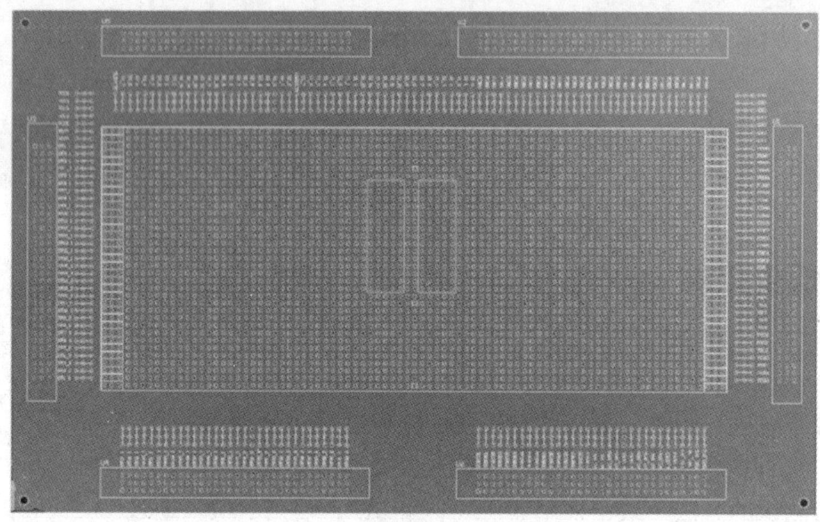

（b）用户通用 DUT 板卡布置

图 6-7　DUT 接口示意及用户通用 DUT 板卡布置(续)

4. 用户使用参考丝印列表

以 U2 为例，用户使用参考丝印列表如图 6-8 所示。

U2	1	PE2_FPIN1	PE2_FPIN1	PE2_FPIN1	PIN17
	2	PE2_FPIN2	PE2_FPIN2	PE2_FPIN2	PIN18
	3	PE2_FPIN3	PE2_FPIN3	PE2_FPIN3	PIN19
	4	PE2_FPIN4	PE2_FPIN4	PE2_FPIN4	PIN20
	5	PE2_FPIN5	PE2_FPIN5	PE2_FPIN5	PIN21
	6	PE2_FPIN6	PE2_FPIN6	PE2_FPIN6	PIN22
	7	PE2_FPIN7	PE2_FPIN7	PE2_FPIN7	PIN23
	8	PE2_FPIN8	PE2_FPIN8	PE2_FPIN8	PIN24
	9	PE2_FPIN9	PE2_FPIN9	PE2_FPIN9	PIN25
	10	PE2_FPIN10	PE2_FPIN10	PE2_FPIN10	PIN26
	11	PE2_FPIN11	PE2_FPIN11	PE2_FPIN11	PIN27
	12	PE2_FPIN12	PE2_FPIN12	PE2_FPIN12	PIN28
	13	PE2_FPIN13	PE2_FPIN13	PE2_FPIN13	PIN29
	14	PE2_FPIN14	PE2_FPIN14	PE2_FPIN14	PIN30
	15	PE2_FPIN15	PE2_FPIN15	PE2_FPIN15	PIN31
	16	PE2_FPIN16	PE2_FPIN16	PE2_FPIN16	PIN32
	17	PE4_FPIN1	PE4_FPIN1	PE4_FPIN1	PIN49
	18	PE4_FPIN2	PE4_FPIN2	PE4_FPIN2	PIN50
	19	PE4_FPIN3	PE4_FPIN3	PE4_FPIN3	PIN51
	20	PE4_FPIN4	PE4_FPIN4	PE4_FPIN4	PIN52
	21	PE4_FPIN5	PE4_FPIN5	PE4_FPIN5	PIN53
	22	PE4_FPIN6	PE4_FPIN6	PE4_FPIN6	PIN54
	23	PE4_FPIN7	PE4_FPIN7	PE4_FPIN7	PIN55
	24	PE4_FPIN8	PE4_FPIN8	PE4_FPIN8	PIN56
	25	PE4_FPIN9	PE4_FPIN9	PE4_FPIN9	PIN57
	26	PE4_FPIN10	PE4_FPIN10	PE4_FPIN10	PIN58
	27	PE4_FPIN11	PE4_FPIN11	PE4_FPIN11	PIN59
	28	PE4_FPIN12	PE4_FPIN12	PE4_FPIN12	PIN60
	29	PE4_FPIN13	PE4_FPIN13	PE4_FPIN13	PIN61
	30	PE4_FPIN14	PE4_FPIN14	PE4_FPIN14	PIN62
	31	PE4_FPIN15	PE4_FPIN15	PE4_FPIN15	PIN63
	32	PE4_FPIN16	PE4_FPIN16	PE4_FPIN16	PIN64

图 6-8　用户使用参考丝印列表

6.2.3　搭建集成电路测试硬件环境

1. 基于 LK8820 的芯片测试硬件环境搭建

基于 LK8820 的芯片测试硬件环境搭建步骤如下。

（1）接通电源并打开 LK8820 集成电路测试平台背板上的总开关。

（2）首先通过指纹验证打开门，然后打开专用电源开关，如图 6-9 所示。

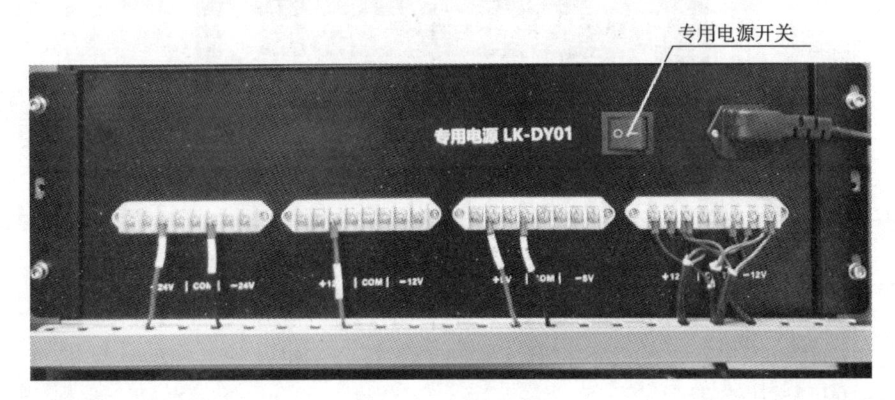

图 6-9　专用电源开关

（3）用插在工控机箱上的钥匙打开工控机箱，打开主机开关（见图 6-10），启动计算机。

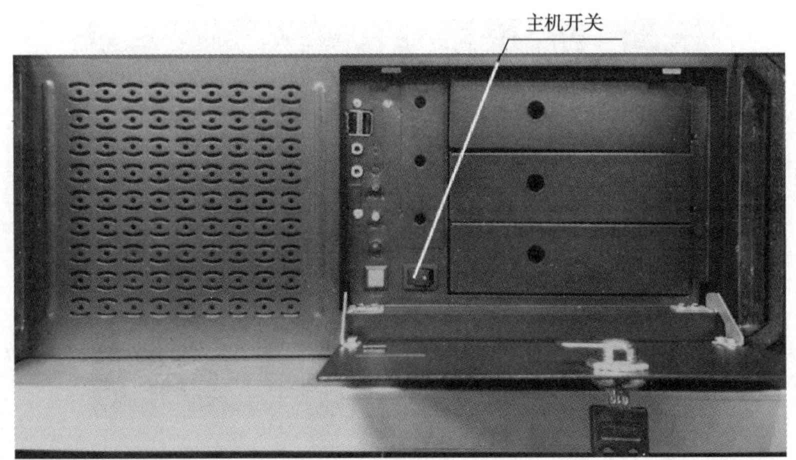

图 6-10　主机开关

（4）关闭测试平台的门（需要智能锁显示界面显示关锁的图标才算成功落锁）。

（5）打开 Luntek 软件，完成程序的创建、编写和编译。

（6）打开 Visual Studio 2013 软件，进行程序编写并编译，获取动态链接库文件以供上位机软件调用。

（7）打开 Luntek 软件，完成测试程序的载入。

（8）测试板做短路检测后，将测试板固定在外挂盒测试区，如图 6-11 所示。打开机箱外的测试平台开关，正常开启后，测试平台开关会发光。单击软件界面中的“开始测试”按钮，测试结果显示在软件中。

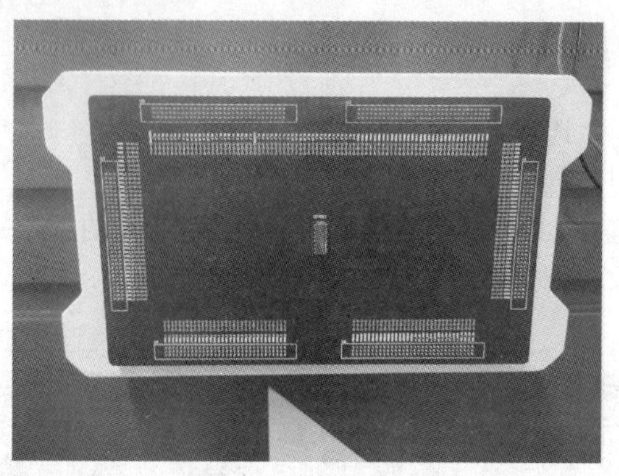

图 6-11 外挂盒测试区

2. 基于 LK230T 测试区和练习区的芯片测试硬件环境搭建

（1）接通电源并打开 LK8820 集成电路测试平台背板上的总开关。

（2）先通过指纹验证打开主机箱门，然后打开专用电源开关。

（3）用插在工控机箱上的钥匙打开工控机箱，打开主机开关，启动计算机。

（4）关闭测试平台的门。

（5）将放置于 LK230T 集成电路应用开发资源系统中的转接板（见图 6-12 ）接在外挂盒的测试区，用 2 个 100PIN 的 SCSI 连接线将转接板与资源箱的 2 个 SCSI 接口连接，如图 6-13 所示。

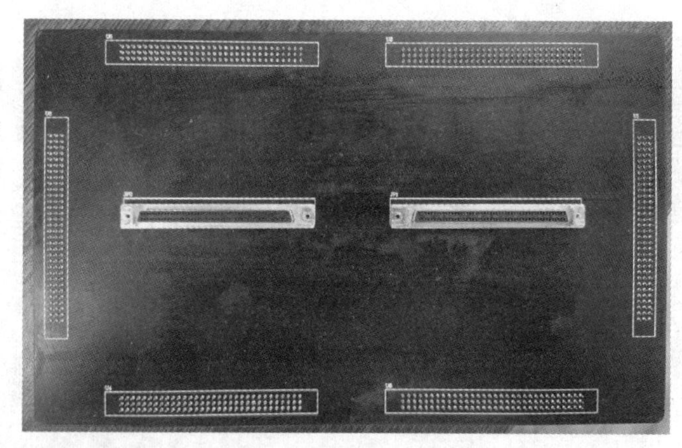

图 6-12 转接板

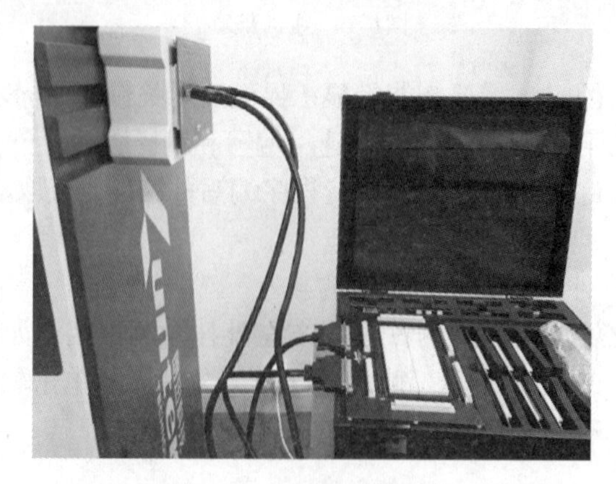

图 6-13 LK230T 测试连线

练习区提供两块标准面包板，面包板的插孔互连情况如图 6-14 所示，每块面包板上下两侧的 5 个一组的插孔已被连通，中间区域的插孔横向绝缘、纵向连通。可在面包板上直接用杜邦线搭建电路进行测试，如图 6-15 所示。

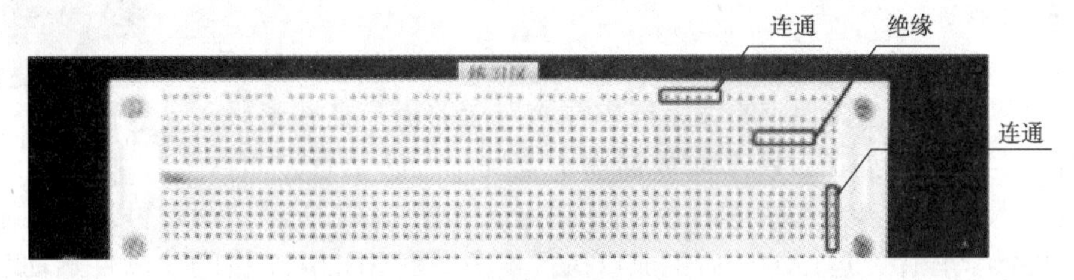

图 6-14　面包板的插孔互连情况

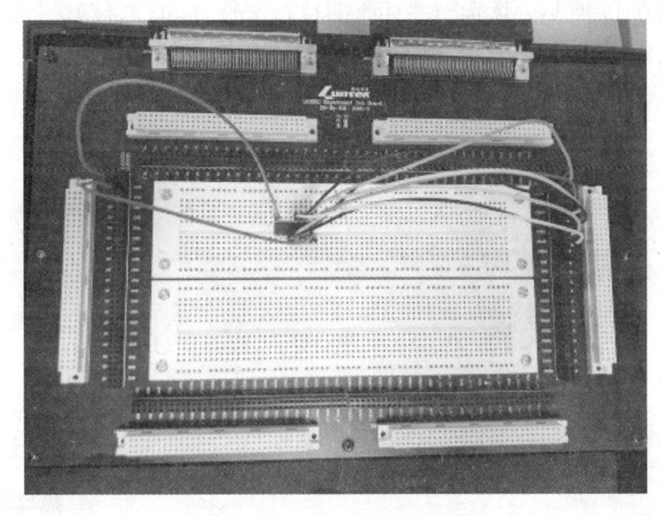

图 6-15　练习区面包板测试电路

（6）软件测试方法与基于“LK8820 平台的芯片测试硬件环境搭建”中第（5）～（8）步相同。

6.3　创建集成电路测试程序

6.3.1　任务描述

创建集成电路测试程序

用户程序是以动态链接库（Dynamic Linked Library，DLL）工程为模板，以动态链接库的结构产生的。软件为用户提供唯一的模板工程，在“新建程序”窗口中，用户可以方便地新建生成测试程序，在完成代码编写后，通过编辑即可使用。

6.3.2　集成电路测试实现分析

1. 软件安装

检查计算机中是否已安装 Visual Studio 2013 编译器及 Office 等软件，没有安装则优先完成安装。双击运行 Luntek 软件的安装文件 Luntek_0. 5. 6_ x64_ zh-CN_ LK8820.msi（见图 6-16），其中包含 Luntek 软件运行需要的所有资源，不需要另行准备其他资源，按照提示完成安装即可。

图 6-16　软件安装包

2. 芯片测试

安装完成后，双击运行 Luntek 软件，打开集成电路芯片测试管理系统登录界面。用户在相应的编辑框中输入对应的用户名和密码，单击“登录”按钮，如在后台本地数据库中查到相应的信息，即可完成登录进入主界面。进入“芯片测试”界面，如图 6-17 所示。用户可通过创建工程，编写自己的测试程序，运行编译后生成可执行程序。单击图 6-17 中的“软件启动”按钮，软件提示启动成功，如图 6-18 所示。单击图 6-18 中的“载入程序”按钮，出现“载入程序”对话框，如图 6-19 所示。选择需要加载的执行文件（.dll 文件），完成加载过程，加载成功后，芯片测试界面如图 6-20 所示。可以选择“单次运行测试”“开始自动循环测试”，测试完成后，便可在屏幕中心显示打印出所测试出的数据结果。

图 6-17　“芯片测试”界面

图 6-18　启动成功

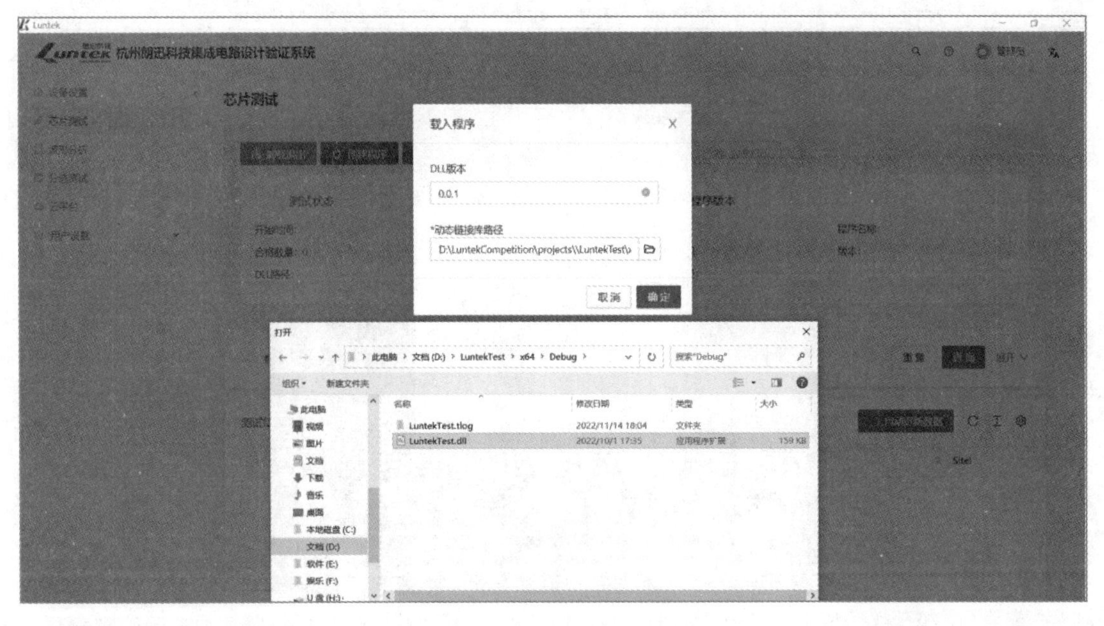

图 6-19 “载入程序”对话框

图 6-20 芯片测试界面

6.3.3 创建集成电路测试程序

1. 新建程序

在“芯片测试”界面（见图 6-17）单击“创建程序”按钮，进入“创建程序”对话框，如图 6-21 所示。单击程序路径选择按钮，弹出“浏览文件夹”对话框，选择一个文件夹保存新建程序。单击“确定”按钮完成工程的创建，单击“取消”按钮则取消本次创建。

2. 打开程序

打开刚刚保存新建测试程序的文件夹，图 6-22 所示为测试程序文件夹内容，在其中选择扩展名为 .sln 的文件，并双击打开该文件。

图 6-21　“创建程序”对话框

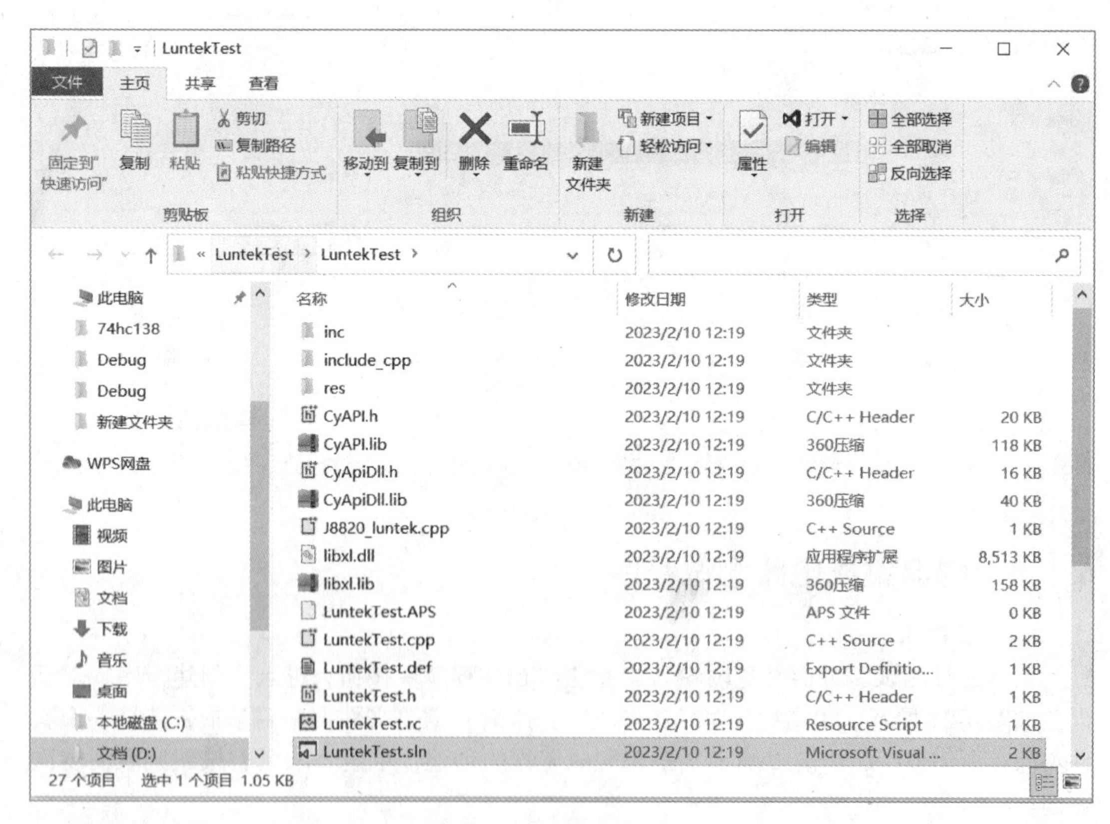

图 6-22　测试程序文件夹内容

3. 程序配置

打开测试程序后，先等待编译器将程序加载就绪，然后在“解决方案资源管理器”界面（见图 6-23）中会看到相应的文件结构。

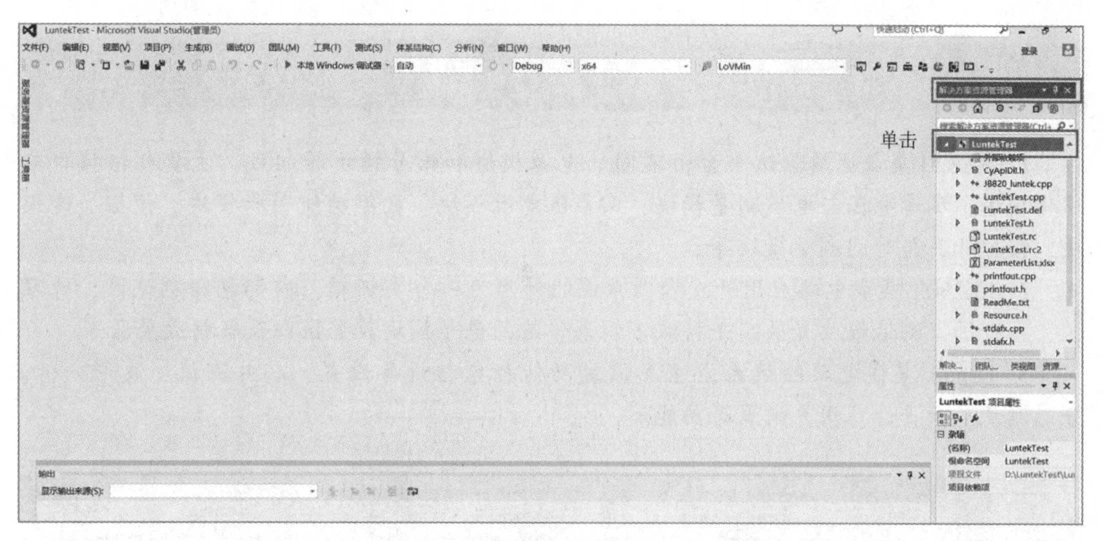

图 6-23　“解决方案资源管理器”界面

首先，双击“J8820_luntek.cpp”文件，在主程序函数 J8820_luntek( ) 中完成代码的编写，然后进行下面的操作。如图 6-24 所示，选择“生成”→“重新生成解决方案”选项完成代码的编译后，会成功生成一个可执行的 .dll 文件。

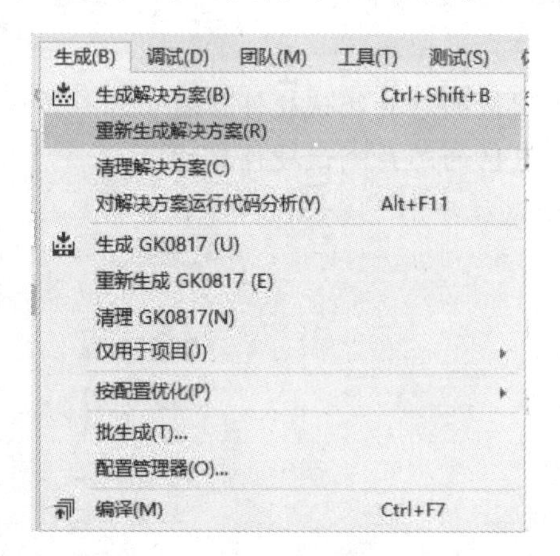

图 6-24　重新生成解决方案步骤

图 6-25 所示为编译成功的提示，在测试平台软件中载入该 .dll 文件便可运行。

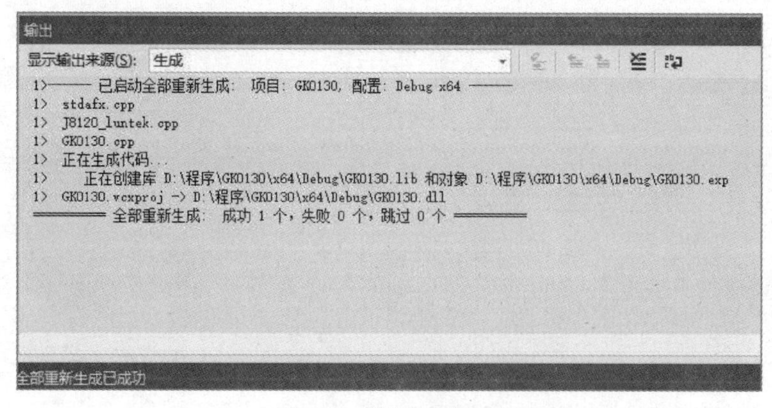

图 6-25　编译成功的提示

项目小结

1. LK8820 集成电路测试平台由不同的电源模块和信号模块等组成，主要包括接口与通信模块、参考电压与电压测量模块、四象限电源模块、数字功能引脚模块、模拟功能模块、模拟开关与时间测量模块等。

2. LK230T 集成电路应用开发资源系统的外形为一个实训箱，内部包括测试区、练习区、接口区、测试板放置区、手持式万用表、应用电子模块放置区以及耗材放置区等。

3. Luntek 集成电路测试系统主界面的功能栏包括设备设置、芯片测试、波形分析、分选测试、云平台、用户设置等功能。

习　题

一、填空题

1. 用户程序以________工程为模板，以________的结构产生。

2. 在“芯片测试”界面单击“________”按钮，进入“创建程序”对话框。

3. 在工程的属性页，令“配置”为“________”、“平台”为“________”。

二、思考题

1. 搭建基于 LK230T 测试区的芯片测试硬件环境。

2. 搭建基于 LK230T 练习区的芯片测试硬件环境。

3. 创建一个集成电路测试程序。

项目七　74HC138 芯片测试

项目导读

74HC138 芯片常见测试主要有开短路测试、静态工作电流测试、直流参数测试和功能测试 4 种。

本项目从 74HC138 芯片测试电路设计入手，首先让读者对 74HC138 芯片基本结构有初步了解，然后介绍 74HC138 芯片的开短路测试程序设计的方法，并介绍 74HC138 芯片静态工作电流测试、直流参数测试及功能测试程序设计的方法。通过 74HC138 芯片测试电路连接及芯片测试，让读者进一步了解 74HC138 芯片。

能力目标

知识目标	1. 了解 74HC138 芯片及应用 2. 掌握 74HC138 芯片的结构和引脚功能 3. 掌握 74HC138 芯片的工作过程 4. 学会 74HC138 芯片的测试电路设计和测试程序设计
技能目标	能完成 74HC138 芯片测试电路连接，能完成 74HC138 芯片测试的相关编程，实现 74HC138 芯片的开短路、静态工作电流、直流参数及功能等测试
素质目标	1. 培养团队合作意识、交流沟通能力、实训室管理能力等职业素养 2. 培养爱国主义精神 3. 培养严谨治学的求实精神
教学重点	1. 74HC138 芯片的工作过程 2. 74HC138 芯片的测试电路设计方法 3. 74HC138 芯片的测试程序设计方法
教学难点	74HC138 芯片的测试步骤及测试程序设计
推荐教学方法	从任务入手，通过 74HC138 芯片的测试电路设计，让学生了解 74HC138 芯片的基本结构，进而通过 74HC138 芯片的测试程序设计，熟悉 74HC138 芯片的测试方法
推荐学习方法	勤学勤练、动手操作是学好 74HC138 芯片测试的关键，动手完成 74HC138 芯片测试，通过“边做边学”达到学习的目的

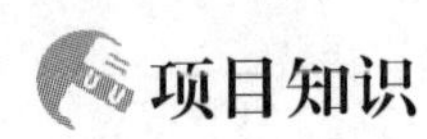

项目知识

7.1 74HC138 测试电路设计与搭建

7.1.1 任务描述

74HC138 测试电路设计与搭建

利用 LK8820 集成电路测试平台和 LK230T 集成电路应用开发资源系统，根据 74HC138 译码器工作原理，完成 74HC138 测试电路设计与搭建，要求如下。

（1）测试电路能实现 74HC138 的开短路、静态工作电流、直流参数及功能测试。

（2）74HC138 测试电路的搭建，采用基于测试区的测试方式，也就是把 LK8820 与 LK230T 的测试区结合起来，完成 74HC138 测试电路搭建。

74HC138 是一款高速 CMOS 元器件，具有传输延迟时间短、高性能的特点。例如，在高性能存储器系统中，使用 74HC138 译码器可以提高译码系统的效率。

7.1.2 认识 74HC138

1. 74HC138 芯片引脚功能

74HC138 是 3 线 - 8 线译码器，封装采用 16 引脚的双列直插封装或小引出线封装，其引脚如图 7-1 所示。

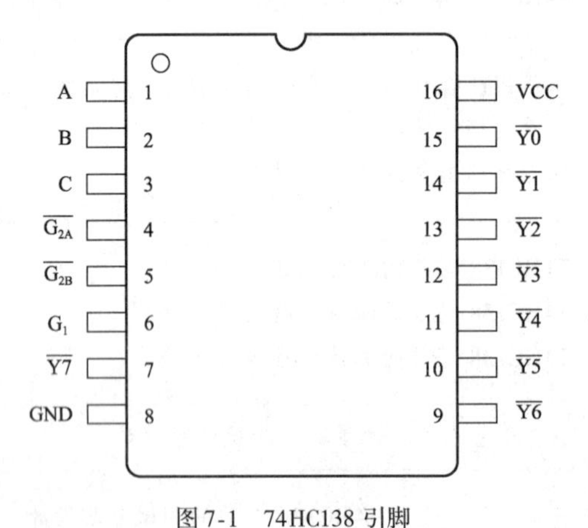

图 7-1　74HC138 引脚

通常，在芯片封装正面有一个缺口，靠近缺口左边有一个小圆点，其对应引脚的序号为 1，其余引脚序号以逆时针方向排序。74HC138 引脚功能如表 7-1 所示。

2. 74HC138 真值表

74HC138 真值表如表 7-2 所示。

3. 74HC138 工作原理

74HC138 工作原理如图 7-2 所示。

表 7-1　74HC138 引脚功能

引脚序号	引脚名称	引脚功能	引脚序号	引脚名称	引脚功能
1	A	地址输入端	9	$\overline{Y6}$	输出端（低电平有效）
2	B		10	$\overline{Y5}$	
3	C		11	$\overline{Y4}$	
4	$\overline{G_{2A}}$	选通端（低电平有效）	12	$\overline{Y3}$	
5	$\overline{G_{2B}}$		13	$\overline{Y2}$	
6	G_1	选通端（高电平有效）	14	$\overline{Y1}$	
7	$\overline{Y7}$	输出端（低电平有效）	15	$\overline{Y0}$	
8	GND	接地	16	VCC	电源

说明：A、B 和 C 输入二进制信号，74HC138 将其转换成十进制，$\overline{Y0}$～$\overline{Y7}$中与该数字对应的引脚输出低电平，其他均为高电平。

表 7-2　74HC138 真值表

输入						输出							
控制			地址										
G_1	$\overline{G_{2B}}$	$\overline{G_{2A}}$	C	B	A	$\overline{Y0}$	$\overline{Y1}$	$\overline{Y2}$	$\overline{Y3}$	$\overline{Y4}$	$\overline{Y5}$	$\overline{Y6}$	$\overline{Y7}$
×	1	×	×	×	×	1	1	1	1	1	1	1	1
×	×	1	×	×	×	1	1	1	1	1	1	1	1
0	×	×	×	×	×	1	1	1	1	1	1	1	1
1	0	0	0	0	0	0	1	1	1	1	1	1	1
1	0	0	0	0	1	1	0	1	1	1	1	1	1
1	0	0	0	1	0	1	1	0	1	1	1	1	1
1	0	0	0	1	1	1	1	1	0	1	1	1	1
1	0	0	1	0	0	1	1	1	1	0	1	1	1
1	0	0	1	0	1	1	1	1	1	1	0	1	1
1	0	0	1	1	0	1	1	1	1	1	1	0	1
1	0	0	1	1	1	1	1	1	1	1	1	1	0

根据表 7-2 和图 7-2，74HC138 的工作原理如下。

（1）当选通端 G_1 为高电平、$\overline{G_{2A}}$和$\overline{G_{2B}}$为低电平时，可将 3 个地址输入端 A、B 和 C（其中 A 为低位地址、C 为高位地址）的二进制信号编码，$\overline{Y0}$～$\overline{Y7}$中对应的输出端以低电平译出。例如，CBA＝110 时，在$\overline{Y6}$输出低电平信号。

又如：CBA＝011 时，在$\overline{Y3}$输出低电平信号。

（2）当选通端 G_1 为低电平、$\overline{G_{2A}}$和$\overline{G_{2B}}$为任意状态时，不论 3 个地址输入端 A、B 和 C 的信号为何值，$\overline{Y0}$～$\overline{Y7}$的输出都是高电平。

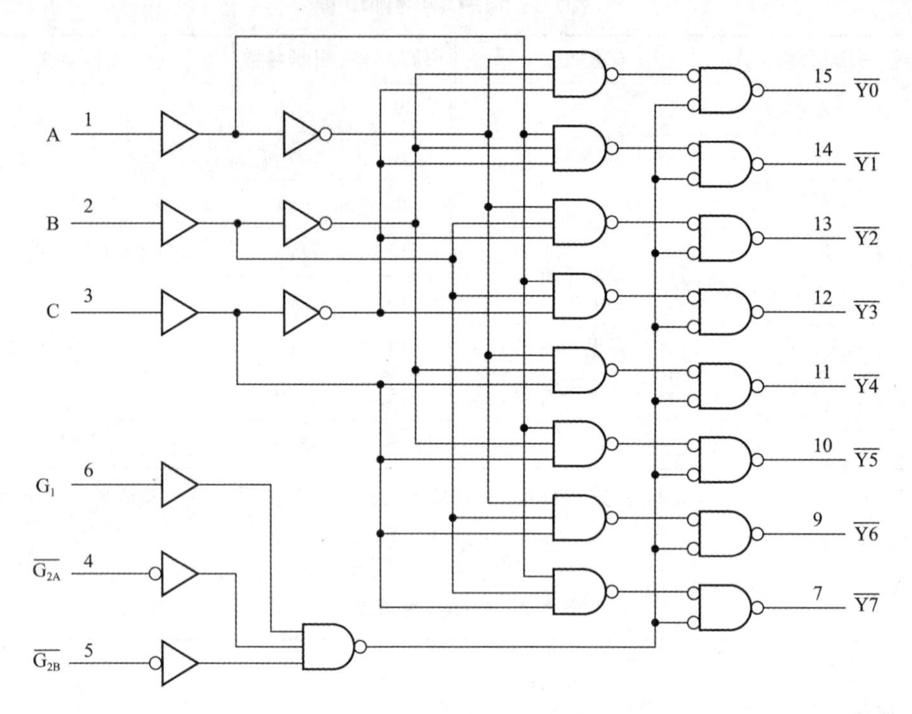

图 7-2　74HC138 工作原理

4. 74HC138 直流特性

74HC138 的直流特性如表 7-3 所示。

表 7-3　74HC138 的直流特性

参数	符号	测试条件			最小	最大	单位
高电平输出电压	V_{OH}	$V_I = V_{IH}$或 V_{IL}	$I_{OH} = -20\mu A$	$V_{CC} = 2V$	1.9		V
				$V_{CC} = 4.5V$	4.4		
				$V_{CC} = 6V$	5.9		
			$I_{OH} = -4mA$、$V_{CC} = 4.5V$		3.84		
			$I_{OH} = -5.2mA$、$V_{CC} = 6V$		5.34		
低电平输出电压	V_{OL}	$V_I = V_{IH}$或 V_{IL}	$I_{OL} = 20\mu A$	$V_{CC} = 2V$		0.1	V
				$V_{CC} = 4.5V$		0.1	
				$V_{CC} = 6V$		0.1	
			$I_{OL} = 4mA$、$V_{CC} = 4.5V$			0.33	
			$I_{OL} = 5.2mA$、$V_{CC} = 6V$			0.33	
静态工作电流	I_{CC}	$V_I = V_{CC}$或 0、$I_O = 0$、$V_{CC} = 6.0V$				80	μA

74HC138 的正常工作范围（$T_a = -40 \sim +80$℃）如表 7-4 所示。

表 7-4　74HC138 的正常工作范围

参数	符号	最小	典型	最大	单位	测试条件
逻辑电源电压	V_{CC}	3.0	5.0	5.5	V	—
高电平输入电压	V_{IH}	3.3			V	V_{CC} =5.0V
低电平输入电压	V_{IL}			1.5	V	V_{CC} =5.0V

7.1.3　74HC138 测试电路设计与搭建

根据任务描述，74HC138 测试电路能满足开短路、静态工作电流、直流参数及功能等测试。

1. 测试接口

74HC138 引脚与 LK8820 测试接口，是 74HC138 测试电路设计的基本依据。74HC138 引脚与 LK8820 测试接口的配接表，如表 7-5 所示。

表 7-5　74HC138 引脚与 LK8820 测试接口的配接表

74HC138 引脚		LK8820 测试接口		功能
引脚号	引脚符号	引脚号	引脚符号	
1	A	1	PIN1	地址输入端
2	B	2	PIN2	
3	C	3	PIN3	
4	$\overline{G_{2A}}$	4	PIN4	选通端（低电平有效）
5	$\overline{G_{2B}}$	5	PIN5	
6	G_1	6	PIN6	选通端（高电平有效）
7	$\overline{Y7}$	7	PIN7	输出端（低电平有效）
8	GND	1（U4）	GND	接地
9	$\overline{Y6}$	8	PIN8	输出端（低电平有效）
10	$\overline{Y5}$	9	PIN9	
11	$\overline{Y4}$	10	PIN10	
12	$\overline{Y3}$	11	PIN11	
13	$\overline{Y2}$	12	PIN12	
14	$\overline{Y1}$	13	PIN13	
15	$\overline{Y0}$	14	PIN14	
16	VCC	80（U6）	FORCE1	电源

2. 测试电路设计

根据表 7-5，LK8820 的测试接口如图 7-3（a）所示，74HC138 测试电路如图 7-3（b）所示。

3. 74HC138 测试板卡

根据图 7-3 所示搭建 74HC138 测试电路，74HC138 测试板卡的正面如图 7-4 所示。

（a）LK8820的测试接口

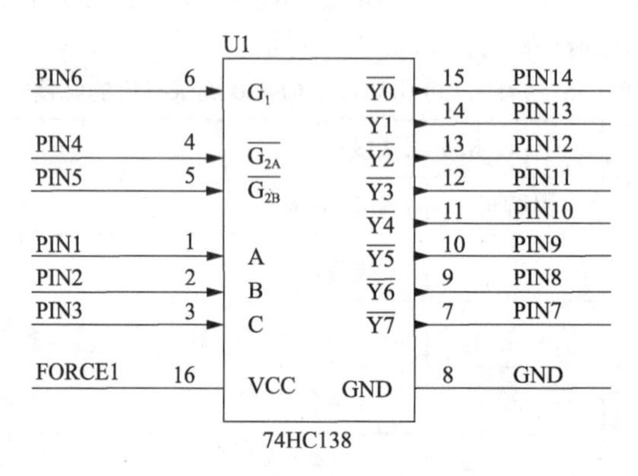

（b）74HC138测试电路

图 7-3　LK8820 的测试接口与 74HC138 测试电路

根据图 7-3，使用 LK8820 提供的万能测试板焊接 74HC138 测试电路板，将焊接完成的 74HC138 测试电路板插到 DUT 板卡的正面，使用杜邦线将 74HC138 测试电路板与 DUT 板卡连接起来。

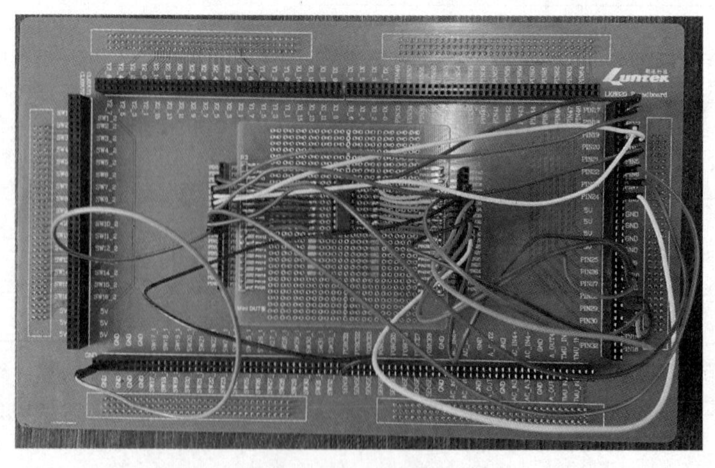

图 7-4　74HC138 测试板卡的正面

74HC138 测试板卡的背面如图 7-5 所示。

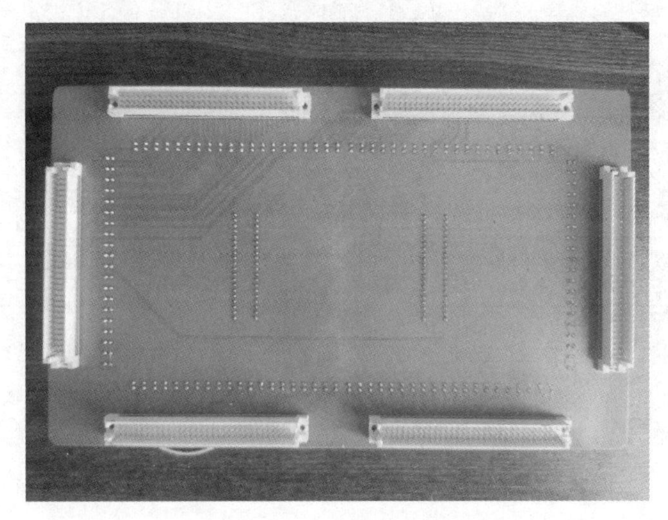

图 7-5　74HC138 测试板卡的背面

4. 74HC138 测试电路搭建

按照任务要求，将搭建完成的 74HC138 测试板卡，插接到 LK8820 外挂盒上的接口上。至此，基于测试区的 74HC138 测试电路就搭建好了，如图 7-6 所示。

图 7-6　基于测试区的 74HC138 测试电路

5. 基于练习区的 74HC138 测试电路搭建

采用基于练习区的测试方式搭建 74HC138 测试电路的流程如下。

（1）在练习区的面包板上插上一个 74HC138，芯片正面缺口向左。

（2）参考表 7-5、图 7-3，按照 74HC138 引脚号和 LK8820 测试接口引脚号，用杜邦线将 74HC138 的引脚依次对应连接到 U1 ～ U6 的插座上。

（3）将两个 100PIN 的 SCSI 转换接口线一端插接到靠近 LK230T 练习区一侧的 SCSI 接口上，另一端插接到 LK8820 外挂盒上的芯片测试转接板的 SCSI 接口上。

搭建好的基于练习区的 74HC138 测试电路如图 7-7 所示。

图 7-7　基于练习区的 74HC138 测试电路

7.2　74HC138 的开短路测试

7.2.1　任务描述

74HC138 的开短路测试

基于 LK8820 集成电路测试平台和 74HC138 测试电路，通过给 74HC138 的输入和输出引脚提供电流，并测引脚电压，完成 74HC138 开短路测试。若测得引脚的电压为 -1.2 ~ -0.3V，则芯片为良品，否则为非良品。

7.2.2　开短路测试程序实现分析

开短路测试是对芯片引脚内部对地或对 VCC 是否出现开路或短路的一种测试。

1. 开短路测试

74HC138 芯片开短路测试是通过对芯片引脚施加适当的小电流，来测试芯片引脚的电压。在这里，向被测引脚施加 -100μA 电流进行开短路测试时，被测引脚的电压有以下 3 种不同情况。

（1）引脚正常连接：电压在 -1.2 ~ -0.3V 范围内，大约为 -0.6V，这时 74HC138 为良品。

（2）引脚出现短路：电压为 0，表示 74HC138 内部电路有短路，通常是被测引脚与地之间有短路。

（3）引脚出现开路：电压为无限小（负电压），如果钳位电压被设置为 4V，引脚出现开路时的电压为 -4V，表示 74HC138 内部电路有开路，通常在被测引脚附近。

在这里，主要测试 74HC138 的每个引脚是否存在对地短路或开路现象。

2. 开短路测试关键函数

在 74HC138 开短路测试程序中，主要使用_on_vpt()、MSleep_mS()、_pmu_test_iv

()、Excel_Temp_Show()等关键函数来完成开短路测试及显示。

(1) _on_vpt()函数

_on_vpt()函数是选择电源通道和电流挡位、设置电压。函数原型如下。

```
void _on_vpt (unsigned int channel, unsigned int current_stat, float voltage);
```

第一个参数 channel 是电源通道，选择范围是 1、2、3、4。

第二个参数 current_stat 是电流挡位，选择范围是 1、2、3、4、5、6、7，其中 1 表示 500mA、2 表示 100mA、3 表示 10mA、4 表示 1mA、5 表示 100μA、6 表示 10μA、7 表示 1μA。

第三个参数 voltage 是输出电压，取值范围是 -30～30V。

例如，在电源通道 2（FORCE2）输出 6V 电压，电流挡位是 5（100μA），代码如下。

```
_on_vpt (2, 5, 6);
```

注意：调用后为了使电源到达稳定状态，至少要延时 3ms，未被关闭的通道将保持前一次设置的状态。

(2) MSleep_mS（）函数

MSleep_mS（）函数是硬件精确延时函数，单位为 ms。函数原型如下。

```
void MSleep_mS (long lTime);
```

参数 lTime 是延时时间。

例如，延时 20ms，代码如下。

```
MSleep_mS (20);
```

(3) _pmu_test_iv()函数

_pmu_test_iv()函数是对指定 PIN 进行"加"流测压测试，将结果经单位变换后存入结果缓存区并赋予别名。函数原型如下。

```
_pmu_test_iv (unsigned int alias, unsigned int pin, unsigned int channel,
float souce, unsigned int gain, unsigned int mul);
```

第 1 个参数 alias 是别名，无符号整形数据类型，别名在程序中不能重复使用。

第 2 个参数 pin 是被测引脚号，选择范围是 1、2、3、……、16。

第 3 个参数 channel 是精密测量单元通道，选择范围是 1、2、3、4。

第 4 个参数 souse 是驱动电流，取值范围是 -100 000～100 000μA。

第 5 个参数 gain 是测量增益，选择范围是 1、2、3，其中 1 对应 30V，2 对应 10V，3 对应 2V。

第 6 个参数 mul 是单位，1 对应单位 V，2 对应单位 mV。

例如，使用电源通道 2 对引脚 PIN1 加 -100μA 电流，使用 10V 挡测量，此时 PIN1 引脚的电压测量结果被保存到别名 1 中。代码如下。

```
_pmu_test_iv (1, 1, 2, -100, 2, 1);
```

(4) Excel_Temp_Show()函数

Excel_Temp_Show()函数将数据打印到表格中进行显示。函数原型如下。

```
Excel_Temp_Show (CString parameName, unsigned int alias);
```

第 1 个参数 parameName 是参数的名称。

第2个参数 alias 是别名。

例如，将别名为1的数据打印到表格中进行显示，对应的参数名称为 VOS1。代码如下。

```
Excel_ Temp_ Show (_ T (" VOS1"), 1);
```

3. 开短路测试流程

74HC138 开短路测试流程如下。

（1）通过_on_vpt( )函数给芯片供零电压。

（2）通过 MSleep_mS( )函数延时等待一段时间，通常延时 10ms。

（3）通过_pmu_test_iv( )函数向被测引脚提供 -100μA 电流，测量出被测引脚电压结果并存放在别名中。

（4）根据_pmu_test_iv( )函数第一个参数别名中保存的数据（被测引脚电压），来判断 74HC138 芯片是否为良品。

（5）为防止上次参数测试留下的电量对下次造成影响，最后还需要适当延时，来提高测试的准确性。

7.2.3 开短路测试程序设计

参考6.3节“创建集成电路测试程序”中介绍的步骤，来完成 74HC138 开短路测试程序设计。

1. 新建 74HC138 测试程序模板

双击图标运行 Luntek 软件，打开登录界面，输入账号密码，单击“登录”按钮。进入后，单击界面中“芯片测试”按钮（见图7-8），进入“芯片测试”界面（见图7-9），单击“创建程序”按钮，弹出“创建程序”对话框（见图7-10）。

图7-8 “芯片测试”按钮

图 7-9　“芯片测试”界面

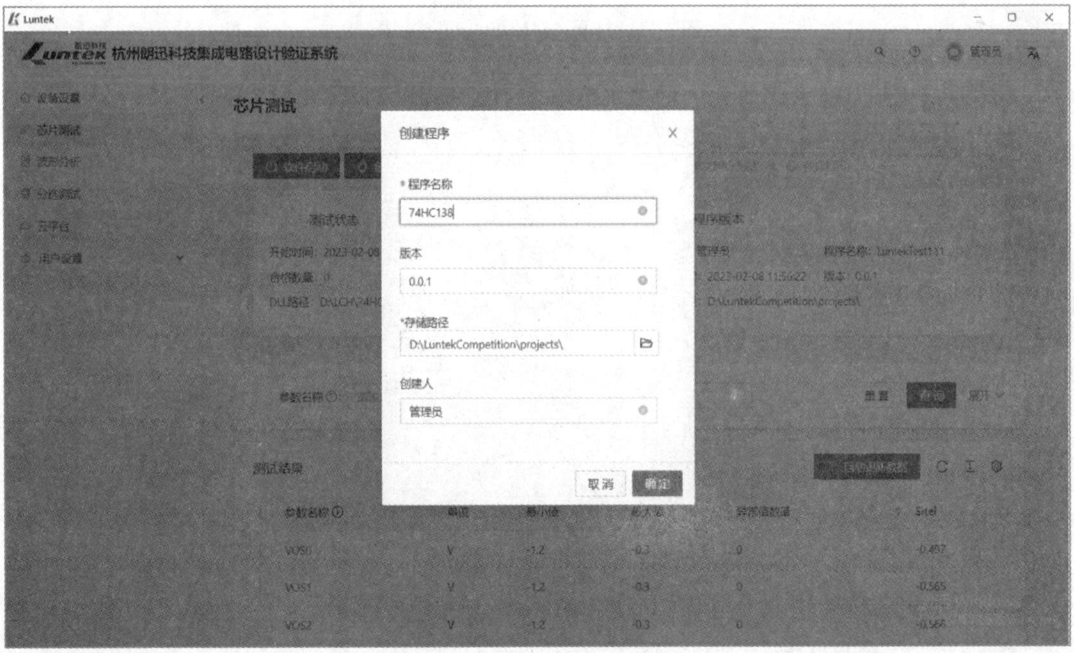

图 7-10　“创建程序”对话框

首先，在该对话框中输入程序名“74HC138”，程序路径为创建程序的保存路径，通常存储在 D 盘，然后单击“确定”按钮进行保存，弹出“程序创建成功”对话框。

注意：程序名中不能包含中文。

单击“确定”按钮，此时系统会自动为用户在选定路径中创建一个“74HC138”文件夹（74HC138 测试程序模板）。74HC138 测试程序模板里面主要包括文件“74HC138.sln”“Debug”文件夹等。

2. 打开测试程序模板

定位到“74HC138”文件夹，打开“74HC138.sln”文件，如图 7-11 所示。

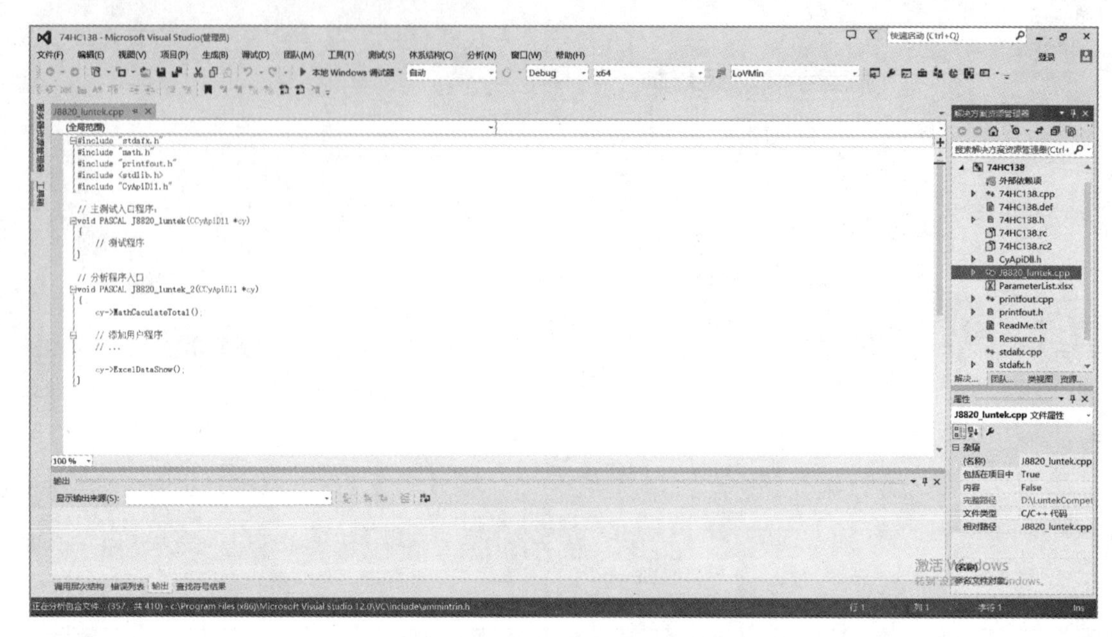

图 7-11　打开“74HC138.sln”文件

在图 7-11 中，可以看到一个自动生成的 74HC138 测试程序，代码如下。

```
1.  #include "stdafx.h"
2.  #include "math.h"
3.  #include "printfout.h"
4.  #include <stdlib.h>
5.  #include "CyApiDll.h"
6.  // 主测试入口程序:
7.  void PASCAL J8820_luntek(CCyApiDll * cy)
8.  {
9.  // 测试程序
10. }
11. // 分析程序入口
12. void PASCAL J8820_luntek_2(CCyApiDll * cy)
13. {
14.         cy->MathCaculateTotal();
15.         // 添加用户程序
16.         cy->ExcelDataShow();
17. }
```

3. 编写测试程序及编译

在自动生成的 74HC138 测试程序中，需要添加 Openshort（CCyApiDll ＊cy）开短路测试函数以及添加 74HC138 主测试函数的函数体。

（1）编写 Openshort（CCyApiDll ＊cy）开短路测试函数

74HC138 芯片开短路测试函数 Openshort（CCyApiDll ＊cy）的代码如下。

```
1.  /**********芯片开短路测试函数**********/
2.  void Openshort(CCyApiDll * cy)
3.  {
4.      CString para;
5.      int i;
6.      cy->_on_vpt(1, 4, 0);
7.      cy->MSleep_mS(10);
8.      for (i = 1; i <7; i ++)
9.      {
10.       cy->_pmu_test_iv(i, i , 2, -100, 2, 1);
11.       para.Format(_T("VOS% d"), i);
12.       cy->Excel_Temp_Show(para, i);
13.     }
14.     for (i = 7; i <15; i ++)
15.     {
16.       cy->_pmu_test_iv(i, i , 2, -100, 2, 1);
17.       para.Format(_T("VOS% d"), i);
18.       cy->Excel_Temp_Show(para, i);
19.     }
20.     cy->_off_vpt(1);
21.     cy->MSleep_mS(10);
22. }
```

（2）添加 74HC138 主测试函数的函数体。

在自动生成的 74HC138 主测试函数中，添加 74HC138 主测试函数的函数体代码，代码如下。

```
1.  /**********74HC138 主测试函数**********/
2.  //主测试入口程序:
3.  void PASCAL J8820_luntek(CCyApiDll * cy)
4.  {
5.          Openshort(cy);
6.  }
```

下面给出 74HC138 开短路测试程序完整代码（前面已经给出的代码在这里省略），代码如下。

```
1.  /***************74HC138 开短路测试程序***************/
2.  #include "math.h"
3.  #include "printfout.h"
4.  #include <stdlib.h>
5.  #include "CyApiDll.h"
6.  /**********芯片开短路测试函数**********/
7.  void Openshort(CCyApiDll * cy)
8.  {
```

```
9.          ……                              //开短路测试函数函数体
10. }
11. /* * * * * * * * * * * 74HC138 主测试函数* * * * * * * * * * * /
12. void PASCAL J8820_luntek(CCyApiDll * cy)
13. {
14.          Openshort(cy);                   //74HC138 主测试函数函数体
15. }
16. /* * * * * * * * * * * 74HC138 分析程序函数* * * * * * * * * * * /
17. void PASCAL J8820_luntek_2(CCyApiDll * cy)
18. {
19. cy ->MathCaculateTotal();
20. // 添加用户程序
21. cy ->ExcelDataShow();
22. }
```

代码说明如下。

① Excel_Temp_Show()函数的作用是数据输出，即将测试结果输出到上位机中显示。

② “for(i=1;i<7;i++)”中的i是被测引脚号，74HC138芯片有6个输入引脚，for语句循环6次，依次对74HC138的6个输入引脚进行测试。

③ “for(i=7;i<15;i++)”中的i是被测引脚号，74HC138芯片有8个输出引脚，for语句循环8次，依次对74HC138的8个输出引脚进行测试。

④ “_pmu_test_iv(i,i,2,-100,2,1);”语句中的第一个参数i是别名，用于保存被测引脚电压（V），第二个i是被测引脚号。

（3）74HC138开短路测试程序编译。

编写完74HC138开短路测试程序后，对其进行编译。如果编译发生错误，要进行分析、检查，直至编译成功。

4. 74HC138开短路测试程序载入与运行

参考6.3节“创建集成电路测试程序”中的载入测试程序步骤，完成74HC138开短路测试程序的载入与运行。74HC138开短路测试结果如图7-12所示。

观察74HC138开短路测试程序运行结果是否满足任务要求。如果运行结果不能满足任务要求，要对测试程序进行分析、检查、修改，直至运行结果满足任务要求。

参数名称 ⓘ	单位	最小值	最大值	异常值数量	Sitel
VOS1	V	-1.2	-0.3	0	-0.412
VOS2	V	-1.2	-0.3	0	-0.412
VOS3	V	-1.2	-0.3	0	-0.41
VOS4	V	-1.2	-0.3	0	-0.412
VOS5	V	-1.2	-0.3	0	-0.413
VOS6	V	-1.2	-0.3	0	-0.411
VOS7	V	-1.2	-0.3	0	-0.389
VOS8	V	-1.2	-0.3	0	-0.41
VOS9	V	-1.2	-0.3	0	-0.412
VOS10	V	-1.2	-0.3	0	-0.413
VOS11	V	-1.2	-0.3	0	-0.411
VOS12	V	-1.2	-0.3	0	-0.389
VOS13	V	-1.2	-0.3	0	-0.41
VOS14	V	-1.2	-0.3	0	-0.412

图7-12　74HC138开短路测试结果

7.3　74HC138 的静态工作电流测试

7.3.1　任务描述

74HC138 的静态工作电流测试

通过 LK8820 集成电路测试平台和 74HC138 测试电路，完成 74HC138 静态工作电流测试。向 74HC138 的引脚 VCC 施加 6V 电压，并测该引脚电流。若测得引脚的电流小于 80μA，则芯片为良品，否则为非良品。

7.3.2　静态工作电流测试程序实现分析

1. 静态工作电流测试

根据表 7-3，74HC138 静态工作电流的测试条件如下。

$$V_I = V_{CC} \text{或} V_I = 0、I_O = 0、V_{CC} = 6.0V$$

(1) 74HC138 输入引脚有 G_1、$\overline{G_{2A}}$、$\overline{G_{2B}}$、A、B 和 C。只要设置 G_1、$\overline{G_{2A}}$、$\overline{G_{2B}}$、A、B 和 C 为高电平或低电平，即可满足 $V_I = V_{CC}$ 或 $V_I = 0$。

(2) 不要打开连接 74HC138 输出引脚的继电器，使得输出引脚的对外连接是断开的，即可满足 $I_O = 0$。

(3) 向引脚 VCC 施加 6.0V 电压，即可满足 $V_{CC} = 6.0V$。

在满足 74HC138 静态工作电流的测试条件后，可先使用电流测试函数测试 74HC138 的引脚 VCC 的电流 I_{CC}，然后根据测试的结果，判断静态工作电流 I_{CC} 是否小于 80μA。若小于 80μA 则芯片为良品，否则为非良品。

2. 静态工作电流测试关键函数

在 74HC138 芯片静态工作电流测试程序中，主要使用 _measure( ) 等函数来进行测试。

_measure( ) 函数是选取测量范围并完成测量，结果经过单位变换后存入结果缓存区并赋予别名。函数原型如下。

```
void _measure (unsigned int alias, char * logic, unsigned int channel, unsigned int gain, unsigned int mul);
```

第一个参数 alias 是别名，用于保存测量结果。

第二个参数 * logic 是测量类型，"A" 为电流测量，"V" 为电压测量。

第三个参数 channel 是被测通道，范围为 1、2、3、4。

第四个参数 gain 是测量范围。

当 * logic 为 "A" 时，gain 的选择范围是 1、2、3、4、5、6、7，其中 1 表示 500mA，2 表示 100mA，3 表示 10mA，4 表示 1mA，5 表示 100μA，6 表示 10μA，7 表示 1μA。

当 * logic 为 "V" 时，gain 的选择范围是 1、2、3，其中 1 表示 30V，2 表示 10V，3 表示 2V。

第五个参数 mul 是单位。

当 * logic 为“A”时，mul 的选择范围是 1、2、3，其中 1 表示单位为 A，2 表示单位为 mA，3 表示单位为 μA。

当 * logic 为“V”时，mul 的选择范围是 1、2，其中 1 表示单位为 V，2 表示单位为 mV。

例如，设置测量范围为 1mA，测量结果单位为 mA，测量电源通道 1（FORCE1）的电流，将测量结果单位转变为 mA 后放入别名为 1 的缓存区，获取工作电流的代码如下。

```
_ measure (1, " A", 1, 4, 2);
```

3. 静态工作电流测试流程

74HC138 静态工作电流测试流程如下。

（1）通过_ on_ vpt( )函数选择电源通道和电流挡位、设置电压。在这里是使用电源通道 1、电流挡位 5 向 VCC 引脚提供 6.0V 电压。

（2）通过 MSleep_ mS( )函数延时等待一段时间，通常延时 10ms。

（3）通过_ measure( )函数选择别名、测量电流、电源通道 1（与_ on_ vpt( )函数选择的电源通道 1 一致）、电流挡位、测量范围以及测量单位，74HC138 的静态工作电流（μA）测量结果存放在别名中。

（4）通过_ off_ vpt( )函数关闭通道电源。

（5）通过 MSleep_ mS( )函数延时等待一段时间，通常延时 10ms。

（6）通过 Excel_ Temp_ Show( )函数将测量结果打印到表格中，判断被测静态工作电流是否小于 80μA，来判断 74HC138 芯片是否为良品。

7.3.3 静态工作电流测试程序设计

1. 编写静态工作电流测试函数 ICC( )

74HC138 芯片静态工作电流测试函数 ICC（CCyApiDll * cy）的代码如下。

```
1.  /* * * * * * * * * * * 芯片静态工作电流测试函数* * * * * * * * * * * /
2.  void ICC (CCyApiDll * cy)
3.   {
4.      cy ->_ on_ vpt (1, 5, 6);
5.      cy ->MSleep_ mS (10);
6.      cy ->_ measure (15, " A", 1, 5, 3);
7.      cy ->MSleep_ mS (10);
8.      cy ->_ off_ vpt (1);
9.      cy ->MSleep_ mS (10);
10.     cy ->Excel_ Temp_ Show (_ T(" ICC"), 15);
11. }
```

在自动生成的 74HC138 主测试函数中添加 74HC138 主测试函数的函数体代码，代码如下。

```
1.  /**********74HC138 主测试函数**********/
2.  void PASCAL J8820_luntek(CCyApiDll * cy)
3.  {
4.      ICC(cy);
5.  }
```

2. 74HC138 静态工作电流测试程序编写及编译

在这里，完成 74HC138 静态工作电流测试程序的编写，在前面已经给出的代码在这里省略，代码如下。

```
1.  /***************74HC138 静态工作电流测试程序***************/
2.  ……                              //头文件包含,参考 7.2 节
3.  /**********静态工作电流测试函数**********/
4.  void ICC(CCyApiDll * cy)
5.  {
6.     ……                           //静态工作电流测试函数的函数体
7.  }
8.  /**********74HC138 主测试函数**********/
9.  void PASCAL J8820_luntek(CCyApiDll * cy)
10. {
11.    ……
12.       ICC(cy);                  //74HC138 芯片静态工作电流测试函数
13. }
14. /**********74HC138 分析程序函数**********/
15. void PASCAL J8820_luntek_2(CCyApiDll * cy)
16. {
17.     cy->MathCaculateTotal();
18.     // 添加用户程序
19.     cy->ExcelDataShow();
20. }
```

编写完 74HC138 静态工作电流测试程序后，进行编译。如果编译发生错误，要进行分析、检查，直至编译成功。

3. 74HC138 测试程序载入与运行

参考 6.3 节“创建集成电路测试程序”中载入测试程序步骤，完成 74HC138 静态工作电流测试程序的载入与运行。74HC138 静态工作电流测试结果如图 7-13 所示。

参数名称 ⓘ	单位	最小值	最大值	异常值数量	Site1
ICC	uA	0	80	0	0.15

图 7-13　74HC138 静态工作电流测试结果

观察 74HC138 静态工作电流测试程序运行结果是否满足任务要求。如果运行结果不能满足任务要求，要对测试程序进行分析、检查、修改，直至运行结果满足任务要求。

7.4 74HC138的直流参数测试

7.4.1 任务描述

74HC138的直流参数测试

通过LK8820集成电路测试平台和74HC138测试电路，完成74HC138的直流参数测试。测试结果处理如下。

（1）在输出高电平测试时，测得输出引脚的电压大于4.4V，则芯片为良品，否则为非良品。

（2）在输出低电平测试时，测得输出引脚的电压小于0.1V，则芯片为良品，否则为非良品。

7.4.2 直流参数测试程序实现分析

1. 直流参数测试

74HC138的直流参数测试包括输出高电平测试和输出低电平测试。根据表7-3，输出高电平和输出低电平的测试条件各有5种组合。在这里，我们选择其中1种组合作为测试条件。

（1）输出高电平测试

选择74HC138输出高电平测试的测试条件为

$$V_I = V_{IH}\text{或}V_I = V_{IL}、I_{OH} = -20\ \mu A、V_{CC} = 4.5V$$

① 74HC138输入引脚有G_1、$\overline{G_{2A}}$、$\overline{G_{2B}}$、A、B和C，只要设置G_1、$\overline{G_{2A}}$、$\overline{G_{2B}}$、A、B和C为高电平或低电平，即可满足$V_I = V_{IH}$或$V_I = V_{IL}$。

② 向74HC138的输出引脚施加抽出电流-20μA，即可满足$I_{OH} = -20\mu A$。

③ 向引脚VCC施加4.5V电压，即可满足$V_{CC} = 4.5V$。

在满足74HC138输出高电平测试的测试条件后，可先测试74HC138输出引脚的电压V_{OH}，然后根据测试的结果，判断输出高电平V_{OH}是否大于4.4V。若大于4.4V，则芯片为良品，否则为非良品。

（2）输出低电平测试

选择74HC138输出低电平测试的测试条件为

$$V_I = V_{IH}\text{或}V_I = V_{IL}、I_{OH} = 20\ \mu A、V_{CC} = 4.5V$$

① 设置74HC138的G_1、$\overline{G_{2A}}$、$\overline{G_{2B}}$、A、B和C为高电平或低电平，即可满足$V_I = V_{IH}$或$V_I = V_{IL}$。

② 向74HC138的输出引脚施加注入电流20μA，即可满足$I_{OH} = 20\mu A$。

③ 向引脚VCC施加4.5V电压，即可满足$V_{CC} = 4.5V$。

在满足74HC138输出低电平测试的测试条件后，可先测试74HC138输出引脚的电压V_{OL}，然后根据测试的结果，判断输出低电平V_{OL}是否小于0.1V。若小于0.1V，则芯片为良品，否则为非良品。

2. 直流参数测试关键函数

在74HC138直流参数测试程序中，主要使用_on_vpt()、_sel_drv_pin()、_set_

drvpin()、_set_logic_level()、_pmu_test_iv()等函数。在这里，主要介绍_set_logic_level()、_sel_drv_pin()、_set_drvpin()函数，其他函数在前面已经介绍。

(1) _set_logic_level()函数

_set_logic_level()函数是设置参考电压。函数原型如下。

```
void _set_logic_level (float VIH, float VIL, float VOH, float VOL);
```

第一个参数 VIH 是设置输入引脚高电平的电压，取值范围是 0～10 (V)。

第二个参数 VIL 是设置输入引脚低电平的电压，取值范围是 0～10 (V)。

第三个参数 VOH 是设置输出引脚高电平的电压，取值范围是 0～10 (V)。

第四个参数 VOL 是设置输出引脚低电平的电压，取值范围是 0～10 (V)。

例如，设置输入引脚高电平的电压是 6V、低电平的电压是 0，设置输出引脚高电平的电压是 4V、低电平的电压是 0，代码如下。

```
_set_logic_level (6, 0, 4, 0);
```

(2) _sel_drv_pin()函数

_sel_drv_pin()函数是设定输入引脚。函数原型如下。

```
void _sel_drv_pin (unsigned int pin,...);
```

参数 pin 是引脚序列，1、2、3、……、16，引脚序列要以 0 结尾。

例如，设定 G_1、A、B、C 为输入引脚，代码如下。

```
_sel_drv_pin (G, 1, 2, 3, 0);
```

(3) _set_drvpin()函数

_set_drvpin()函数是设置输入引脚的逻辑状态，H 为高电平，L 为低电平。函数原型如下。

```
void _set_drvpin (char * logic, unsigned int pin,...);
```

第一个参数 *logic 是逻辑标志，选择范围是"H""L"。

第二个参数 pin 是引脚序列，1、2、3、……、16，引脚序列要以 0 结尾。

例如，把引脚 G_1 设置为高电平，代码如下。

```
_set_drvpin (" H", 6, 0);
```

3. 直流参数测试流程

74HC138 直流参数测试流程如下。

(1) 通过_on_vpt()函数选择 FORCE1 (电源通道 1)，向引脚 VCC 施加 4.5V 的电压，电流挡位是 2。

(2) 通过 MSleep_mS()函数延时等待一段时间，通常延时 10ms。

(3) 通过_set_logic_level()函数设置输入引脚高电平的电压是 5V、低电平的电压是 0，设置输出引脚高电平的电压是 4V、低电平的电压是 0。

(4) 通过_sel_drv_pin()函数设置 G_1、$\overline{G_{2A}}$、$\overline{G_{2B}}$、A、B 和 C 为输入引脚，通过_sel_comp_pin()函数设置 $\overline{Y0}$、$\overline{Y1}$、$\overline{Y2}$、$\overline{Y3}$、$\overline{Y4}$、$\overline{Y5}$、$\overline{Y6}$、$\overline{Y7}$为输出引脚。

(5) 通过 MSleep_mS()函数延时等待一段时间，通常延时 10ms。

(6) 通过_set_drvpin()函数设置 G_1 为高电平，$\overline{G_{2A}}$、$\overline{G_{2B}}$、A、B 和 C 为低电平 (A、B 和 C 也可以设置为其他状态)，此时输出$\overline{Y0}$为低电平，$\overline{Y1}$～$\overline{Y7}$为高电平。

（7）$\overline{Y1}$～$\overline{Y7}$分别通过_pmu_test_iv()函数向被测引脚提供 -20μA 电流，测量被测引脚电压，$\overline{Y0}$通过_pmu_test_iv()函数向被测引脚提供20μA 电流，测量被测引脚电压，测量结果保存在相对应的别名中，并使用 Excel_Temp_Show()函数进行打印，根据测试结果来判断被测引脚电压是否符合输出高、低电平的要求。

（8）通过_off_vpt()函数关闭 FORCE1（电源通道1）的电源。

（9）通过 MSleep_mS()函数延时等待一段时间，通常延时 10ms。

7.4.3 直流参数测试程序设计

1. 编写直流参数测试函数 DC()

直流参数测试函数 DC()的代码如下。

```
1.  /* * * * * * * * * * * 直流参数测试函数* * * * * * * * * * * /
2.  void DC(CCyApiDll * cy)                          //静态工作电流测试
3.  {
4.  /* DC 直流测试 VOH、VOL* /
5.        cy->_on_vpt(1, 2, 4.5);
6.        cy->MSleep_mS(10);
7.        cy->_set_logic_level(5, 0, 4, 0); //设置参考电压
8.        cy->_sel_drv_pin(1, 2, 3, 4, 5, 6, 0); //设定驱动引脚
9.        cy->_sel_comp_pin(7, 8, 9, 10, 11, 12, 13, 14, 0); //设定比较引脚
10.       cy->MSleep_mS(10);
11.       cy->_set_drvpin("L", 1, 2, 3, 4,5,0);
12.       cy->_set_drvpin("H", 6, 0);
13.       cy->MSleep_mS(10);
14.       cy->_pmu_test_iv(16, 14, 2, 20, 2, 1);
15.       cy->MSleep_mS(10);
16.       cy->Excel_Temp_Show(_T("Y0"), 16);
17.       cy->_pmu_test_iv(17, 13, 2, -20, 2, 1);
18.       cy->MSleep_mS(10);
19.       cy->Excel_Temp_Show(_T("Y1"), 17);
20.       cy->_pmu_test_iv(18, 12, 2, -20, 2, 1);
21.       cy->MSleep_mS(10);
22.       cy->Excel_Temp_Show(_T("Y2"), 18);
23.       cy->_pmu_test_iv(19, 11, 2, -20, 2, 1);
24.       cy->MSleep_mS(10);
25.       cy->Excel_Temp_Show(_T("Y3"), 19);
26.       cy->_pmu_test_iv(20, 11, 2, -20, 2, 1);
27.       cy->MSleep_mS(10);
28.       cy->Excel_Temp_Show(_T("Y4"), 20);
29.       cy->_pmu_test_iv(21, 9, 2, -20, 2, 1);
30.       cy->MSleep_mS(10);
31.       cy->Excel_Temp_Show(_T("Y5"), 21);
32.       cy->_pmu_test_iv(22, 8, 2, -20, 2, 1);
```

```
33.         cy ->MSleep_mS(10);
34.         cy ->Excel_Temp_Show(_T("Y6"), 22);
35.         cy -> _pmu_test_iv(23, 7, 2, -20, 2, 1);
36.         cy ->MSleep_mS(10);
37.         cy ->Excel_Temp_Show(_T("Y7"), 23);
38.         cy ->MSleep_mS(10);
39.         cy -> _off_vpt(1);
40.         cy ->MSleep_mS(10);
41.  }
```

在自动生成的 74HC138 主测试函数中添加 74HC138 主测试函数的函数体代码，代码如下。

```
1. /* * * * * * * * * * 74HC138 主测试函数* * * * * * * * * * /
2. void PASCAL J8820_luntek(CCyApiDll * cy)
3. {
4.       DC(cy);
5. }
```

2. 74HC138 直流参数测试程序编写及编译

在这里，完成 74HC138 直流参数测试程序编写，前面已经给出的代码在这里省略，代码如下。

```
1.   /* * * * * * * * * * * * * * * 74HC138 直流参数测试程序* * * * * * * * * * * * * * * /
2.   ……                              //头文件包含,见任务 7.2
3.   /* * * * * * * * * * * 直流参数测试函数* * * * * * * * * * /
4.   void DC(CCyApiDll * cy)
5.   {
6.       ……                              //直流参数测试函数的函数体
7.   }
8.   /* * * * * * * * * * * 74HC138 主测试函数* * * * * * * * * * /
9.   void PASCAL J8820_luntek(CCyApiDll * cy)
10.  {
11.      DC(cy);                    //74HC138 直流参数测试函数
12.   }
13.  /* * * * * * * * * * * 74HC138 分析程序函数* * * * * * * * * * /
14.  void PASCAL J8820_luntek_2(CCyApiDll * cy)
15.  {
16.         cy ->MathCaculateTotal();
17.         // 添加用户程序
18.         cy ->ExcelDataShow();
19.  }
```

编写完 74HC138 直流参数测试程序后，进行编译。如果编译发生错误，要进行分析、检查，直至编译成功。

3. 74HC138 测试程序载入与运行

参考6.3节“创建集成电路测试程序”中载入测试程序的步骤，完成74HC138直流参数测试程序的载入与运行。74HC138直流参数测试结果如图7-14所示。

参数名称	单位	最小值	最大值	异常值数量	Site1
Y0	V	0	5	0	0.166
Y1	V	0	5	0	4.504
Y2	V	0	5	0	4.504
Y3	V	0	5	0	4.505
Y4	V	0	5	0	4.504
Y5	V	0	5	0	4.503
Y6	V	0	5	0	4.505
Y7	V	0	5	0	4.504

图7-14 74HC138直流参数测试结果

观察74HC138直流参数测试程序的运行结果是否符合任务要求。如果运行结果不能满足任务要求，要对测试程序进行分析、检查、修改，直至运行结果满足任务要求。

7.5 74HC138的功能测试

7.5.1 任务描述

74HC138的功能测试

通过LK8820集成电路测试平台和74HC138测试电路，完成74HC138功能测试。测试结果处理如下。

（1）根据表7-1、表7-2，按照3个地址输入端A、B和C的8个组合，逐一测试74HC138的功能。

（2）74HC138的功能测试结果与真值表符合的芯片为良品，否则为非良品。

7.5.2 功能测试程序实现分析

根据任务要求和74HC138真值表（见表7-2），验证74HC138的逻辑功能是否与真值表符合。

1. 功能测试实现方法

根据74HC138真值表（见表7-2），74HC138功能测试实现过程如下。

（1）向引脚VCC施加5V电压，设置选通引脚G_1为高电平，另外2个选通引脚$\overline{G_{2A}}$、$\overline{G_{2B}}$为低电平。

（2）按照3个地址输入端A、B和C的8个组合，逐一测试74HC138的输出引脚$\overline{Y0}$～$\overline{Y7}$的状态。

（3）根据74HC138真值表，逐一验证74HC138的$\overline{Y0}$～$\overline{Y7}$的状态是否与真值表符合，符合的为良品，否则为非良品。

2. 功能测试关键函数

在 74HC138 功能测试程序中，主要使用 _sel_drv_pin( )、_sel_comp_pin( )、_read_comppin( ) 和 Logic_Sum_Storage( ) 等函数来进行功能测试，其中_sel_drv_pin( ) 函数前文已介绍，这里不再赘述。

（1） _sel_ comp_ pin( ) 函数

sel comp_ pin( ) 函数的功能是设置输出引脚。函数原型如下。

```
void _sel_comp_pin(unsigned int pin,...);
```

参数 pin 是引脚序列，选择范围是 1、2、3、……、16，引脚序列要以 0 结尾。

例如，设置 74HC138 的 8 个输出引脚，代码如下。

```
_sel_comp_pin(7,8,9,10,11,12,13,14,0);
```

（2） _read_ comppin( ) 函数

read comppin( ) 函数是读取引脚电平状态并与输入的逻辑值（高位在左）进行比较。与输入逻辑值序列一致返回 0，不一致返回 1，放入结果缓存区并赋予别名。函数原型如下。

```
void _ read_ comppin (unsigned int alias, unsigned int module, string logic);
```

第一个参数 alias 是别名，存放比较的结果。

第二个参数 module 是 PE 板卡的编号，取值范围为 1、2、3、4。

第三个参数 logic 是逻辑值序列，H 表示高电平，L 表示低电平，X 表示任意。

例如，PE 板卡为 1，设 PIN5 ～PIN8 为低电平，PIN 13 ～PIN16 为高电平，将判断结果保存到别名 1 中，代码如下。

```
void _ read_ comppin (1, 1, “HHHHXXXXLLLLXXXX”);
```

注意： 输入逻辑值序列高位在前，低位在后。

（3） Logic_ Sum_ Storage( ) 函数

Logic_ Sum_ Storage( ) 函数是逻辑值比对结果求和暂存函数，拥有可变参数列表。函数原型如下。

```
void Logic_ Sum_ Storage (unsigned int alias, unsigned int count, unsigned int
alias, …);
```

第一个参数 alias 是别名，用于存放求和结果。

第二个参数 count 是可变参数的个数。

第三个参数 alias 是测试所得的结果的别名。

例如，要将别名为 1、2、3 的 3 个结果求和，并将求和的结果存放在别名 5 中，代码如下。

```
Logic_ Sum_ Storage (5, 3, 1, 2, 3);
```

3. 功能测试流程

74HC138 功能测试流程如下。

（1） 通过_ on_ vpt( ) 函数选择 FORCE1 （电源通道 1），向引脚 VCC 施加 5V 的电压，

电流挡位是4。

（2）通过 MSleep_mS()函数延时等待一段时间，通常延时10ms。

（3）通过_set_logic_level()函数设置输入引脚高电平的电压为5V、低电平的电压为0，设置输出引脚高电平的电压为4.5V、低电平的电压为0。

（4）通过_sel_drv_pin() 函数设置 G_1、$\overline{G_{2A}}$、$\overline{G_{2B}}$、A、B 和 C 为输入引脚。

（5）通过_sel_comp_pin() 函数设置$\overline{Y0}$、$\overline{Y1}$、$\overline{Y2}$、$\overline{Y3}$、$\overline{Y4}$、$\overline{Y5}$、$\overline{Y6}$和$\overline{Y7}$为输出引脚。

（6）通过_set_drvpin() 函数设置 G_1 为高电平，$\overline{G_{2A}}$、$\overline{G_{2B}}$为低电平，A、B 和 C 根据不同组合进行高电平、低电平设置。

CBA 组合包括 000、001、010、011、100、101、110 和 111，分别对应使得$\overline{Y0}$、$\overline{Y1}$、$\overline{Y2}$、$\overline{Y3}$、$\overline{Y4}$、$\overline{Y5}$、$\overline{Y6}$和$\overline{Y7}$输出为低电平，其他引脚输出为高电平。

例如：CBA 为 010 时，$\overline{Y2}$输出为低电平，其他引脚输出为高电平。

又如：CBA 为 101 时，$\overline{Y5}$输出为低电平，其他引脚输出为高电平。

（7）通过 MSleep_mS()函数延时等待一段时间，通常延时10ms。

（8）_read_comppin()函数是判断$\overline{Y0}$ ~ $\overline{Y7}$输出引脚的状态与设定的状态是否一致，如果一致，别名中存放的结果为0，否则结果为1。

（9）重复步骤（6）~（8），直至 A、B 和 C 的 8 个组合全部测试完成。

（10）通过 Logic_Sum_Storage()函数将 8 个组合测量的结果进行求和，将运算结果保存在别名中，如果结果为0，为良品，否则为非良品。

（11）使用 Excel_Temp_Show()函数进行打印。

（12）通过_off_vpt()函数关闭 FORCE1（电源通道1）的电源。

7.5.3 功能测试程序设计

1. 编写功能测试函数 Function()

功能测试函数 Function()代码如下。

```
1. /* * * * * * * * * * 功能测试函数* * * * * * * * * * /
2. void Function(CCyApiDll * cy)
3. {
4.     /* 功能测试* /
5.             cy->_on_vpt(1, 4, 5);
6.             cy->MSleep_mS(10);
7.             cy->_set_logic_level(5, 0, 4.5, 0); //设置参考电平
8.             cy->_sel_drv_pin(1, 2, 3, 4,5,6, 0); //设定驱动引脚
9.             cy->_sel_comp_pin(7, 8, 9, 10, 11, 12, 13, 14, 0); //设定比较引脚
10.            cy->_set_drvpin("H", 6, 0);
11.            cy->_set_drvpin("L", 1, 2, 3, 4,5,0);
12.            cy->MSleep_mS(10);
13.            cy->_read_comppin(24, 1, "XXLHHHHHHHXXXXXX");
14.            cy->_set_drvpin("H", 6, 1, 0);
15.            cy->_set_drvpin("L", 2, 3, 0);
16.            cy->MSleep_mS(10);
17.            cy->_read_comppin(25, 1, "XXHLHHHHHXXXXXX");
```

```
18.         cy->_set_drvpin("H", 6, 2, 0);
19.         cy->_set_drvpin("L", 1, 3, 0);
20.         cy->MSleep_mS(10);
21.         cy->_read_comppin(26, 1, "XXHHLHHHHHXXXXXX");
22.         cy->_set_drvpin("H", 6, 1, 2, 0);
23.         cy->_set_drvpin("L", 3, 0);
24.         cy->MSleep_mS(10);
25.         cy->_read_comppin(27, 1, "XXHHHLHHHHXXXXXX");
26.         cy->_set_drvpin("H", 6, 3, 0);
27.         cy->_set_drvpin("L", 1, 2, 0);
28.         cy->MSleep_mS(10);
29.         cy->_read_comppin(28, 1, "XXHHHHLHHHXXXXXX");
30.         cy->_set_drvpin("H", 6, 1, 3, 0);
31.         cy->_set_drvpin("L", 2, 0);
32.         cy->MSleep_mS(10);
33.         cy->_read_comppin(29, 1, "XXHHHHHLHHXXXXXX");
34.         cy->_set_drvpin("H", 6, 2, 3, 0);
35.         cy->_set_drvpin("L", 1, 0);
36.         cy->MSleep_mS(10);
37.         cy->_read_comppin(30, 1, "XXHHHHHHLHXXXXXX");
38.         cy->_set_drvpin("H", 6, 1, 2, 3, 0);
39.         cy->MSleep_mS(10);
40.         cy->_read_comppin(31, 1, "XXHHHHHHHLXXXXXX");
41.         cy->MSleep_mS(10);
42.         cy->Logic_Sum_Storage(32, 8, 24, 25, 26, 27, 28, 29, 30, 31);
43.         cy->Excel_Temp_Show(_T("LOG"), 32);
44.         cy->_off_vpt(1);
45.  }
```

下面以“设置 A = L、C = H、B = H、G_1 = H，$\overline{G_{2A}}$ = L，$\overline{G_{2B}}$ = L 使得$\overline{Y0}$～$\overline{Y7}$ = 11111101，即$\overline{Y6}$为 0、其他为 1”为例，对功能测试代码进行详细说明。

设置 A = L、C = H、B = H、G_1 = H 的代码如下。

```
1._set_drvpin("L",1,0);
2._set_drvpin("H",2,3,6,0);
```

判断$\overline{Y6}$是否为 0、其他是否为 1 的代码如下。

```
1.cy->_ read_ comppin (30, 1, " XXHHHHHHLHXXXXXX");
```

read comppin（30，1，" XXHHHHHHLHXXXXXX"）判断 PE 板卡为 1 的引脚 PIN1～PIN16 的状态是否与设定的状态“XXHHHHHHLHXXXXXX”完全一致，如果完全一致，则结果为 0，否则，结果为 1，将结果保存到别名 30 中。

通过 Logic_ Sum_ Storage( ) 函数将 8 个组合的测量结果进行求和运算，运算结果保存在别名 32 中，如果求和结果为 0，为良品，否则为非良品。将结果在表格中进行打印显示，参数名称为 LOG，代码如下。

```
1. cy->Logic_ Sum_ Storage (32, 8, 24, 25, 26, 27, 28, 29, 30, 31);
2.   cy->Excel_ Temp_ Show (_ T (" LOG"), 32);
```

在自动生成的74HC138主测试函数中添加74HC138主测试函数的函数体代码，代码如下。

```
1. /* * * * * * * * * * 74HC138 主测试函数* * * * * * * * * * /
2. void PASCAL J8820_luntek(CCyApiDll * cy)
3. {
4.       /* 功能测试* /
5.       Function(cy);
6. }
```

2. 74HC138功能测试程序编写及编译

在这里，完成74HC138功能测试程序编写，在前面已经给出的代码在这里省略，代码如下。

```
1.  /* * * * * * * * * * * * * * * 74HC138 功能测试程序* * * * * * * * * * * * * * * /
2.  ……                                          //头文件包含,参考7.2节
3.  /* * * * * * * * * * 功能测试函数* * * * * * * * * * /
4.  void Function(CCyApiDll * cy)
5.  {
6.        ……                                    //功能测试函数的函数体
7.  }
8.  /* * * * * * * * * * 74HC138 主测试函数* * * * * * * * * * /
9.  void PASCAL J8820_luntek(CCyApiDll * cy)
10. {
11.       Function(cy);                         //74HC138 功能测试函数
12. }
13. /* * * * * * * * * * 74HC138 分析程序函数* * * * * * * * * * /
14. void PASCAL J8820_luntek_2(CCyApiDll * cy)
15. {
16.       cy->MathCaculateTotal();
17.       //添加用户程序
18.       cy->ExcelDataShow();
19. }
```

编写完74HC138功能测试程序后，进行编译。如果编译发生错误，要进行分析、检查，直至编译成功。

3. 74HC138测试程序载入与运行

参考6.3节“创建集成电路测试程序”中载入测试程序的步骤，完成74HC138功能测试程序的载入与运行。74HC138功能测试结果如图7-15所示。

参数名称 ⓘ	单位	最小值	最大值	异常值数量	Site1
LOG	-	0	0	0	0

图 7-15　74HC138 功能测试结果

观察 74HC138 功能测试程序运行结果是否符合任务要求。如果运行结果不能满足任务要求，要对测试程序进行分析、检查、修改，直至运行结果满足任务要求为止。

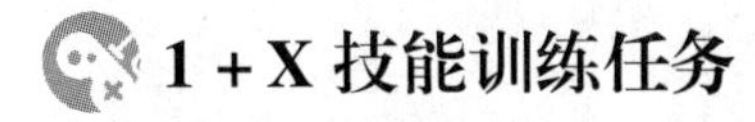

1 + X 技能训练任务

7.6　74HC138 综合测试程序设计

7.6.1　任务描述

74HC138 综合测试程序设计

在前面 4 个任务中，完成了开短路测试、静态工作电流测试、直流参数测试及功能测试。那么，我们如何把 4 个任务的测试程序集成起来，完成 74HC138 综合测试程序设计呢？

7.6.2　74HC138 综合测试程序设计

把前面 4 个任务的测试程序集中放在一个文件里面，即可完成 74HC138 综合测试程序设计。前面已经给出的代码在这里省略，代码如下。

```
1.  /* * * * * * * * * * * * * * * * * 74HC138 集合测试程序* * * * * * * * * * * * * * * * * /
2.  ……                                      //头文件包含,参考 7.2 节
3.  /* * * * * * * * * * * * 开短路测试函数* * * * * * * * * * * /
4.  void Openshort(CCyApiDll * cy)
5.  {
6.      ……                                  //开短路测试函数的函数体
7.  }
8.  /* * * * * * * * * * * * 静态工作电流测试函数* * * * * * * * * * * /
9.  void ICC(CCyApiDll * cy)
10. {
11.     ……                                  //静态工作电流测试函数的函数体
12. }
13. /* * * * * * * * * * * * 直流参数测试函数* * * * * * * * * * * /
14. void DC(CCyApiDll * cy)
15. {
16.     ……                                  //直流参数测试函数的函数体
17. }
18.  /* * * * * * * * * * * * 功能测试函数* * * * * * * * * * * /
19.  void Function(CCyApiDll * cy)
20.  {
```

```
21.         ……                          //功能测试函数的函数体
22. }
23. /**********74HC138 主测试函数**********/
24. void PASCAL J8820_luntek(CCyApiDll * cy)
25. {
26.         Openshort(cy);                  //开短路测试函数
27.         ICC(cy);                        //静态工作电流测试函数
28.         DC(cy);                         //直流参数测试函数
29.         Function(cy);                   //功能测试函数
30.            ……
31. }
32. /**********74HC138 分析程序函数**********/
33. void PASCAL J8820_luntek_2(CCyApiDll * cy)
34. {
35.         cy->MathCaculateTotal();
36.         // 添加用户程序
37.         cy->ExcelDataShow();
38. }
```

7.6.3 74HC138 芯片测试调试

74HC138 开短路测试结果如图 7-12 所示，74HC138 静态工作电流测试结果如图 7-13 所示，74HC138 直流参数测试结果如图 7-14 所示，74HC138 功能测试结果如图 7-15 所示。

项 目 小 结

1. 74HC138 是一款高速 CMOS 3 线－8 线译码器。从地址输入端 A、B 和 C 输入二进制信号，74HC138 就可将其转换成十进制，从 $\overline{Y0}$～$\overline{Y7}$ 中与该数字对应的引脚输出低电平，其他均为高电平。

2. 基于测试区的 74HC138 测试电路搭建步骤如下。

首先，使用 LK8820 提供的万能测试板焊接 74HC138 测试电路板，将焊接完成的 74HC138 测试电路板插到 DUT 板卡的正面，使用杜邦线将 74HC138 测试电路板与 DUT 板卡连接起来；然后，将搭建完成的 74HC138 测试 DUT 板卡，插接到 LK8820 外挂盒上的接口上，到此，基于测试区的 74HC138 测试电路就搭建好了。

3. 基于练习区的 74HC138 测试电路搭建步骤如下。

（1）在练习区的面包板上插上一个 74HC138，芯片正面缺口向左。

（2）参考表 7-5、图 7-3，按照 74HC138 引脚号和 LK8820 测试接口引脚号，用杜邦线将 74HC138 的引脚依次对应连接到 U1～U6 的插座上。

（3）将两个 100PIN 的 SCSI 转换接口线一端插接到靠近 LK230T 练习区一侧的 SCSI 上，另一端插接到 LK8820 外挂盒上的芯片测试转接板的 SCSI 上。

4. 74HC138 芯片开短路测试是通过向芯片引脚施加适当的小电流（－100μA）来测试芯片引脚的电压。

（1）引脚正常连接：电压为 -1.2～-0.3V，大约为 -0.6V。

（2）引脚出现短路：电压为0，表示74HC138内部电路有短路。

（3）引脚出现开路：电压为无限小（负电压），如果钳位电压被设置为4V，引脚出现开路时的电压为 -4V，表示74HC138内部电路有开路。

5. 74HC138静态工作电流测试的测试条件是

$$V_I = 或\ V_I = 0、I_O = 0、V_{CC} = 6.0V$$

首先，向引脚VCC施加6.0V电压，使用电流测试函数测试74HC138的引脚VCC的电流 I_{CC}，然后根据测试的结果，判断静态工作电流 I_{CC} 是否小于80μA。若小于80μA则芯片为良品，否则为非良品。

6. 74HC138的直流参数测试有输出高电平测试和输出低电平测试。

（1）输出高电平测试的测试条件是

$$V_I = V_{IH}或\ V_I = V_{IL}、I_{OH} = -20\mu A、V_{CC} = 4.5V$$

首先，向引脚VCC施加4.5V电压，向被测输出引脚施加抽出电流 -20μA，测试被测输出引脚的电压 V_{OH}，然后根据测试的结果，判定输出高电平 V_{OH} 是否大于4.4V，若大于4.4V则芯片为良品，否则为非良品。

（2）输出低电平测试的测试条件是

$$V_I = V_{IH}或\ V_I = V_{IL}、I_{OH} = 20\mu A、V_{CC} = 4.5V$$

首先，向引脚VCC施加4.5V电压，向被测输出引脚施加注入电流20μA，测试被测输出引脚的电压 V_{OL}，然后根据测试的结果，判定输出低电平 V_{OL} 是否小于0.1V，若小于0.1V则芯片为良品，否则为非良品。

7. 根据表7-2，74HC138功能测试实现过程如下。

（1）向引脚VCC施加5V电压，设置选通引脚 G_1 为高电平，另外2个选通引脚为低电平。

（2）按照3个地址输入端A、B和C的8个组合，逐一测试74HC138的输出引脚 $\overline{Y0}$～$\overline{Y7}$ 的状态。

（3）根据74HC138真值表，逐一验证74HC138的 $\overline{Y0}$～$\overline{Y7}$ 的状态是否与真值表符合，符合的为良品，否则为非良品。

8. 74HC138测试程序使用如下主要函数。

（1）_on_vpt()函数是选择电源通道和电流挡位、设置电压。

（2）MSleep_mS()函数是硬件精确延时函数。

（3）_pmu_test_iv()函数是对指定PIN进行加流测压测试，将结果经单位变换后存入结果缓存区并赋予别名。

（4）_set_logic_level()函数是设置参考电压。

（5）_sel_drv_pin()函数是设定输入引脚。

（6）_set_drvpin()函数是设置输入引脚的逻辑状态，H为高电平，L为低电平。

（7）_measure()函数是选取测量范围并完成测量，结果经过单位变换后存入结果缓存区并赋予别名。

（8）_sel_comp_pin()函数是设置输出引脚。

（9）_read_comppin()函数是读取输出引脚的状态或数据。

（10）_read_comppin()函数是读取管脚电平状态并与输入的逻辑值（高位在左）进

行比较，与输入逻辑值序列一致返回 0，不一致返回 1 放入结果缓存区并赋别名。

（11）Excel_Temp_Show( )函数将数据打印到表格中进行显示。

（12）Logic_Sum_Storage( )函数是逻辑值比对结果求和暂存函数，拥有可变参数列表。

习　题

一、填空题

1. 74HC138 可通过地址输入端________、________和________接收二进制信号，并将其转换成十进制，对应相应 $\overline{Y0}$ ～ $\overline{Y7}$ 中与该数字对应的引脚输出________，其他均为________。

2. 74HC138 芯片开短路测试是通过向芯片引脚施加适当的________，来测试芯片引脚的________。

3. 74HC138 静态工作电流测试是指向引脚 VCC 施加________电压，使用电流测试函数测试 74HC138 的引脚 VCC 的电流 I_{CC}，若电流 I_{CC} 小于________为良品，否则为非良品。

4. 输出高电平测试是指向引脚 VCC 施加 4.5V 电压，向被测输出引脚施加抽出电流 -20μA，测试被测输出引脚的电压 V_{OH}。V_{OH} 若大于________为良品，否则为非良品。

5. 输出低电平测试是指向引脚 VCC 施加 4.5V 电压，向被测输出引脚施加抽出电流 20μA，测试被测输出引脚的电压 V_{OL}。V_{OL} 若小于________为良品，否则为非良品。

二、思考题

1. 搭建基于 LK230T 测试区的 74HC138 芯片测试电路。

2. 搭建基于 LK230T 练习区的 74HC138 芯片测试电路。

3. 完成开短路、静态工作电流、直流参数，以及功能等测试的程序设计。

项目八　LM358 芯片测试

项目导读

LM358 芯片常见测试主要有直流参数测试和功能测试。直流参数测试包括输出电压测试和输出电流测试，功能测试包括输入直流功能测试和输入交流功能测试。

本项目从 LM358 芯片测试电路设计入手，首先让读者对 LM358 芯片的基本结构有初步了解，然后介绍 LM358 芯片的直流参数测试与功能测试程序设计的方法。通过 LM358 芯片测试电路的连接及测试，让读者进一步了解 LM358 芯片。

能力目标

知识目标	1. 了解 LM358 芯片及应用 2. 掌握 LM358 芯片的结构和引脚功能 3. 掌握 LM358 芯片的工作过程 4. 会 LM358 芯片的测试电路设计和测试程序设计
技能目标	1. 能完成 LM358 芯片测试电路连接，能完成 LM358 芯片测试的相关编程 2. 实现 LM358 芯片的直流参数测试及功能测试等
素质目标	1. 培养团队合作意识、交流沟通能力、实训室管理能力等职业素养 2. 培养精益求精的工匠精神 3. 培养不畏难、不怕苦、勇于创新的精神
教学重点	1. LM358 芯片的工作过程 2. LM358 芯片的测试电路设计方法 3. LM358 芯片的测试程序设计方法
教学难点	LM358 芯片的测试步骤及测试程序设计
推荐教学方法	从任务入手，通过 LM358 芯片的测试电路设计，让学生了解 LM358 芯片的基本结构，进而通过 LM358 芯片的测试程序设计，熟悉 LM358 芯片的测试方法
推荐学习方法	勤学勤练、动手操作是学好 LM358 芯片测试的关键，动手完成 LM358 芯片测试，通过“边做边学”达到学习的目的

项目知识

8.1　LM358 测试电路设计与搭建

8.1.1　任务描述

LM358 测试电路设计与搭建

利用 LK8820 集成电路测试平台和 LK230T 集成电路应用开发资源系

统，根据 LM358 的工作原理，完成 LM358 测试电路设计与搭建。要求如下。

（1）测试电路能实现 LM358 的参数测试及功能测试。

（2）LM358 测试电路的搭建采用基于测试区的测试方式，也就是把 LK8820 与 LK230T 的测试区结合起来，完成 LM358 测试电路搭建。

8.1.2 认识 LM358

LM358 是双运算放大器，其内部包括两个独立的、高增益的、内部频率补偿的运算放大器，适用于电源电压范围很宽的单电源使用，也适用于双电源工作模式，在推荐的工作条件下，电源电流与电源电压无关。它的使用范围包括传感放大器、直流增益模块和其他所有可用单电源供电的使用运算放大器的场合。

1. LM358 引脚功能

LM358 是一款放大器芯片，常被在电子电路中，实现信号放大、比较等方面的功能。LM358 的封装形式有塑封 8 引线双列直插式和贴片式，其引脚及实物如图 8-1 所示。

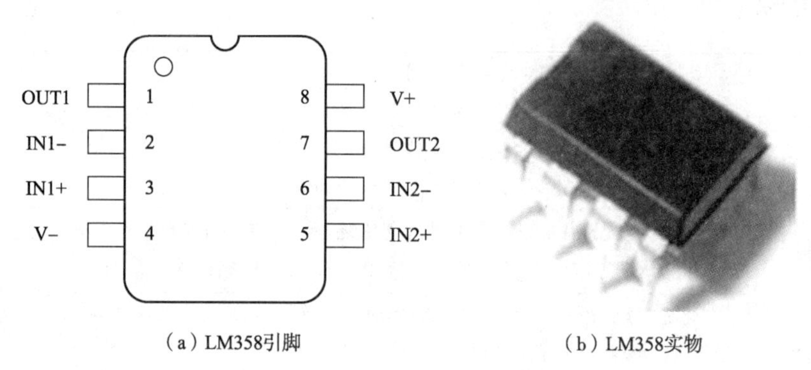

（a）LM358引脚　（b）LM358实物

图 8-1　LM358 引脚及实物

在芯片封装正面有一个缺口，靠近缺口左边有一个小圆点，其对应引脚的序号为 1，然后按逆时针方向排序。目前能替代 LM358 的芯片有 LM258JG、LM258N、LM258P、LM2904J、LM2904JG、LM2904N、LM2904P、LM358AN、LM358AT、LM358J 等。

LM358 引脚功能如表 8-1 所示。

表 8-1　LM358 引脚功能

引脚序号	引脚名称	引脚功能
1	OUT1	通道 1 的输出端
2	IN1 −	通道 1 的反相输入端
3	IN1 +	通道 1 的同相输入端
4	V −	负电源，电源电压范围宽：单电源的为 3～30V；双电源的为 1.5～15V 和 −15～−1.5V
5	IN2 +	通道 2 的同相输入端
6	IN2 −	通道 2 的反相输入端
7	OUT2	通道 2 的输出端
8	V +	正电源，电源电压范围宽：单电源的为 3～30V；双电源的为 1.5～15V 和 −15～−1.5V

2. LM358 特性

（1）内部频率补偿。

（2）直流电压增益高（约100dB）。

（3）单位增益频带宽（约1MHz）。

（4）电源电压范围宽：单电源的为3～30V；双电源的为1.5～15V和-15～-1.5V。

（5）低功耗电流，适合电池供电。

（6）低输入偏流。

（7）低输入失调电压和失调电流。

（8）共模输入电压范围宽，包括接地。

（9）差模输入电压范围宽，等于电源电压范围。

（10）输出电压摆幅大（0～V_{CC}-1.5V）。

3. LM358 参数

（1）输入偏置电流为45nA。

（2）输入失调电流为50nA。

（3）输入失调电压为2.9mV。

（4）输入共模电压最大值为V_{CC}-1.5V。

（5）共模抑制比为80dB。

（6）电源抑制比为100dB。

4. LM358 工作原理

8脚主供电输入，2脚IN1-电压与3脚IN1+电压比较，1引脚OUT1为通道1输出端，6脚IN2-电压与5脚IN2+电压比较，7引脚OUT2为通道2输出端。

当IN1+大于IN1-、IN2+大于IN2-时，OUT1、OUT2输出高电平。

当IN1+小于IN1-、IN2+小于IN2-时，OUT1 、OUT2输出低电平。

LM358输出端不需要上拉电阻，输出电压范围为0～V_{CC}-1.5V，这点与LM393是不同的。

5. LM358 电气特性参数

LM358的电气特性参数如表8-2所示。

表8-2 LM358的电气特性参数

参数	符号	测试条件	最小	最大	单位
输出电压（正端电压）	V_O	V_S = 2.5V、V_{ID} = 1V	1	2.5	V
输出电压（负端电压）	V_O	V_S = 2.5V、V_{ID} = -1V	-2.55	-2.48	V
输出电流（正端电压）	I_O	V_S = 15V、V_O = 0、V_{ID} = 1V	-40	-20	mA
输出电流（负端电压）	I_O	V_S = 15V、V_O = 15V、V_{ID} = -1V	12	60	mA

8.1.3 LM358测试电路设计与搭建

根据任务描述，LM358测试电路能满足直流参数及功能等测试。

1. 测试接口

LM358引脚与LK8820测试接口是LM358测试电路设计的基本依据。LM358引脚与

LK8820 测试接口配接表如表 8-3 所示。

表 8-3　LM358 引脚与 LK8820 测试接口配接表

LM358 引脚		LK8820 测试接口	功能
引脚号	引脚符号	引脚符号	
1	OUT1	PIN2 、SW-1_2、SW-2_2、SW-3_2	运放 1 的输出端
2	IN1 -	GND	运放 1 的反相输入端
3	IN1 +	PIN1	运放 1 的同相输入端
4	V -	FORCE1	负电源
5	IN2 +	PIN3	运放 2 的同相输入端
6	IN2 -	GND	运放 2 的反相输入端
7	OUT2	PIN4	运放 2 的输出端
8	V +	FORCE2	正电源

搭建测试电路所需元器件耗材如表 8-4 所示。

表 8-4　搭测试电路所需元器件耗材

名称	规格	位置	封装	数量
电容	1μF	C1	C0805	1
电阻	10kΩ	R1、R4、R5、R6	C0805	4
电阻	20kΩ	R2	C0805	1
电阻	30kΩ	R3	C0805	1
芯片	LM358	IC1	DIP-8	1

2. 测试电路设计

根据表 8-3，LK8820 的芯片测试接口电路如图 8-2 所示。LM358 测试电路如图 8-3 所示。

图 8-2　LK8820 的芯片测试接口电路

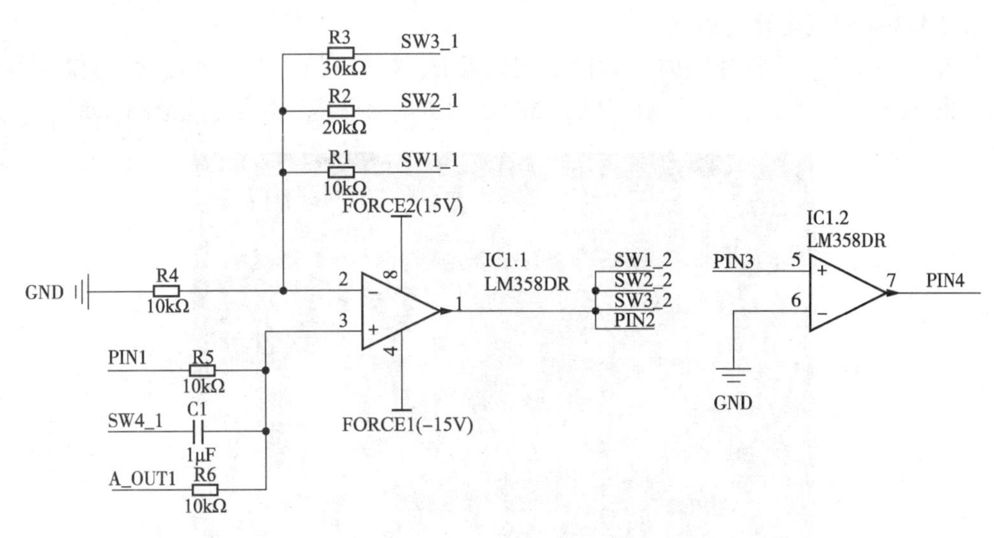

图 8-3　LM358 测试电路

3. LM358 测试板卡

根据图 8-2、图 8-3，使用 LK8820 提供的万能测试板焊接 LM358 测试电路板，如图 8-4 所示。将焊接完成的 LM358 测试电路板插到 DUT 板卡的正面，使用杜邦线将 LM358 测试电路板与 DUT 板卡连接起来。LM358 测试板卡的正面如图 8-5 所示，LK8820 DUT 测试板卡的背面如图 8-6 所示。

图 8-4　焊接 LM358 测试电路板

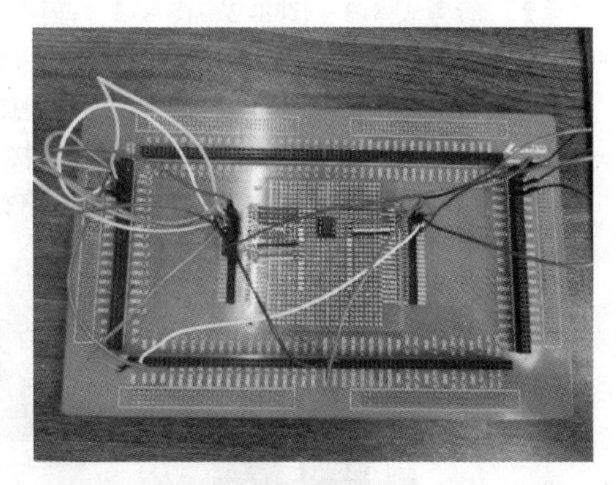

图 8-5　LM358 测试板卡的正面

图 8-6　LK8820 DUT 测试板卡的背面

4. LM358 测试电路搭建

按照任务要求，将搭建完成的 LM358 测试板卡，插接到 LK8820 外挂盒上的芯片测试转接板的 SCSI 上。至此，基于测试区的 LM358 测试电路就搭建好了，如图 8-7 所示。

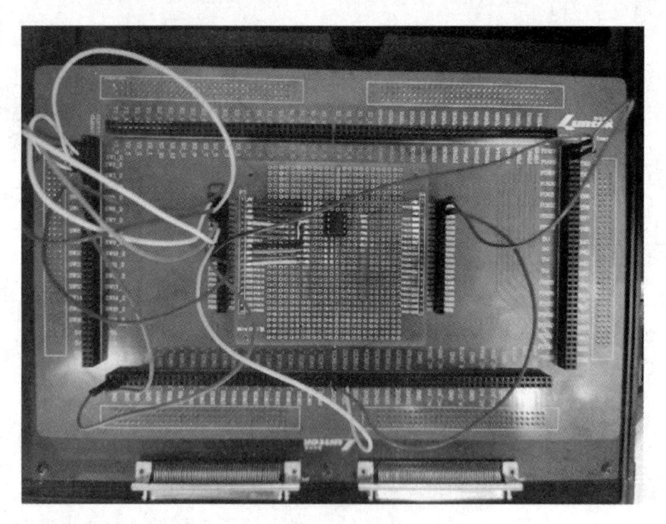

图 8-7　基于测试区的 LM358 测试电路

5. 基于练习区的 LM358 功能测试电路搭建

（1）在练习区的面包板上插上一个 LM358 芯片，芯片正面缺口向左。

（2）参考表 8-3、图 8-2、图 8-3，按照 LM358 引脚号和 LK8820 测试接口引脚号，用杜邦线将 LM358 的引脚依次对应连接到 96PIN 的插座上。

（3）将 100PIN 的 SCSI 转换接口线一端插接到靠近 LK230T 练习区一侧的 SCSI 上，另一端插接到 LK8820 外挂盒上的芯片测试转接板的 SCSI 上。

搭建好的基于练习区的 LM358 测试电路如图 8-8 所示。

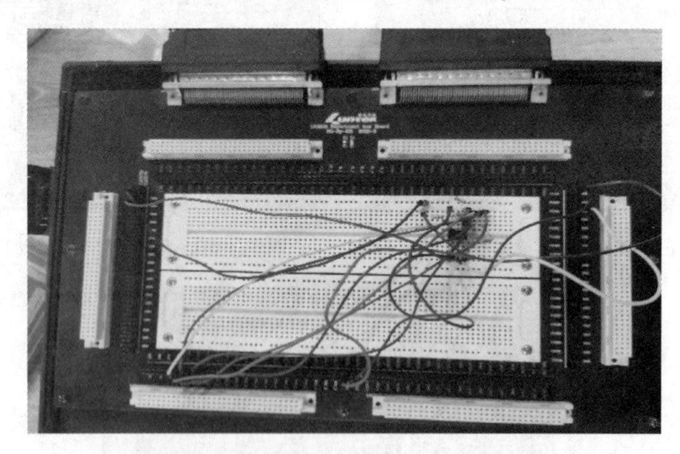

图 8-8　搭建好的基于练习区的 LM358 测试电路

搭建时需要注意。

V－连接－15V 的电压，V＋ 连接 15V 的电压。

8.2 LM358 的直流参数测试

8.2.1 任务描述

LM358 的直流参数测试

使用 LK8820 集成电路测试平台和 LM358 测试电路，通过向 LM358 引脚提供相应的电流或电压，完成 LM358 的直流参数测试。

LM358 的直流参数测试主要包括运算放大器输出电压测试、输出电流测试。

LM358 的直流参数测试的具体测试条件和参数要求如表 8-2 所示。

8.2.2 直流参数测试实现分析

通过 LK8820 集成电路测试平台和 LM358 测试电路，完成 LM358 直流参数测试，测试结果要求如下：LM358 组成正向运算放大电路，输入信号从同相输入端输入，反相输入端电阻为 10kΩ，反馈电阻分别为 10kΩ、20kΩ、30kΩ，可实现放大倍数分别为 2 倍、3 倍、4 倍。

1. 运算放大器输出电压测试

（1）设置运放电源电压为 ±2.5V。

（2）向运放输入端施加 1V 差模信号。

（3）测量输出端电压。

（4）向运放输入端施加 -1V 差模信号。

（5）测量输出端电压。

2. 运算放大器输出电流测试

元器件在规定的电源电压下，向输出端施加规定电平时流入或流出元器件的电流。

（1）向待测元器件施加 0V、15V 电压。

（2）向运放输入端输入 1V 差模信号。

（3）输出端接 0V 电压测电流。

（4）向运放输入端输入 -1V 差模信号。

（5）输出端接 15V 电压测电流。

输出端电压、电流值范围可以参考数据手册或表 8-2，参数在有效范围内为良品，否则为非良品。

在 LM358 直流参数测试程序中，主要使用_set_logic_level( )、_pmu_test_iv ( )、_set_drvpin( )、_turn_switch( )、_on_vpt( )等函数来进行测试。

8.2.3 直流参数测试程序设计

1. 新建 LM358 测试程序模板

运行 Luntek 软件，打开“Luntek”界面并输入账号密码，单击“登录”按钮。进入后，单击界面上的“芯片测试”按钮（见图 8-9），进入“芯片测试”界面后单击“创建程序”按钮（见图 8-10），弹出“创建程序”对话框（见图 8-11）。

图 8-9　单击界面上的“芯片测试”按钮

图 8-10　“芯片测试”界面

先在该对话框中输入程序名“LM358_1”，程序路径为创建程序的保存路径，常存储在 C 盘，然后单击“确定”按钮保存，弹出“程序创建成功”对话框。

注意：程序名中不能包含中文。

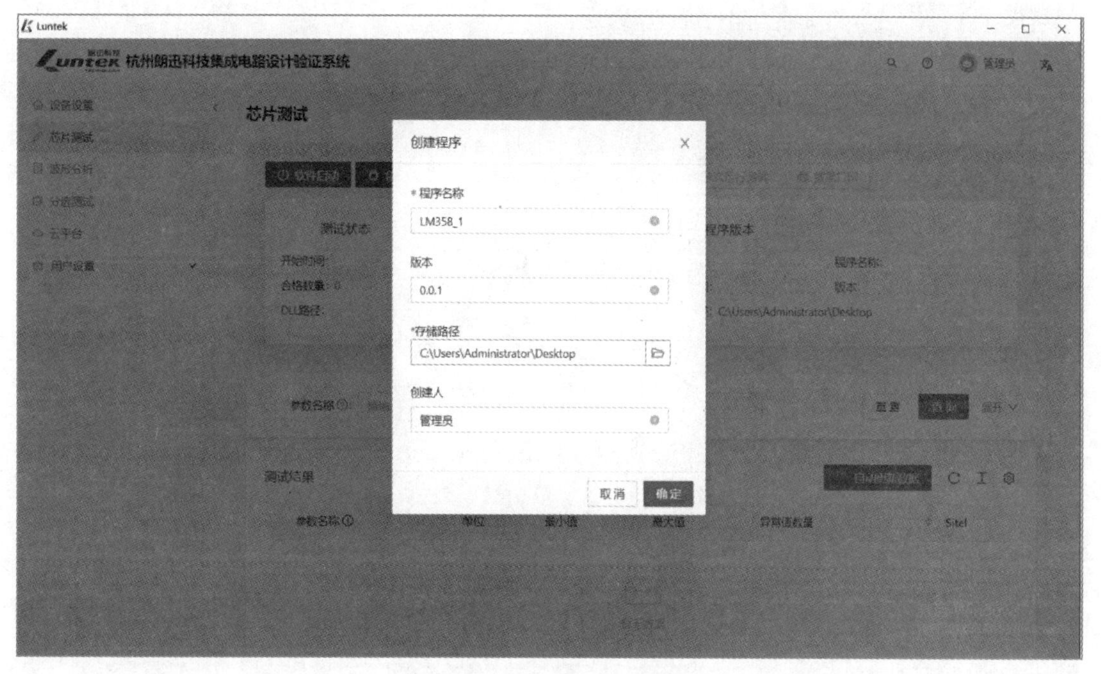

图 8-11　“创建程序”对话框

单击“确定”按钮，此时系统会自动为用户在选定路径中创建一个“LM358_1”文件夹（LM358 测试程序模板）。LM358 测试程序模板里面主要包括工程文件“LM358_1.sln”、工程文件“LM358.dsp”及“Debug”文件夹等。

2. 打开测试程序模板

定位到“LM358_1”文件夹（测试程序模板），打开“LM358_1.sln”工程文件，如图 8-12 所示。

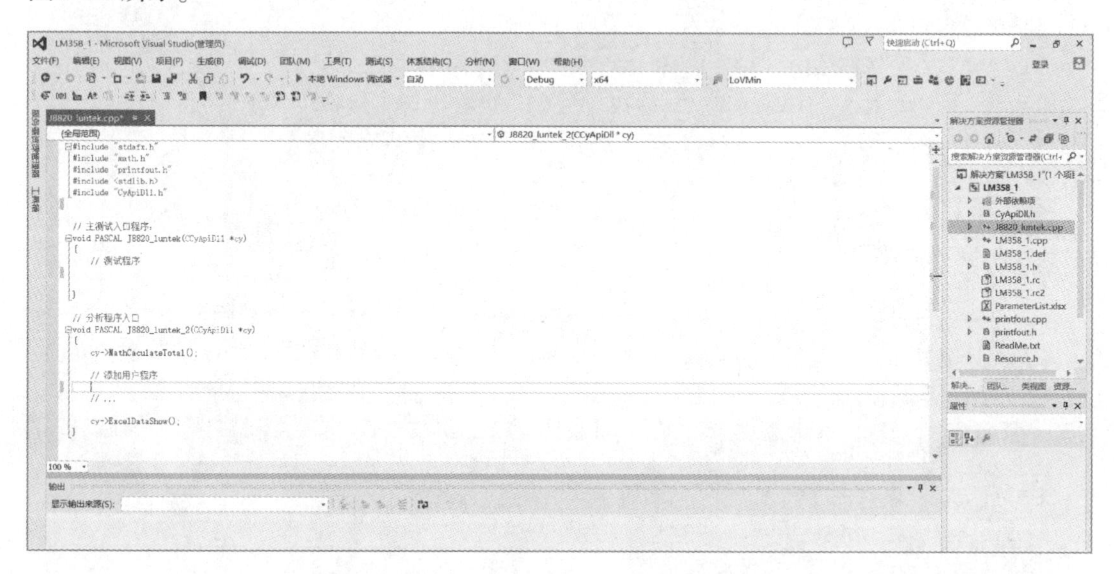

图 8-12　“LM358_1.sln”工程文件的界面

在图 8-12 中，可以看到一个自动生成的 LM358 测试程序，代码如下。

```
18. #include "stdafx.h"
19. #include "math.h"
20. #include "printfout.h"
21. #include <stdlib.h>
22. #include "CyApiDll.h"
23. // 主测试入口程序:
24. void PASCAL J8820_luntek(CCyApiDll * cy)
25. {
26. // 测试程序
27. }
28. // 分析程序入口
29. void PASCAL J8820_luntek_2(CCyApiDll * cy)
30. {
31.     cy->MathCaculateTotal();
32.     // 添加用户程序
33.     cy->ExcelDataShow();
34. }
```

3. 编写测试程序及编译

在自动生成的LM358测试程序中，需要添加PARAMETER_TEST()直流参数测试函数及LM358主测试函数的函数体。

（1）编写PARAMETER_TEST()参数测试函数

LM358芯片参数测试函数PARAMETER_TEST()，代码如下。

```
1. //**********芯片参数测试函数**********/
2. void PARAMETER_TEST(CCyApiDll * cy)
3. {
4.     //VOP测试
5.     cy->_on_vpt(1, 1, -2.5); //FORCE1输出-2.5V电压供电给芯片4引脚
6.     cy->_on_vpt(2, 1, 2.5); //FORCE2输出2.5V电压供电给芯片8引脚
7.     cy->MSleep_mS(10);
8.     cy->_set_logic_level(1, 0, 0, 0); //定义驱动引脚H为1V,L为0V;比较引脚H
   为0V,L为0V
9.     cy->_sel_drv_pin(3, 0); //设置PIN3脚为输入
10.    cy->_set_drvpin("H", 3, 0); //设置PIN3输入H
11.    cy->MSleep_mS(10);
12.    cy->_pmu_test_iv(1, 4, 3, 0, 2, 1); //对PIN4使用通道3,供0μA电流测电压并
   保存在别名1
13.    cy->MSleep_mS(10);
14.    cy->Excel_Temp_Show(_T("VOP"), 1);
15.    cy->_off_vpt(1);
16.    cy->_off_vpt(2);
17.    cy->MSleep_mS(10);
18.    //VON测试
```

```
19.      cy->_on_vpt(1, 1, -2.5); //FORCE1 输出 -2.5V 电压供电给芯片 4 引脚
20.      cy->_on_vpt(2, 1, 2.5); //FORCE2 输出 2.5V 电压供电给芯片 8 引脚
21.      cy->MSleep_mS(10);
22.      cy->_set_logic_level(0, -1, 0, 0); //定义驱动引脚 H 为 0V,L 为 -1V;比较引
    脚 H 为 0V,L 为 0V
23.      cy->_sel_drv_pin(3, 0);//设置 PIN3 脚为输入
24.      cy->_set_drvpin("L", 3, 0); //设置 PIN3 输入 L
25.      cy->MSleep_mS(10);
26.      cy->_pmu_test_iv(2, 4, 3, 0, 2, 1); //对 PIN4 使用通道 3,供 0μA 电流测电压
    并保存在别名 2
27.      cy->MSleep_mS(10);
28.      cy->Excel_Temp_Show(_T("VON"), 2);
29.      cy->_off_vpt(1);
30.      cy->_off_vpt(2);
31.      cy->MSleep_mS(10);
32.      //IOP 测试
33.      cy->_on_vpt(1, 1, 0); //FORCE1 输出 0V 电压供电给芯片 4 引脚
34.      cy->_on_vpt(2, 1, 15); //FORCE2 输出 15V 电压供电给芯片 8 引脚
35.      cy->MSleep_mS(10);
36.      cy->_set_logic_level(1, 0, 0, 0); //定义驱动引脚 H 为 1V,L 为 0V;比较引脚 H
    为 0V,L 为 0V
37.      cy->_sel_drv_pin(3, 0); //设置 PIN3 脚为输入
38.      cy->_set_drvpin("H", 3, 0); //设置 PIN3 输入 H
39.      cy->MSleep_mS(10);
40.      cy->_pmu_test_vi(3, 4, 3, 2, 0, 2); //对 PIN4 使用通道 3,电流挡位 2,供 0V 电
    压测电流,保存在别名 3
41.      cy->MSleep_mS(10);
42.      cy->Excel_Temp_Show(_T("IOP"), 3);
43.      cy->_off_vpt(1);
44.      cy->_off_vpt(2);
45.      cy->MSleep_mS(10);
46.      //ION 测试
47.      cy->_on_vpt(1, 1, 0); //FORCE1 输出 0V 电压供电给芯片 4 引脚
48.      cy->_on_vpt(2, 1, 15); //FORCE2 输出 15V 电压供电给芯片 8 引脚
49.      cy->MSleep_mS(10);
50.      cy->_set_logic_level(0, -1, 0, 0); //定义驱动引脚 H 为 0V,L 为 -1V;比较引
    脚 H 为 0V,L 为 0V
51.      cy->_sel_drv_pin(3, 0); //设置 PIN3 脚为输入
52.      cy->_set_drvpin("L", 3, 0); //设置 PIN3 输入 L
53.      cy->MSleep_mS(10);
54.      cy->_pmu_test_vi(4, 4, 3, 2, 15, 2); //对 PIN4 使用通道 3,电流挡位 2,供 15V
    电压测电流,保存在别名 4
55.      cy->MSleep_mS(10);
```

```
56.        cy ->Excel_Temp_Show(_T("ION"), 4);
57.        cy ->_off_vpt(1);
58.        cy ->_off_vpt(2);
59.        cy ->MSleep_mS(10);
60.  }
```

（2）添加LM358主测试函数的函数体。

在自动生成的LM358主测试函数中添加LM358主测试函数的函数体，代码如下。

```
1.  /* * * * * * * * * * *  LM358主测试函数* * * * * * * * * * * /
2.  //主测试入口程序：
3.  void PASCAL J8820_luntek(CCyApiDll * cy)
4.  {
5.         // 测试程序
6.               PARAMETER_TEST(cy);
7.  }
8.  // 分析程序入口
9.  void PASCAL J8820_luntek_2(CCyApiDll * cy)
10. {
11.               cy ->MathCaculateTotal();
12. // 添加用户程序
13.        //...
14.               cy ->ExcelDataShow();
15. }
```

下面给出LM358直流参数测试程序完整代码，前面已经给出的代码在这里省略，代码如下。

```
1.  /* * * * * * * * * * * * * * * LM358直流参数测试程序* * * * * * * * * * * * * * * /
2.  //S1测试程序
3.  #include "stdafx.h"
4.  #include "math.h"
5.  #include "printfout.h"
6.  #include <stdlib.h>
7.  #include "CyApiDll.h"
8.  /* * * * * * * * * * * 芯片参数测试函数* * * * * * * * * * * /
9.  void PARAMETER_TEST(CCyApiDll * cy)
10. {
11.        ……                                  //直流参数测试函数函数体
12. }
13. /* * * * * * * * * * *  LM358主测试函数* * * * * * * * * * * /
14. void PASCAL J8820_luntek(CCyApiDll * cy)
15. {
16.        PARAMETER_TEST(cy);                  // LM358主测试函数函数体
17. }
```

```
18. //分析程序入口
19. void PASCAL J8820_luntek_2(CCyApiDll * cy)
20. {
21.       cy->MathCaculateTotal();
22. //添加用户程序
23.   //...
24.       cy->ExcelDataShow();
25. }
```

（3）LM358 测试程序编译。

编写完 LM358 直流参数测试程序后，进行编译。如果编译发生错误，要进行分析、检查，直至编译成功。

4. LM358 测试程序载入与运行

参考 6.3 节的“创建集成电路测试程序”的载入测试程序步骤，完成 LM358 直流参数测试程序的载入与运行。LM358 直流参数测试结果如图 8-13 所示。

参数名称	单位	最小值	最大值	异常值数量	Sitel
VOP	V	0	2.5	0	1.802
VON	V	-2.6	-2.4	0	-2.507
IOP	mA	-20	-80	1	-33.418
ION	mA	10	50	0	24.212

图 8-13 LM358 直流参数测试结果

观察 LM358 直流参数测试程序运行结果是否满足任务要求。如果运行结果不能满足任务要求，要对测试程序进行分析、检查、修改，直至运行结果满足任务要求。

在测试过程中，如果只有某个引脚测试数据出现问题，首先检查测试电路连接是否有错误，检查电路无误后，再对程序进行检查、核对。

8.3 LM358 的功能测试

8.3.1 任务描述

LM358 的功能测试

通过 LK8820 集成电路测试平台和 LM358 测试电路，完成 LM358 功能测试。测试结果要求如下：LM358 组成正向运算放大电路，输入信号从同相输入端输入，反相输入端电阻为 10kΩ，反馈电阻分别为 10kΩ、20kΩ、30kΩ，可实现放大倍数分别为 2 倍、3 倍、4 倍。

1. 直流输入测试

测试 LM358 对直流电压的放大功能，方法为输入 $V_i = 1V$，通过同相放大不同倍数，测量输出电压。

2. 交流输入测试

测试 LM358 对交流电压的放大功能，方法为输入 1kHz、1V 的正弦波，同相放大不同倍数，测量输出正弦波的有效值和失真度。

3. 放大挡位

放大 2 倍闭合继电器 SW1，放大 3 倍闭合继电器 SW2，放大 4 倍闭合继电器 SW3。

8.3.2 功能测试实现分析

根据任务要求，通过 LM358 组成的同相比例运算放大电路，来验证 LM358 的运放功能是否正常。

1. 同相比例运算放大电路

LM358 组成的同相比例运算放大电路如图 8-14 所示。

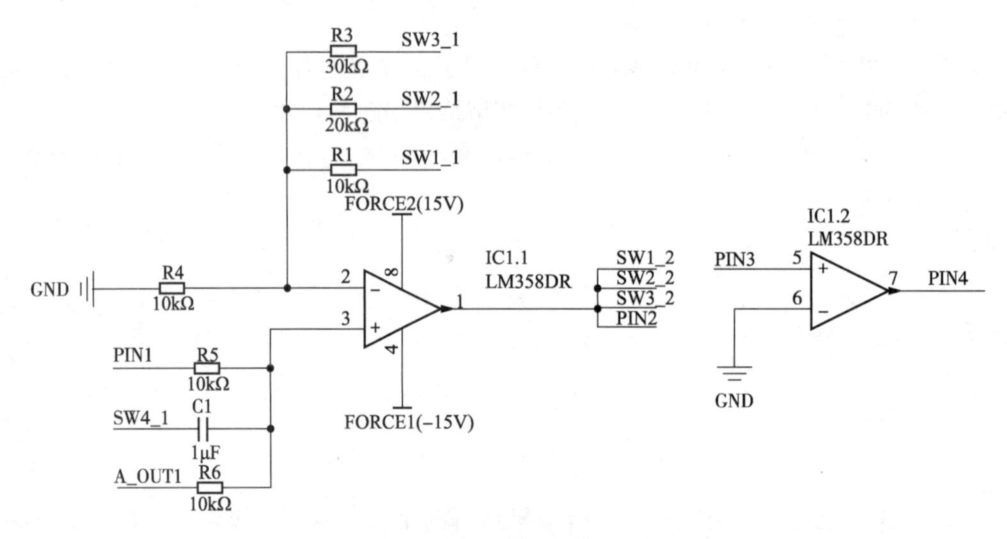

图 8-14　同相比例运算放大电路

在图 8-14 中，将 LM358 通道 1 的输出端 OUT1 的输出电压 V_o 经过 3 个继电器分别通过反馈电阻 R1、R2、R3 连接到反相输入端 IN1－，输入信号从同相输入端输入 V_i，直流信号通过电阻 R5 输入，交流信号通过电容 C1 输入，以上电路为同相比例运算放大电路，放大倍数的理论公式为 $V_o = V_i(R_1 + R_4)/R_4$。

当同相输入端输入交流信号时，当闭合继电器 SW1 时，输出信号幅度是输入信号的 2 倍；当闭合继电器 SW2 时，输出信号幅度是输入信号的 3 倍；当闭合继电器 SW3 时，输出信号幅度是输入信号的 4 倍。

LM358 组成的同相比例运算放大电路测试方法，就是先通过切换继电器，使 LM358 组成同相比例运算放大电路的放大倍数不同，然后利用示波器观察同相比例运算放大电路输出的波形，判断是否实现放大电路的功能。

2. 直流输入测试

根据图 8-14，LM358 的同相比例运算放大电路输入直流信号时功能测试步骤如下。

（1）给芯片供 ±5V 电压。

（2）选择放大挡位，闭合相应的继电器。

（3）输入电压为 1.0V。

（4）测量输出电压。

3. 交流输入测试

LM358 的同相比例运算放大电路输入交流信号时功能测试步骤如下。

（1）给芯片供 ±15V 电压。

（2）选择放大挡位，闭合相应的继电器。

（3）闭合 R6 与 GND 之间的继电器。

（4）输入 1kHz、1V 的正弦波。

（5）测量输出正弦波的峰-峰值。

4. LM358 功能测试关键函数

在 NE555 芯片功能测试程序中，主要使用_set_lmeasure()、writeWaveEx()、_set_wave()、_wave_on()等函数来进行功能测试。

（1）_set_lmeasure()函数

_set_lmeasure()函数的功能是设置交流表低速测量模式。函数原型如下。

```
void _set _lmeasure (unsigned int channel, unsigned int couple, unsigned int vrange, float voffset, unsigned int filter, unsigned int samplenum)
```

第一个参数 channel 是波形测量通道，取值范围为 1、2、3、4。

第二个参数 couple 是交直流耦合，取值范围为 1、2，其中 1 为直流耦合，2 为交流耦合。

第三个参数 vrange 是量程选择，取值范围为 1、2、3、4、5，其中 1 对应 1V、2 对应 2V、3 对应 5V、4 对应 10V、5 对应 20V。

第四个参数 voffset 是设置偏置电压（单位为 V），电压范围为 -10～10V。

第五个参数 filter 是波形输入模式，取值范围为 1、2，其中 1 指无滤波、2 指有滤波。

第六个参数 samplenum 是设置采样点数，取值范围为 10～1024。

设置测量通道 1 为低速测量模式，输入为直流耦合，量程选择 10V，无偏置和滤波，采样 1024 个数据。代码如下。

```
_set_lmeasure (1,1,4,0,1,1024);
```

（2）writeWaveEx() 函数

writeWaveEx()函数的功能是采集波形数据，将数据保存至本地文件中。函数原型如下。

```
writeWaveEx(vector<DWORD> dWave);
```

参数 dWave 是存储波形数据的容器变量。

（3）_set_wave()函数

_set_wave()函数的功能是设置波形发生器波形、频率、峰-峰值。函数原型如下。

```
void _set_wave(unsigned int channel,unsigned int wave,float freq,float peak_value);
```

第一个参数 channel 是波形发生器通道，取值范围为 1、2。

第二个参数 wave 是波形选择，取值范围为 1、2、3，其中 1 为正弦波、2 为方波、3 为三角波。

第三个参数 freq 是频率，取值范围为 10.0～200000.0（单位为 Hz）。

第四个参数 peak_value 是峰-峰值，取值范围为0.0～5.0V。

（4） _wave_on()函数

_wave_on()函数的功能是接通波形输出继电器，输出波形。函数原型如下。

```
void _wave_on(unsigned int channel);
```

参数 channel 是波形发生器通道，取值范围为1、2。

8.3.3 功能测试程序设计

新建 LM358 功能测试程序设计的测试程序模板，参考 8.2 节中“新建 LM358 测试程序模板”的操作步骤。在这里，只详细介绍如何编写 LM358 功能测试程序，后面不赘述。

1. 编写输入直流电压功能测试函数 DC_FUNCTION_TEST()

输入直流电压功能测试函数 DC_FUNCTION_TEST()代码如下。

```
1.  void DC_FUNCTION_TEST(CCyApiDll * cy)
2.  {
3.   //DC 电压放大测试
4.  //放大 2 倍
5.          cy->_on_vpt(1, 1, -5); //FORCE1 输出 -5V 电压供电给芯片 4 引脚
6.          cy->_on_vpt(2, 1, 5); //FORCE2 输出 5V 电压供电给芯片 8 引脚
7.          cy->MSleep_mS(10);
8.          cy->_set_logic_level(1, 0, 0, 0); //定义驱动引脚 H 为 1V,L 为 0V;比较引脚 H
    为 0V,L 为 0V
9.          cy->_sel_drv_pin(1, 0); //设置 PIN1 脚为输入
10.         cy->_set_drvpin("H", 1, 0); //设置 PIN1 输入 H
11.         cy->_turn_switch("on", 1, 0); //闭合 1 号用户继电器
12.         cy->_turn_switch("off", 2, 3, 4, 0); //断开 2、3、4 号用户继电器
13.         cy->MSleep_mS(10);
14.         cy->_pmu_test_iv(6, 2, 3, -1000, 2, 1); //对 PIN2 使用通道 3,供 -1000μA 电
    流测电压并保存在别名 6
15.         cy->MSleep_mS(10);
16.         cy->Excel_Temp_Show(_T("V2"), 6);
17.         cy->_off_vpt(1);
18.         cy->_off_vpt(2);
19.         cy->_turn_switch("off", 1, 0); //断开 1 号用户继电器
20.         cy->MSleep_mS(10);
21. //放大 3 倍
22.         cy->_on_vpt(1, 1, -5); //FORCE1 输出 -5V 电压供电给芯片 4 引脚
23.         cy->_on_vpt(2, 1, 5); //FORCE2 输出 5V 电压供电给芯片 8 引脚
24.         cy->MSleep_mS(10);
25.         cy->_set_logic_level(1, 0, 0, 0); //定义驱动引脚 H 为 1V,L 为 0V;比较引脚 H
    为 0V,L 为 0V
```

```
26.        cy->_sel_drv_pin(1, 0); //设置 PIN1 脚为输入
27.        cy->_set_drvpin("H", 1, 0); //设置 PIN1 输入 H
28.        cy->_turn_switch("on", 2, 0); //闭合 2 号用户继电器
29.        cy->_turn_switch("off", 1, 3, 4, 0); //断开 1、3、4 号用户继电器
30.        cy->MSleep_mS(10);
31.        cy->_pmu_test_iv(7, 2, 3, -1000, 2, 1); //对 PIN2 使用通道 3,供 -1000μA
    电流测电压并保存在别名 7
32.        cy->MSleep_mS(10);
33.        cy->Excel_Temp_Show(_T("V3"), 7);
34.        cy->_off_vpt(1);
35.        cy->_off_vpt(2);
36.        cy->_turn_switch("off", 2, 0); //断开 2 号用户继电器
37.        cy->MSleep_mS(10);
38.  //放大 4 倍
39.        cy->_on_vpt(1, 1, -5); //FORCE1 输出 -5V 电压供电给芯片 4 引脚
40.        cy->_on_vpt(2, 1, 5); //FORCE2 输出 5V 电压供电给芯片 8 引脚
41.        cy->MSleep_mS(10);
42.        cy->_set_logic_level(1, 0, 0, 0); //定义驱动引脚 H 为 1V,L 为 0V;比较引脚 H
    为 0V,L 为 0V
43.        cy->_sel_drv_pin(1, 0); //设置 PIN1 脚为输入
44.        cy->_set_drvpin("H", 1, 0); //设置 PIN1 输入 H
45.        cy->_turn_switch("on", 3, 0); //闭合 3 号用户继电器
46.        cy->_turn_switch("off", 1, 2, 4, 0); //断开 1、2、4 号用户继电器
47.        cy->MSleep_mS(10);
48.        cy->_pmu_test_iv(8, 2, 3, -1000, 2, 1); //对 PIN2 使用通道 3,供 -1000μA
    电流测电压并保存在别名 8
49.        cy->MSleep_mS(10);
50.        cy->Excel_Temp_Show(_T("V4"), 8);
51.        cy->_off_vpt(1);
52.        cy->_off_vpt(2);
53.        cy->_turn_switch("off", 3, 0); //断开 3 号用户继电器
54.        cy->MSleep_mS(10);
55.  }
```

2. 编写交流输入功能测试函数 AC_FUNCTION_TEST（）

交流输入功能测试函数 AC_FUNCTION_TEST()代码如下。

```
1.  void AC_FUNCTION_TEST(CCyApiDll* cy)
2.  {
3.
4.           cy->_on_vpt(1, 1, -15);
```

```
5.          cy->_on_vpt(2, 1, +15);
6.          cy->_turn_switch("on", 1, 0);//闭合1号用户继电器,接通10kΩ电阻和芯片
    2脚，放大倍数为2倍,测量输出波形
7.          cy->_set_wave(1, 1, 1, 0, 1000, 1, 1);
8.          cy->_wave_on(1);
9.          USleep(100);
10.         cy->_set_lmeasure(1, 1, 3, 0, 1, 1024);
11.         writeWaveEx(cy->dWave);
12.         cy->_twn_Switch("off",1,0);
13.         cy->_turn_switch("on", 2, 0);//闭合2号用户继电器,接通20kΩ电阻和芯片
    2脚，放大倍数为3倍,测量输出波形
14.          cy->_set_wave(1, 1, 1, 0, 1000, 1, 1);
15.          cy->_wave_on(1);
16.          USleep(100);
17.          cy->_set_lmeasure(1, 1, 3, 0, 1, 1024);
18.          writeWaveEx(cy->dWave);
19.          cy->_turn_Switch("off",2,0);
20.          cy->_turn_switch("on", 3, 0);//闭合3号用户继电器,接通30kΩ电阻和芯
    片2脚，放大倍数为4倍,测量输出波形
21.          cy->_set_wave(1, 1, 1, 0, 1000, 1, 1);
22.          cy->_wave_on(1);
23.          USleep(100);
24.          cy->_set_lmeasure(1, 1, 3, 0, 1, 1024);
25.          writeWaveEx(cy->dWave);
26.  }
```

其中，“_set_wave(1,1,1,0,1000,1,1)”设置SD1输出1kHz、1V正弦波；“_wave_on(1)”接通波形输出继电器；“_turn_switch("on",1,0)”“_turn_switch("on",2,0)”“_turn_switch("on",3,0)”合上继电器1、2、3，使同相比例运算放大电路的放大倍数分别为2、3、4倍。

3. LM358功能测试程序编写及编译

在这里，完成LM358功能测试程序编写，前面已经给出的代码在这里省略，代码如下。

```
1.  /****************Sl LM358功能测试****************/
2.  ……                              //头文件包含,参考8.2节
3.  /**********功能测试函数**********/
4.  void DC_FUNCTION_TEST(CCyApiDll * cy)
5.  {
6.       ……                              //功能测试函数的函数体
7.  }
```

```
8.  void AC_FUNCTION_TEST(CCyApiDll * cy)
9.  {
10.       ……                            //功能测试函数的函数体
11. }
12. /* * * * * * * * * * LM358 主测试函数* * * * * * * * * * /
13. void PASCAL J8820_luntek(CCyApiDll * cy)
14. {
15.       PARAMETER_TEST(cy);//直流参数测试
16.       AC_FUNCTION_TEST(cy);//交流功能测试
17.       DC_FUNCTION_TEST(cy);//直流功能测试
18.       ……
19. }
20. // 分析程序入口
21. void PASCAL J8820_luntek_2(CCyApiDll * cy)
22. {
23.   cy->MathCaculateTotal();
24.   // 添加用户程序
25.   cy->ExcelDataShow();
26. }
```

编写完 LM358 功能测试程序后，进行编译。如果编译发生错误，要进行分析、检查，直至编译成功。

4. LM358 测试程序载入与运行

参考项目六中“创建集成电路测试程序”的载入测试程序步骤，完成 LM358 功能测试程序的载入与运行。

同相比例运算放大电路的输入直流信号功能测试结果如图 8-15 所示。直流信号功能测试在芯片测试完成后，退出测试界面，打开“数据显示”界面，如图 8-16 所示。将采集得到的数据用测试平台自带的软件进行显示，输入交流信号波形如图 8-17 所示，输出交流信号波形如图 8-18 所示。

参数名称 ⓘ	单位	最小值	最大值	异常值数量	Sitel
V2	V	0	5	0	1.879
V3	V	0	5	0	2.918
V4	V	0	5	0	3.882

图 8-15　输入直流信号功能测试结果

观察 LM358 功能测试程序运行结果是否满足任务要求。如果运行结果不能满足任务要求，要对测试程序进行分析、检查、修改，直至运行结果满足任务要求。

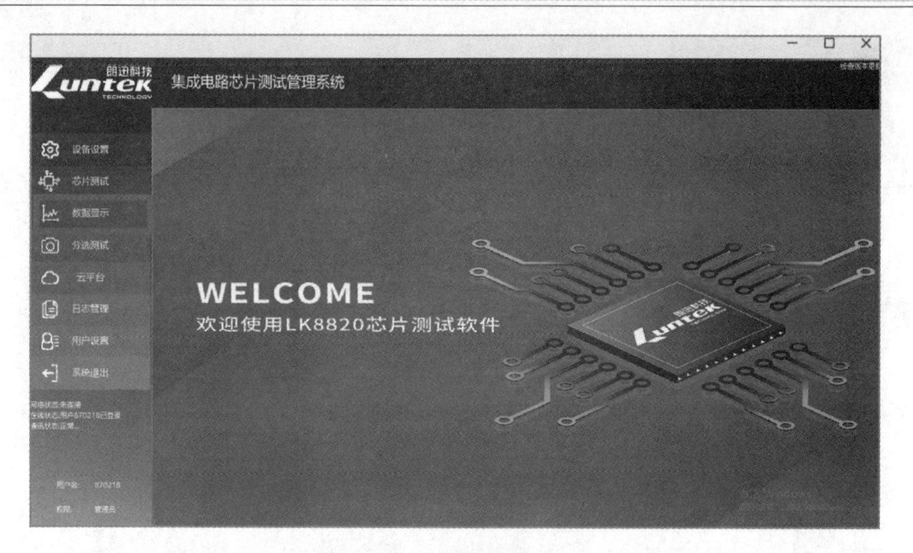

图 8-16　“数据显示”界面

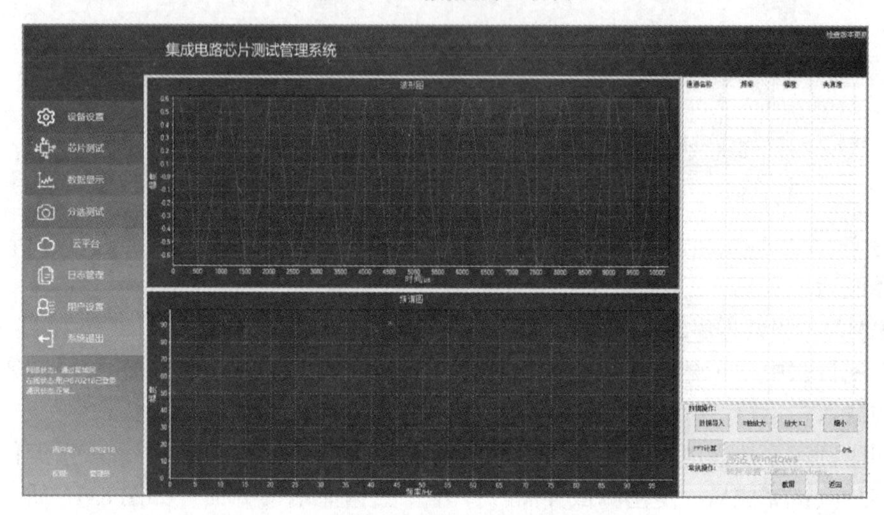

图 8-17　输入交流信号波形

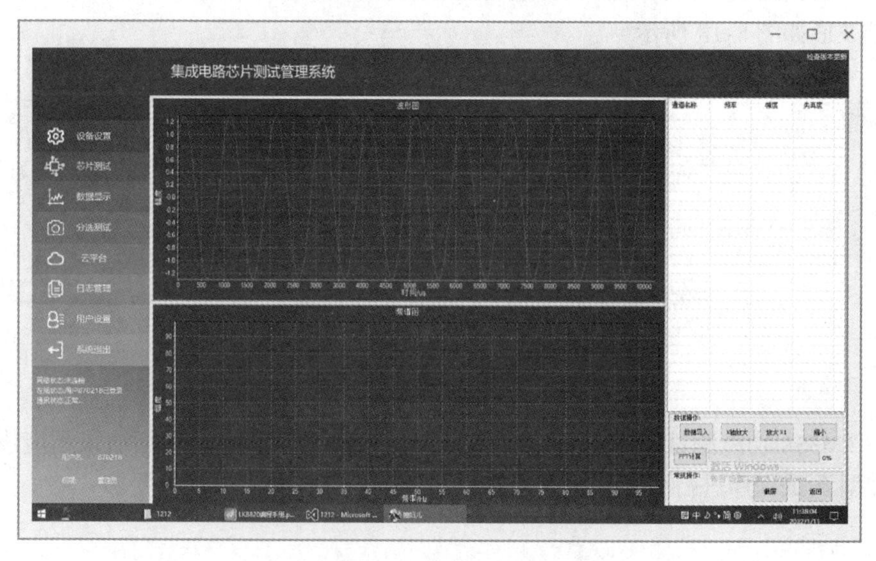

图 8-18　输出交流信号波形

1 + X 技能训练任务

8.4　LM358 综合测试

8.4.1　任务描述

LM358 综合测试

在 8.2 节和 8.3 节中，完成了直流参数测试及功能测试。那么，我们如何把 2 个任务的测试程序集成起来，完成 LM358 综合测试程序设计，实现 LM358 直流参数测试及功能测试，并判断测试结果的正确性呢？

8.4.2　LM358 综合测试程序设计

把前面 2 个任务的测试程序集中放在一个文件里面，即可完成 LM358 综合测试程序设计。前面已经给出的代码在这里省略，代码如下。

```
1.  /* * * * * * * * * * * * * * * * LM358 综合测试程序* * * * * * * * * * * * * * * * /
2.  ……                                    //头文件包含,参考 8.3 节
3.  /* * * * * * * * * * * * 功能参数测试函数* *
4.
5.  * * * * * * * * * /
6.  void PARAMETER_TEST(CCyApiDll * cy)
7.  {
8.        ……                              //直流参数测试函数的函数体
9.  }
10. /* * * * * * * * * * * 直流功能测试函数* * * * * * * * * * * /
11. void DC_FUNCTION_TEST CCyApiDll * cy ()
12. {
13.       ……                              //直流输入功能测试函数的函数体
14. }
15. void AC_FUNCTION_TEST(CCyApiDll * cy)
16. {
17.       ……                              //交流输入功能测试函数的函数体
18. }
19.
20. /* * * * * * * * * * * LM358 主测试函数* * * * * * * * * * * /
21. void PASCAL J8820_luntek(CCyApiDll * cy)
22. {
23.       PARAMETER_TEST(cy);       //直流参数测试
24.       AC_FUNCTION_TEST(cy);     //高、低电平电压、电流测试
25.       DC_FUNCTION_TEST(cy);     //直流功能测试
26.       ……
27. }
28.   // 分析程序入口
29.   void PASCAL J8820_luntek_2(CCyApiDll * cy)
30. {
31.   cy ->MathCaculateTotal();
```

```
32.     //添加用户程序
33.     cy->ExcelDataShow();
34. }
```

8.4.3 LM358芯片测试调试

当LM358通道1的输出端OUT1经过3个继电器分别通过R1、R2、R3连接到反相输入端IN1－，输入信号从同相输入端输入，直流信号通过电阻R5输入，交流信号通过电容C1输入，分别实现放大2倍、3倍、4倍的功能。

项目小结

1. LM358是一款放大器芯片，常被在电子电路中，实现信号放大、比较等方面的功能。LM358的封装形式有塑封8引线双列直插式和贴片式。

2. LM358的功能测试主要包括输入直流功能测试和交流输入功能测试。

3. LM358直流参数测试的步骤如下。

（1）运算放大器输出电压测试。

① 设置运放电源电压为±2.5V。

② 向运放输入端施加1V差模信号。

③ 测量输出端电压。

④ 向运放输入端施加－1V差模信号。

⑤ 测量输出端电压。

（2）运算放大器输出电流测试。

① 向待测元器件施加0V、15V电压。

② 向运放输入端输入1V差模信号。

③ 输出端接0V电压测电流。

④ 向运放输入端输入－1V差模信号。

⑤ 输出端接15V电压测电流。

4. LM358组成同相比例运算放大电路

将LM358通道1的输出端OUT1的输出电压V_o经过3个继电器分别通过反馈电阻R1、R2、R3连接到反相输入端IN1－，输入信号从同相输入端输入V_i，直流信号通过电阻R5输入，交流信号通过电容C1输入，以上电路为同相比例运算放大电路，放大倍数的理论公式为$V_o = V_i(R1 + R4)/R4$。

5. LM358的同相比例运算放大电路输入直流信号时功能测试步骤如下。

（1）给芯片供±5V电压。

（2）选择放大挡位，闭合相应的继电器。

（3）输入电压为1.0V。

（4）测量输出电压。

6. LM358的同相比例运算放大电路输入交流信号时功能测试步骤如下。

（1）给芯片供±15V电压。

(2) 选择放大挡位，闭合相应的继电器。

(3) 闭合 R6 与 GND 之间的继电器。

(4) 输入 1kHz、1V 的正弦波。

(5) 测量输出正弦波有效值。

习 题

一、填空题

1. LM358 的 1 引脚为________、2 引脚为________、3 引脚为________、4 引脚为________、5 引脚为________、6 引脚为________、7 引脚为________、8 引脚为________。

2. LM358 芯片的功能测试主要包括________、________。

二、思考题

1. 搭建基于 LK230T 练习区的 LM358 芯片测试电路。

2. 焊接完成 LM358 芯片测试电路。

3. 完成基于 LK230T 测试区的 LM358 直流参数测试和功能测试。

参考文献

[1] 王芳. 集成电路芯片测试 [M]. 杭州：浙江大学出版社，2021.
[2] 居水荣. 集成电路芯片测试技术 [M]. 西安：西安电子科技大学出版社，2021.
[3] 吕坤颐. 集成电路封装与测试 [M]. 北京：机械工业出版社，2019.
[4] 李可为. 集成电路芯片封装技术 [M]. 2 版. 北京：电子工业出版社，2013.